新编高等院校计算机科学与技术规划教材

网络程序设计

——基于Java 8

刘海霞　编著

北京邮电大学出版社
www.buptpress.com

内 容 简 介

本书是在设定读者已经有一定的 Java 编程经验的基础上编写而成的，并不涉及 Java 的基本结构、语法、面向对象、继承、多态、数组、常用类等基础内容。

本书专注于讲解 Java 的网络程序设计，并从 Java 的输入输出流开始，因为输入输出流是网络程序的基础。最终大部分的网络应用通常都会转化为输入输出流的操作。之后会按照 TCP/IP 协议栈逐层讲解基于 IP、URL、TCP、UDP 等协议的网络程序设计方法和开发包中的类。之后还会涉及最新的 Java 8 版本中关于 NIO、NIO. 2、异步通信等较新的接口和类库及其具体的使用方式。本书旨在使读者能够系统地了解 Java 关于网络程序开发的方方面面，从而能够进一步开发出自己的协议和应用。

本书编写了近百个程序实例，用来帮助读者更好地理解技术要点和使用方法。读者在实际开发中可以参考或直接使用。

本书的编写力求语言简练、注重思路并逐步深入，适用于需要使用 Java 进行网络程序设计的计算机专业人员和科技工作者，也可以作为高等学校计算机相关专业的专业教材和参考书。

图书在版编目(CIP)数据

网络程序设计：基于 Java 8 / 刘海霞编著. -- 北京：北京邮电大学出版社，2016. 12(2022. 1 重印)

ISBN 978-7-5635-4984-9

Ⅰ. ①网…　Ⅱ. ①刘…　Ⅲ. ①JAVA 语言—程序设计　Ⅳ. ①TP312. 8

中国版本图书馆 CIP 数据核字(2016)第 297558 号

书　　名：网络程序设计——基于 Java 8

著作责任者：刘海霞　编著

责 任 编 辑：徐振华　孙宏颖

出 版 发 行：北京邮电大学出版社

社　　址：北京市海淀区西土城路 10 号(邮编：100876)

发 行 部：电话：010-62282185　传真：010-62283578

E-mail：publish@bupt. edu. cn

经　　销：各地新华书店

印　　刷：北京市金木堂数码科技有限公司

开　　本：787 mm×1 092 mm　1/16

印　　张：17. 25

字　　数：431 千字

版　　次：2016 年 12 月第 1 版　2022 年 1 月第 3 次印刷

ISBN 978-7-5635-4984-9　　定　价：36. 00 元

· 如有印装质量问题请与北京邮电大学出版社发行部联系 ·

前　言

网络的硬件平台和架构经历了20年的迅猛发展，无论是百兆、千兆以太网，还是无线网，犹如骨干高速公路和密布的公路、街道已经连接了我们所有人。计算机网络是为了人们能够互相连接、共享信息而建，在信息高速公路上，最重要的还是各种各样的网络应用。

本书所指的网络程序设计，并不是指Web程序设计，二者之间还是有本质区别的。网络程序设计基于系统的底层网络体系架构和网络协议，创建基于网络通信的应用程序并多采用C/S模式。网络程序设计的原理和思路并不是Java特有的，毕竟遵循的都是网络和网络协议。实际上，本书讲解的很多技术和思路对于使用C语言或其他编程语言都是适用的，只是不同的语言封装的类或者API各不相同，表述也不尽相同。之所以选择Java进行网络程序设计，首先，Java天生具有网络的基因，非常适合编写网络应用；其次，Java提供了丰富和简洁的网络类库，使得开发变得更简单，从而使程序设计人员可以将精力更多地放在应用的业务逻辑上；此外，Java还有跨平台、线程安全、异常检测、自动垃圾回收等机制，都很适合进行网络应用的开发。

本书的内容分为7章。建议读者从第1章开始顺序阅读。

第1章讲述了网络的分层结构和参考模型，尤其是TCP/IP协议，这有助于帮助读者理解网络和协议分层，为应用层软件的开发奠定基础。

第2章讲解了Java的输入和输出，虽然可能有些读者已经熟悉，但还是建议读者浏览一遍，本章讲述的内容比一般的书籍更广泛和深入，并提供了很多的程序实例。

第3章到第6章的内容是逐步深入的。

第3章介绍了Java中IP地址的表示方法和InetAddress类，以及URL类、URLConnection类和URLStreamHandler类的使用方法。其中InetAddress类表示IP地址和网络主机。URL表示互联网网络资源，通过URL可以直接获取输入流来访问该资源。到URL网络资源的连接使用URLConnection类定义，它可以实现同URL资源的交互访问。

第 4 章介绍了基于 TCP 传输层协议的网络程序设计方法，基于 TCP 的网络通信是可靠的、有序的、差错控制的。其中，主要介绍了服务器端套接字 ServerSocket和客户端套接字 Socket。同时，还详细介绍了通信的机制和相关 Java 类的详细使用方法，以及如何控制网络参数。

第 5 章介绍了基于 UDP 传输层协议的网络程序设计方法，基于 UDP 的网络通信是不可靠的、无序的、无差错控制的。UDP 的通信机制和 TCP 完全不同。本章主要介绍了 UDP 套接字 DatagramSocket 和用来表示数据报的 DatagramPacket，并同样详细介绍了通信的机制和相关 Java 类的使用方法，以及如何控制网络参数。

第 6 章主要介绍了 Java 中的 NIO 和 NIO. 2。其中 NIO 是 New IO 的意思，它的定义比基本 IO 更加灵活和有效。NIO. 2 也称为异步 IO，它提供了异步 IO 的操作能力，更加节省资源和高效。本章重点介绍了 Java NIO 中的 Buffer 类、Channel 相关类和 Java NIO. 2 中的 AsynchronousSocketChannel 类、AsynchronousServerSocketChannel 类等。各章中的程序实例显示了应用不同的 IO 技术如何解决同一个问题。

第 7 章讲解了多线程和并发的内容。关于并发包中各个类的讲解是较新的内容，建议读者放在最后阅读。

书中所有的代码为了方便读者阅读，放在了灰色背景框中，并予以了解释。书中列举了一些 Java 定义的 API，读者可以参考 Java 的官方文档进行阅读。这些 API 使用的是 Java 8 的官方文档，和之前的版本略有差异。

本书在编写和出版的过程中得到了很多人的鼓励帮助，在此一并感谢。山东科技大学开设网络程序设计这门课以来，在多年的教学中，同学们的积极反馈使课程内容逐步完善。本书结合了笔者近十几年的开发经验和软件项目积累。这些项目长期而稳定的运行，证明了网络程序设计在网络应用中是非常重要的内容。

本书适合有 Java 编程基础的读者。本书的编写由浅入深，注重编程思路，力求语言简练，并提供了丰富的程序实例，适用于需要使用 Java 进行网络程序设计的计算机专业人员和科技工作者，也可以作为高等学校计算机相关专业的专业教材和参考书。本书的所有程序基于 Java SDK 的最新版本 Java 8，都经过了调试，可以正确运行。建议读者采用 Java 7 之后的开发包，异步通信中的一些类和 API 比更早期的版本还是有一些变化的。

本书的出版基于多年的开发经验和教学经验，即使如此，写作过程仍十分艰苦，唯恐描述不够严谨或者讲解不够准确，辜负了读者的期望。再熟悉不过的东西，当要落在纸上的时候，总想再求证一下，以免出现错误，因此也耗费了大量的精力和时间，但这都是值得的。即便如此，本书也难免有错误和不妥之处，欢迎读者和行业同仁批评指正。

目　　录

第1章　概　　述

众所周知，我们所处的是日新月异的网络和互联网时代。谈及网络，人们会有不同的理解和感受——移动应用 App、网络支付、新闻网站、4G、更快的网络速度、WiFi、光纤、电话……无论是看见、看不见的设备、通信线路，还是无时无刻影响着我们的网络应用，网络已经无处不在。

1.1　什么是网络

谈及网络，不同专业的人们会有不同的理解。简单地讲，计算机网络是由地理上分散的、具有独立功能的多台计算机，通过通信设备和线路互相连接起来，在相应的网络软件的配合下，实现计算机之间通信和资源共享的系统。

网络中连接的是不同操作系统、不同硬件体系结构、不同功能的设备和计算机。

网络实际用 6 个字就可以概括：开放、互连、共享。

如同人与人之间的交往，首先要敞开心扉，用语言来沟通。网络中的计算机要互相连接起来，就要彼此能够通信。如同人类世界，人们说着不同的语言，难以有效地沟通，所以要有统一的官方语言，或翻译成能够互相理解的语言。不同的计算机也因生产厂家不同、体系结构不同难以互相识别。所以计算机系统彼此之间要互连，就必须遵守统一的标准，称之为开放系统。没有开放系统，计算机系统就不可能互连。

计算机和人类的语言还是很不一样的。计算机系统包含硬件体系结构、操作系统和应用软件。所以在互连时也要实现从硬件到操作系统、软件不同层面的互相识别。所以开放系统在各个层面规定了统一的标准。最著名的是 ISO/OSI 参考模型和 TCP/IP 协议集。在互连的基础上，计算机之间能够有效地沟通，即共享数据，网络就变得有意义。

共享指共享网络资源。网络基础设施如同高速公路，无论高速公路多宽、多长，最终还是要有交通运输才有意义。网络之上，最终要“跑”应用，各种各样的网络应用。网络应用除了实现应用之间的通信，如社交软件，还可以彼此共享信息。有了越来越多的信息共享，就有了大数据分析，就可以实现异地业务的办理，就可以快捷地办理各种业务……网络已经改变了我们的生活。

1.1.1 ISO/OSI 参考模型

网络通信的核心是协议。协议是指进程之间交换信息与完成任务所使用的一系列规则和规范。协议规定了进程之间交换消息的顺序、格式。

通过定义协议，可以看出，两个进程只要遵循相同的协议，就可以相互交换信息，并且能够理解交换信息的格式和内容。两个进程可以使用不同的编程语言来编写，可以存在于两台完全不同的计算机上。国际标准化组织给出了一个通用的参考协议，称为国际标准化祖织开放式系统互连参考模型(International Organization for Standardization / Open System Interconnection Reference Modal，ISO/OSI RM)。

OSI 参考模型本身并不是一个完整的网络体系结构，因为它并没有明确地描述各层的协议和服务，它仅仅具有指导意义，声明每层的功能是什么。不过，ISO 已经为各层的网络协议制定了标准，它们并不是参考模型的一部分，而是作为独立的国际标准公布的。ISO 七层模型如图 1.1 所示。

层 次	名 称	协议内容
7	应用层	关于应用程序的规定
6	表示层	数据的表示方法
5	会话层	会话管理
4	传输层	完善下层功能
3	网络层	从多个计算机中选择通信对象
2	数据链路层	管理一对一的数据通信
1	物理层	关于硬件的规定

图 1.1 ISO 七层模型

其中，第 1 层物理层规定的是计算机体系结构中的最底层——硬件层面。第 7 层应用层规定的是应用软件部分的功能。其余各层为操作系统层面的功能。

(1) 各层的功能

物理层：实现网络连接，按比特流传送数据信息。

数据链路层：建立相邻节点之间的数据链路，按照数据帧(Data Frame)的格式组织数据，控制帧的传输，进行差错控制，以及提供数据链路通路的建立、维持和释放。

网络层：接收来自其他计算机的数据包，或发送数据包。

传输层：提供独立于具体通信协议的数据传输服务，在计算机之间建立通信通道。

会话层：在计算机之间组织会话。

表示层：处理数据的表示方法并进行转换，以消除不同的语义差异。

应用层：专门针对网络通信应用程序提供服务。

(2) 网络协议

人与人之间通过语言来交流，网络中的主机之间通过网络协议来交流。

计算机网络的目的是为了实现计算机之间的通信，而任何双方要成功地进行通信，必须遵守一定的信息交换规则和约定，这些信息交换规则和约定就称为通信协议(Protocol)。

计算机上的网络接口卡、通信软件、通信设备都是遵循一定的协议设计的，必须符合一定的协议规范。

为了减少协议设计的复杂性，大多数网络都按层或者级的方式来组织，每一层都建立在它的下层之上。不同的网络在分层数量和各层的名字、内容与功能上都不尽相同，然而，在所有的网络中，每一层的目的都是向它的上一层提供一定的服务，而把这种服务是如何实现的细节对上层加以屏蔽。

每一层都有一个或多个协议，几个层合成一个协议栈(Protocol Stack)。协议的分层模型便于协议软件按模块方式进行设计和实现，这样每层协议的设计、修改、实现和测试都可以独立进行，从而减少复杂性。

例如，物理层常用的协议是 RS-232、RJ-45；数据链路层常用的协议是 PPP；网络层常用的协议是 IP；传输层常用的协议是 TCP 和 UDP；应用层常用的协议是 HTTP、FTP 等，还包括自定义的各种协议。

不同机器内包含相同协议层的实体称为对等进程，对等进程是利用协议进行通信的主体。相邻层之间通过接口来定义相互关系。层和协议的集合称为网络体系结构。

1.1.2 TCP/IP 协议

TCP/IP(Transmission Control Protocol/Internet Protocol，传输控制协议/网间协议)是网络通信协议中应用最广泛的协议。互联网采用的就是 TCP/IP 协议，这是一种简化的 ISO/OSI 模型。有这样一种说法，正是因为 TCP/IP 协议的简化和开放，使得它得以广泛应用，并成为事实上的标准，从而有了互联网的蓬勃发展。

TCP/IP 协议体系是一组协议，因其两个著名的协议 TCP 和 IP 而得名，所以实际包含的协议远不止这两个协议。TCP/IP 协议体系在和 OSI 的竞争中取得了决定性的胜利，得到了广泛的认可，成为事实上的网络协议体系标准。

1. TCP/IP 分层模型

TCP/IP 协议体系和 OSI 参考模型一样，也是一种分层结构。如图 1.2 所示，它是由基于硬件层次上的 4 个概念性层次构成，即链路层、网络层、传输层和应用层，分别对应 ISO/OSI 模型的 2 层、3 层、4 层、7 层。

层 次	名 称
7	应用层
4	传输层
3	网络层
2	链路层

图 1.2 TCP/IP 分层结构

分层结构中每一层完成的功能与 OSI 参考模型是类似的。

2. 链路层

链路层也称为网络接口层、数据链路层，它是 TCP/IP 的最底层，但是 TCP/IP 协议并没有严格定义该层，它只是要求主机必须使用某种协议与网络连接，以便能在其上传递 IP

分组。链路层的协议有很多，如以太网协议、PPP 协议等。其中，IEEE802.3 是著名的以太网标准。

3. 网络层

网络层(Internet Layer)俗称 IP 层，它处理机器之间的通信。它接收来自传输层的请求，传输某个具有目的地址信息的分组。该层把分组封装到 IP 数据报中，填入数据报的首部，使用路由算法来选择是直接把数据报发送到目标机还是把数据报发送给路由器，然后把数据报交给下面的网络接口层中的对应网络接口模块。

为了将不同的 LAN 互连，需要一种实现这种连接的网络协议，即网络层协议。IP 就属于网络层协议，功能在于能从网络上众多的计算机中选出接收方，并使之与发送方建立连接。

IP 中的计算机地址称为 IP 地址。IP 地址的划分由网络管理者确定。现行的 IPv4 中，IP 地址采用句点分隔的 4 组 8 位二进制数来表示。

若 IP 地址在全球范围内不唯一，会使数据包不知发往何处。因此，IP 地址由 Internet NIC(Network Information Center)统一进行管理，并进一步由地区性的 NIC 负责某个范围内的具体分层管理。

4. 传输层

传输层的基本任务是提供应用层之间的通信，即端到端的通信。传输层管理信息流，提供可靠的传输服务，以确保数据无差错地按序到达。为了这个目的，传输层协议软件要进行协商，让接收方回送确认信息及让发送方重发丢失的分组。传输层协议软件将要传送的数据流划分成分组，并把每个分组连同目的地址交给下一层去发送。

5. 应用层

在这个最高层，用户调用应用程序来访问 TCP/IP 互联网络提供的多种服务。应用程序负责发送和接收数据。每个应用程序选择所需的传输服务类型，可以是独立的报文序列，或者是连续的字节流。应用程序将数据按要求的格式传送给传输层。

TCP/IP 是 Internet 的主要协议，定义了计算机和外部设备进行通信所使用的规则。TCP/IP 网络参考模型包括 4 个层次：应用层、传输层、网络层、链路层。ISO/OSI 网络参考模型则包括 7 个层次：应用层、表示层、会话层、传输层、网络层、数据链路层、物理层。

大多数基于 Internet 的应用程序被看作 TCP/IP 网络的最上层——应用层，如 FTP、HTTP、SMTP、POP3、TELNET 等。

网络层对 TCP/IP 网络中的硬件资源进行标识。连接到 TCP/IP 网络中的每台计算机(或其他设备)都有唯一的地址，这就是 IP 地址。

在 TCP/IP 网络中，不同的机器之间进行通信时，数据的传输是由传输层控制的，这包括数据要发往的目标机器及应用程序、数据的质量控制等。TCP/IP 网络中最常用的传输协议就是 TCP(Transport Control Protocol)和 UDP(User Datagram Protocol)。

尽管 TCP/IP 协议的名称中，传输层只有 TCP 这个协议名，但是在 TCP/IP 的传输层同时存在 TCP 和 UDP 两个协议。

TCP 是一种面向连接的、保证可靠传输的协议。通过 TCP 协议传输，得到的是一个顺序的、无差错的数据流。

UDP 是一种无连接的协议，每个数据报都是一个独立的信息，包括完整的源地址和目的地址,它在网络上以任何可能的路径传往目的地,因此能否到达目的地,到达目的地的时间以及内容的正确性都是不能保证的。

使用UDP时,每个数据报中都给出了完整的地址信息,因此不需要建立发送方和接收方的连接。对于TCP协议,由于它是一个面向连接的协议,在Socket之间进行数据传输之前必然要建立连接,所以在TCP中多了一个连接建立的时间。

使用UDP传输数据时是有大小限制的,每个被传输的数据报必须限定在64 KB之内。而TCP没有这方面的限制,一旦连接建立起来,双方的Socket就可以按统一的格式传输大量的数据。UDP是一个不可靠的协议,发送方所发送的数据报并不一定以相同的次序到达接收方。而TCP是一个可靠的协议,它确保接收方完全正确地获取发送方所发送的全部数据。

TCP在端点与端点之间建立持续的连接并进行通信。建立连接后,发送端将发送的数据印记了序列号和错误检测代码,并以字节流的方式发送出去;接收端则对数据进行错误检查并按序列顺序将数据整理好,数据在需要时可以重新发送,因此整个字节流到达接收端时完好无缺。这与两个人打电话的情形是相似的。TCP协议具有可靠性和有序性,并且以字节流的方式发送数据,它通常被称为流通信协议。

为什么还要非可靠传输的UDP协议呢?主要的原因有两个:一是可靠的传输是要付出代价的,对数据内容正确性的检验必然占用计算机的处理时间和网络的带宽,因此TCP传输的效率不如UDP高;二是在许多应用中并不需要保证严格的传输可靠性,如视频会议系统,并不要求音频视频数据绝对正确,只要保证连贯性就可以了,这种情况下显然使用UDP会更合理一些。UDP与通过邮局发送邮件的情形非常相似。

1.2 什么是网络程序设计

网络的目的是实现信息的共享,所以可以简单地认为基于网络的程序设计都属于网络程序设计的范畴。我们使用的软件哪些是网络程序设计的应用呢?

- 发送、接收电子邮件。
- 通过FTP上传、下载文件。
- 通过HTTP浏览Web网站。
- QQ和微信。
- 远程登录服务器和网络设备。
- 在网站上查询个人信息,如网银。
- 网络游戏。
- 防病毒软件的自动更新。
- 360安全卫士。

网络化增强了程序的功能。通过网络,一个程序可以和其他主机上的程序进行通信,获取任何其他计算机中共享的信息。

1.2.1 网络程序的模式

网络程序大致可以划分为两种模式:C/S 和 B/S。

1. C/S(客户端/服务器)

客户端指在使用者的计算机上安装客户端软件,使用者通过客户端软件连接服务器,获取服务器上的数据信息并进行计算和显示。C/S 模式的客户端也称为胖客户端。

客户端也可以向服务器提交数据,经过服务器的存储、计算、统计等功能,再重新获取更新的数据。客户端也可以连接多个服务器,分别获取信息、提交信息,按照程序设计的功能进行实时的交互。

服务器端接收来自于客户端的请求,对数据进行必要的计算和抽取,以一定的格式发送给用户。

服务端也可以不止一台主机,多台主机实现热备、冷备或者负载均衡。它们对客户端来说是透明的,就像一台服务器一样工作。

网络客户端可以使用标准协议与服务器进行通信,如 HTTP、FTP、SMTP 等,也可以自己定义协议,交互的数据也可以采取任意格式,只要客户端和服务器端的程序能够理解和识别交互的消息,就可以进行通信。

并行计算也是一种网络程序。当一些大规模的复杂运算无法由一台计算机来完成的时候,可以将复杂的问题进行分解,分配任务到不同的客户端计算机上,客户端完成任务后向服务器提交结果,从而共同完成复杂的并行计算。

本书所涉及的内容正是以 C/S 模式为主的网络应用程序设计。

2. B/S(浏览器/服务器)

使用浏览器作为客户端软件,通过 WWW 技术和 HTTP 协议,向 Web 服务器发起服务请求,并浏览结果。

客户端只需要安装浏览器,一般不需再安装其他客户端软件,维护的代价很小,所以也叫瘦客户端。

Web 服务器接收客户端请求,通常后台还会有其他的服务器完成业务功能,这些服务器共同完成数据计算功能。之后,把结果通过 Web 服务器以网页的形式呈现给客户端。

与 C/S 模式相比,B/S 模式的应用程序,其运算集中在 Web 服务器和其他业务服务器,更新和升级应用程序不需更新客户端程序。

B/S 模式的应用软件,虽然基于互联网或网络,但属于 Web 开发的范畴,本书并不涉及。

1.2.2 为什么使用 Java

Java 语言提供了强大的网络库来实现网络应用。Java 语言是完全基于面向对象的程序设计语言,对于网络功能的封装非常丰富。

Java 自诞生就具有网络的基因。Java 提供了对网络支持的多个完整软件包,并且 Java 关于网络的软件包简单易用,可以使开发者专注于网络应用业务逻辑的设计和开发,而不必纠结于网络标准协议的具体实现。

所以本书采用Java来讲解网络程序开发的各种技术。

虽然藉由Java，但其中的网络程序开发的原理和思路，对于各种开发语言都是适用的，对于各种操作系统平台也是适用的，并非仅限于Java语言本身。

不同的语言，其程序组织结构可能不同，开发包可能不同，API的调用方式可能不同，但基本的网络程序设计原理是一样的。

学习网络程序设计还应该学习标准网络协议。绝大多数基于互联网的网络协议的技术细节都可以在RFC(Request for Comment)中找到。

RFC是描述互联网相关技术规范的文档，包含了互联网通信协议的几乎所有文档。想要了解一个网络协议的具体内容，RFC是最基本的文档。

RFC的技术文档是公开的，可以自行查阅网址：http://www.ietf.org/rfc.html。

在本书后面的章节中，将会逐一对网络程序设计中涉及的技术进行详细的讲解，并分析其原理和技术，通过程序示例来演示各种技术和API。

第2章 Java的输入和输出

本章重点

本章介绍了Java的基本输入流和输出流。

Java的输入流和输出流实现了标准输入输出、文件的读写、基本数据类型的读写、数组的读写，以及各种进一步处理这些基本IO的过滤流类。

Java的输入和输出与文件、数组、类对象的定义分离，只负责实现IO功能。

Java网络程序、节点之间的通信会转换为输入流和输出流的读写，所以掌握Java的输入和输出是非常重要的。

本章还详细介绍了Java的各种输入流类和输出流类的具体使用方法，并对它们的应用场合进行了分析。

Java的输入和输出可以说是Java里面最有趣也是初学者最不容易学习的一部分。Java的文件操作、标准I/O操作、网络应用之间的通信最终都会归结为输入和输出的操作，即读和写的操作，非常简洁而且有效。

Java的输入和输出不容易学习是因为它的层次结构比较复杂，涉及的类较多，最初学习时很难清楚如何选择合适的类，必须要有清晰的思路。但是相比其他设计语言，Java的输入和输出定义的层次和概念还是非常明确的。

学习Java的网络程序设计，首先要熟悉Java的输入和输出。因为建立网络连接之后，通信双方传递消息也好，传递对象也好，最终就是双方建立一对读写通信流，选择和使用最合适的流类进行读写，读使用输入流，写使用输出流。

2.1 流

所有的计算机都有输入和输出设备。有些设备是输入设备，如键盘；有些设备是输出设备，如屏幕；当然还有一些既是输入设备也是输出设备，如硬盘。所谓输入，就是从设备获取或读取数据；所谓输出，就是将数据写入或者发送给设备。

输入即Input，输出即Output，输入输出即IO。IO操作通常称为读写。

应用程序也具有IO功能。Java的IO使用“流”的概念来表示。IO流涉及数据源和目的地。流是从源“流向”目的地的数据流。Java将各种数据源和目标之间数据的传输统一抽象为流,通过对流的读写操作来实现 IO 功能。流不同于数组或者字符串,它是连续的数据流,一般情况下,不可以随意插入、删除或让其倒流。

数据源可以是键盘、文件、应用程序、鼠标、网络连接。数据目的地可以是屏幕、文件、应用程序、网络连接。

对 Java 应用程序来说,当需要向一个文件写数据时,建立文件输出流,向输出流里写入数据,数据就会"流到"文件,就相当于向文件里写入数据。至于底层如何"流"、如何写文件、如何与计算机硬件连接,程序员可以不用关心。

在网络应用中,若两个应用程序已经连接,当一个 Java 应用程序需要向另一个应用程序发送一些数据时,首先由连接建立输出流,向输出流里写入数据;另一端的应用程序由连接建立输入流,从输入流中读,就可以获取另一端写入的数据。反之亦然,每个应用程序都可以经由一个网络连接建立一个输入流和一个输出流。双方的读、写藉由同一个连接。程序员同样不必关心底层的细节是如何实现的,那是由 Java 和底层网络协议来完成的。

流中传输的数据可以是任何类型,如一个字符串、一个基本数据类型、一个类的对象,也可以是图像、声音等。有的类型的数据需要做一些处理才能在流中传输。

流中传输的数据,通信双方会按照事先制定的规则进行内容的识别,这是 IO 读写之后应用程序要做的主要工作。

图 2.1 描述了一个应用程序如何利用流来进行 IO 读写操作。若要从数据源获取信息,程序需获得一个输入流,从输入流读取信息。当应用程序需要向目标位置写信息时,获得一个输出流,程序向输出流写信息到数据目的地。

无论数据从哪种数据源到哪种数据目的地,也无论数据是哪种类型,IO 操作的基本方法是一样的。

- 输入:创建一个输入流类对象,读数据,关闭流。
- 输出:创建一个输出流类对象,写数据,关闭流。

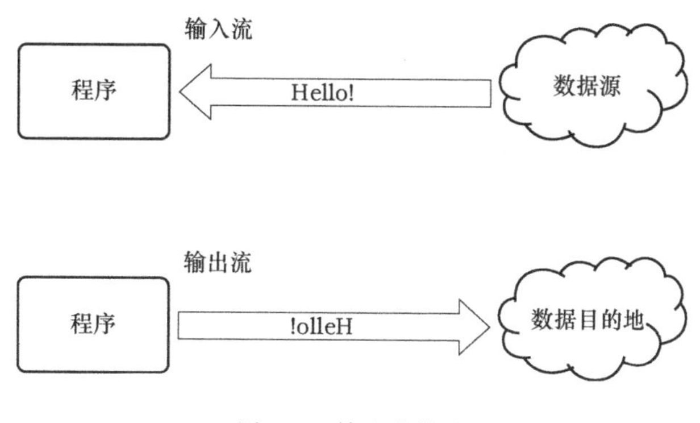

图 2.1　输入和输出

2.2 流的分类

Java IO 的 API 使用 java.io 包,提供了超过 50 个类用于系统的输入和输出,包括数据流、文件系统和序列化。看到这么多的类,很容易感到混淆,更不用说如何选择、如何实例化和使用。所以学习 Java 的输入和输出，需要理清每个类的用途、上下层次关系，以及流和流之间的关系。

好在 Java 的类的命名没有长度限制，可以用多个完整的单词连接标识类名，虽然比较长，但可以清晰地表达每个类的含义。

虽然 java. io 包包含了这么多的类，但是也没有完全包括关于输入和输出的所有类型，如 GUI 相关的包和 J2EE 相关的包。java. io 包中包含了常规的标准输入和输出、文件输入和输出、内存数据结构输入和输出与网络数据流的输入和输出。

输入和输出流类通常要结合 java. io 包或者其他包，如 java. net 包中的一些类共同工作才能完成完整的软件功能。就像平时打电话，首先要拨通对方的号码，这个功能是由网络包来实现的，接通之后的双方对话是由 IO 包来完成的。

观察 java. io 包会发现 4 个抽象类，也是命名较短的 4 个类，如图 2.2 所示。

Class InputStream

java.lang.Object
java.io.InputStream

Class OutputStream

java.lang.Object
java.io.OutputStream

Class Reader

java.lang.Object
java.io.Reader

Class Writer

java.lang.Object
java.io.Writer

图 2.2 java. io 包顶层的 4 个抽象类

通过命名可以看出 Java 关于 IO 的命名规范，对于输入使用 InputStream 或者 Reader，对于输出使用 OutputStream 或者 Writer。不同之处在于，InputStream 和 OutputStream 处理的是 bytes 字节流，而 Reader 和 Writer 处理的是 chars 字符流。在 Java 中，基本数据类型中的字符型 char 的定义采用双字节 Unicode 字符集，这是和其他编程语言不同的。无论是 ASCII 还是数字、汉字、其他国家语言的字符都采用双字节进行存储。Java IO 的 API 对字节流和字符流做了区分。

InputStream、OutputStream、Reader 和 Writer 类作为 Object 类的直接子类，是 Java IO 中 4 个顶层的类，如图 2.3 所示。每一个类都有若干子类，构成了 4 个分支。在选择流类时，首先应确定选择哪一个分支的流类，例如，输出文本字符的流类使用 Writer 类或其子类，用于读取二进制数据的流类使用 InputStream 类或其子类。

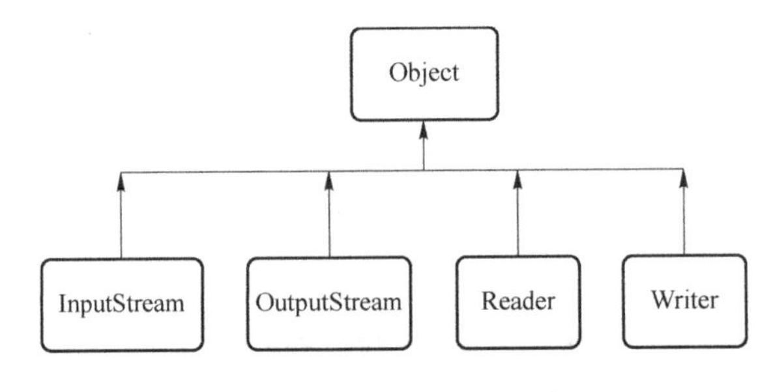

图 2.3 4 个抽象类的层次关系

虽然如此，按字节还是字符选择流类并没有严格的规定。例如，输出文本时也可以选择 OutputStream 类或其子类，毕竟字节是基本单位。

Java IO之所以为每个抽象类定义了多个子类，在于IO操作的源和目的各不相同。文件也好，程序、屏幕、键盘、内存数据结构也好，毕竟具体实施的时候细节处理都是不一样的。Java IO针对不同的源和目的设计了相应的输入和输出流类，并进一步细化为字节流、字符流。例如，对于文件的读写，以字节方式读文件采用文件字节输入流FileInputStream，以字节方式写文件采用文件字节输出流FileOutputStream；以字符方式读文件采用文件字符输入流FileReader，以字符方式写文件采用文件字符输出流FileWriter。4个顶层抽象类的大多数子类的类名，都以其顶层父类的类名结尾。Java定义了丰富的流类提供给程序员做选择。流类提供了有效的方法，简化了IO的具体操作，使得编程更为简单。

从Java类的命名可以很容易了解一个类的含义和类别，是输入还是输出，是字节还是字符。所以以“四类一组”的形式来了解大部分IO类是比较有效的方法。

不同的流类之间是可以互相调用的。就像一个礼物，可以把它放在小盒子里，小盒子外面可以套一个大盒子，大盒子外面还可以再包裹一层漂亮的包装纸。对外表现形式的不同是基于不同的需要，可以不包装，也可以有很多层包装。礼物就是数据，包装就是不同的流类，程序员可以根据IO的需要选择一个流类，为了某种用途，还可以再将它封装为另一个流类。例如，读取文件的文本内容，将文件封装为文件字符流，文件字符流是按照每次一个或若干个字符来读取的。如果想要按行来读取内容，就需要把文件字符流包装成缓冲字符流，以缓冲字符流的形式来读取，本质上还是读的文件，如图2.4所示。

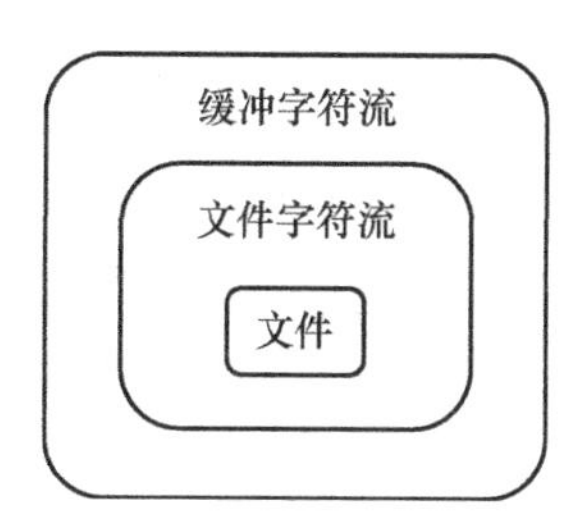

图2.4 类的相互封装

2.3 流类概览

前面提到过，在Java中定义了4个顶层的抽象类。java.io包中的流类据此分成了4个分支，其他的流类都是这4个抽象类的直接或间接子类。抽象类不能直接创建实例对象，必须通过继承它们的子类来生成对象。

流类中以“Stream”结尾的类是面向字节的流类，按方向分为Input输入和Output输出，InputStream和OutputStream类的子类的命名基本上以“InputStream”和“OutputStream”结尾，特殊的也会以“Stream”结尾。

流类中以“Reader”“Writer”结尾的类是面向字符的流类，按方向分为Reader输入和Writer输出，Reader类和Writer类的子类的命名基本上也以“Reader”和“Writer”结尾。

2.3.1 InputStream类分支

InputStream类分支的层次结构如图2.5所示，从左至右表明了继承关系。

- InputStream：输入字节流类，抽象类。
- ByteArrayInputStream：字节数组输入流，InputStream的直接子类，有一个内部的字节缓冲区。应用程序可以从流中读取字节或以字节数组的方式获取数据。

- FileInputStream：文件字节输入流，InputStream 的直接子类，它可以从文件中获取字节内容，适用于读取图像文件等的原始二进制数据。
- ObjectInputStream：对象字节输入流，InputStream 的直接子类，使应用程序可以从流中读取序列化的类的对象，只有序列化的对象才能在流中传输。
- PipedInputStream：管道字节输入流，InputStream 的直接子类，用于两个线程之间的字节数据传输。管道输入流应与管道输出流连接。管道输入流和管道输出流应该由不同的线程进行读写。
- SequenceInputStream：序列输入流，InputStream 的直接子类，可以合并多个流，实现从其中第一个流读到最后一个流。
- FilterInputStream：过滤字节输入流，InputStream 的直接子类，它包含了很多其他的流类。它们对一些基础流类(InputStream 的大部分直接子类)提供额外的功能或特定的用途，封装成各种各样的子流类。FilterInputStream 类本身很少被使用，软件中经常会用到 FilterInputStream 的各种子类。
- BufferedInputStream：缓冲字节输入流，是 FilterInputStream 的直接子类。它为其他字节输入流类提供输入的缓存。它的内部有一个缓冲区数组，为输入流中读取的数据进行缓冲，并提供相应的功能进行管理。
- DataInputStream：基本数据字节输入流，是 FilterInputStream 的直接子类。应用程序可以从输入流中读取 Java 基本数据类型的数据。
- PushbackInputStream：回退字节输入流，是 FilterInputStream 的直接子类。它可以把读出的字节“回退”回输入流，下一次读数据的时候可以重新读出。

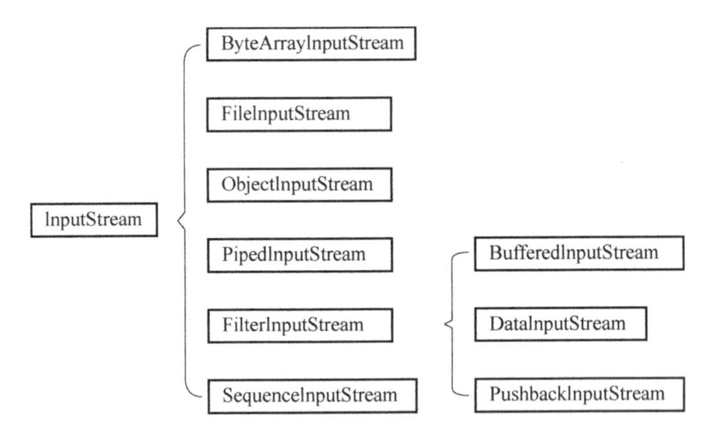

图 2.5　InputStream 类分支

2.3.2　OutputStream 类分支

OutputStream 类分支的层次结构如图 2.6 所示，从左至右表明了继承关系。

- OutputStream：输出字节流类，抽象类。
- ByteArrayOutputStream：字节数组输出流，OutputStream 的直接子类。应用程序可以把数据写入字节数组。

- FileOutputStream：文件字节输出流，OutputStream 的直接子类，它可以从文件中获取字节内容，适用于读取图像文件等的原始二进制数据。
- ObjectOutputStream：对象字节输出流，OutputStream 的直接子类，使应用程序可以把类对象写入输出流进行传输。
- PipedOutputStream：管道字节输出流，OutputStream 的直接子类，用于两个线程之间的字节数据传输，和管道输入流配合使用。
- FilterOutputStream：过滤字节输入流，OutputStream 的直接子类，它是很多处理基本字节输出流类的各种过滤流类的父类。
- BufferedOutputStream：缓冲字节输出流，是 FilterOutputStream 的直接子类。
- DataOutputStream：基本数据字节输出流，是 FilterInputStream 的直接子类。应用程序可以把基本数据类型的数据写入输出流中。
- PrintStream：打印字节输出流，是 FilterInputStream 的直接子类。它一般用于封装其他流类，提供各种把数据格式化的打印输出功能。

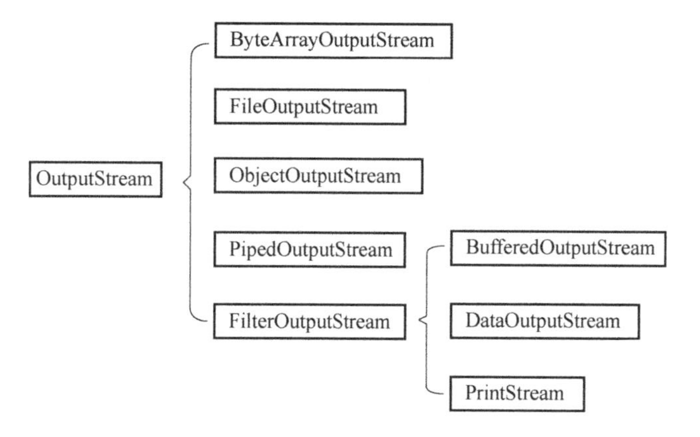

图 2.6　OutputStream 类分支

2.3.3　Reader 类分支

Reader 类分支的层次结构如图 2.7 所示，从左至右表明了继承关系。

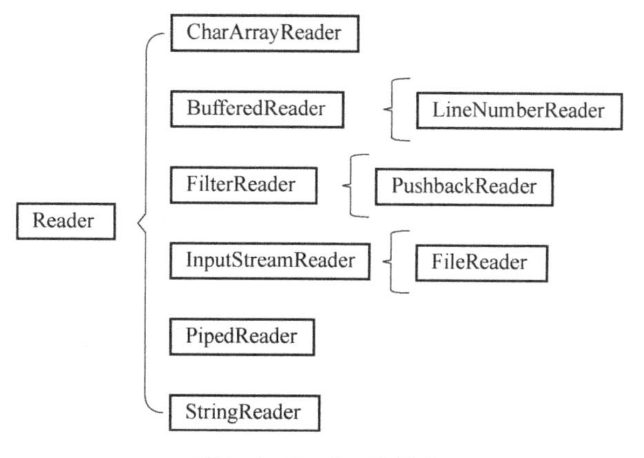

图 2.7　Reader 类分支

- Reader:输入字符流类,抽象类。
- BufferedReader:缓冲字符输入流,是 Reader 的直接子类。它从基于字符的输入流里读取文本,进行缓存并提供有效的字符、数组、文本行的读取。
- LineNumberReader:行号字符输入流,是 BufferedReader 的直接子类。它能识别或者设置读取的行号。
- CharArrayReader:字符数组输入流,Reader 的直接子类,实现了一个内部的字符缓冲区。
- InputStreamReader:从字节流到字符流的转换桥梁,能读取字节并按某种字符集把它们转化成字符。
- FileReader:文件字符输入流,InputStreamReader 的直接子类,用于按字符读取文本文件。
- FilterReader:过滤字符输入流,它也是一个抽象类,是 Reader 的直接子类,用于特定功能的字符输入流类的定义。
- PushbackReader:回退字符输入流,是 FilterReader 的直接子类。它可以把读出的字符"回退"回输入流,下一次读数据的时候可以重新读出。
- PipedReader:管道字符输入流,是 Reader 类的直接子类,用于两个线程之间的字符数据传输。
- StringReader:字符串输入流,是 Reader 类的直接子类,用于读取字符串。

2.3.4 Writer 类分支

Writer 类分支的层次结构如图 2.8 所示,从左至右表明了继承关系。

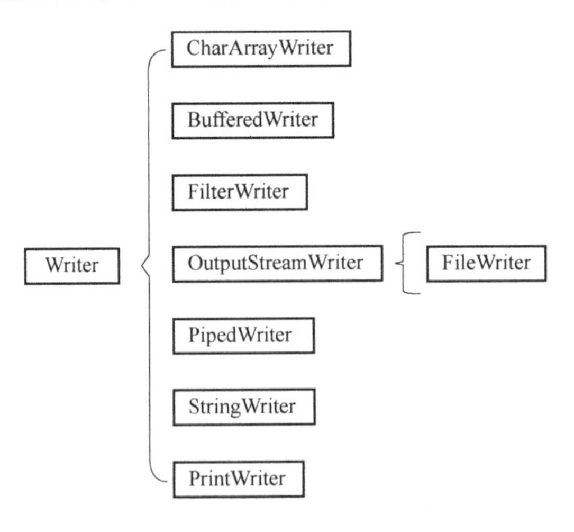

图 2.8 Writer 类分支

- Writer:输出字符流类,抽象类。
- BufferedWriter:缓冲字符输出流,是 Writer 的直接子类。它将文本写入输出流,提供有效的方式写字符、数组和字符串。

- CharArrayWriter:字符数组输出流,是 Writer 类的直接子类,实现了一个内部的字符缓冲区,用于写出。
- OutputStreamWriter: 从字符流到字节流的转换桥梁,能将某种字符集编码的字符转换成字节。
- FileWriter:文件字符输出流,OutputStreamWrite 类的直接子类,用于将字符写入文本文件。
- FilterWriter:过滤字符输出流,它也是一个抽象类,是 Writer 的直接子类,用于特定功能的字符输出流类的定义。
- PipedWriter:管道字符输出流,是 Writer 类的直接子类,用于两个线程之间的字符数据传输。
- StringWriter:字符串输出流,是 Writer 类的直接子类,用于输出字符串。
- PrintWriter::打印字符输出流,是 Writer 类的直接子类,用于把格式化的对象输出到字符流。

2.3.5　IO 异常

IO 方法几乎都会遇到各种各样的异常情况,因此调用 java.io 包类的方法时必须注意要处理异常。和 IO 相关的异常绝大部分是 IOExcepion 类或其子类,如图 2.9 所示,因此如果不是做特殊的处理,IOExcepion 就可以了。处理的方式有两种:一种是主动的处理方式,将调用 IO 方法的语句包含在 try 语句块中,然后 catch 到 IOException 并做相关的处理;另一种是消极的处理方式,在包含调用 IO 方法语句的方法声明中抛出 IOException 异常,交由上一级调用者进行处理。

Class IOException

java.lang.Object
　java.lang.Throwable
　　java.lang.Exception
　　　java.io.IOException

图 2.9　IOException 类的层次关系

2.4　流类详解

4 个顶层的抽象类 InputStream、OutputStream、Reader 和 Writer 通过定义其直接或间接子类,将多个 IO 类分成了 4 个分支。因为有继承关系,因此每个分支内的类都含有相同的方法。

2.4.1　InputStream 类的常用方法

InputStream 类中的常用方法的定义如表 2.1 所示。

表 2.1　InputStream 类的常用方法

方　法	定　义
int available()	返回输入流中下一次调用能够不受阻塞的读取或跳过的字节数
void close()	关闭输入流并释放相关的所有系统资源
void mark(int readlimit)	标记输入流的当前位置
abstract int read()	从输入流中读取一字节。该方法的属性为 abstract,必须由子类实现
int read(byte[] b)	从输入流中读取一定数量的字节存入字节数组 b,并返回读取的字节数
int read(byte[] b, int off, int len)	从输入流中读取最多 len 字节存入字节数组 b,读取的第一个字节存入 b[off]中,依次类推
void reset()	将流重新置位为上次 mark 的位置
long skip(long n)	跳过输入流中的指定数量 n 字节

- int available():如果是读文件流,第一次会返回文件的长度。读取一定数量的字节后,再次调用,会返回文件余下未读的字节数。
- void close():每个类都有 close 方法,在流类对象使用完毕后显式地调用该方法是很好的编程习惯。不显式调用 close 方法,垃圾收集机制也会在合适的时候起作用。流在创建时自动打开,所以流类都没有提供打开的方法。
- int read():从输入流中读取一字节,返回范围在 0～255 的一个整数,如果流已经读到末尾,则返回－1。虽然返回值是 int 类型,但实际上读取双字节字符的时候,每次调用只能读取一字节,例如,“中”字在字符集 GBK 中的编码是“D6D0”,则依次返回 214(D6)、208(D0)。

程序:ch2\ReadByte.java

```
1.  import java.io.*;
2.
3.  public class ReadByte{
4.
5.  public static void main(String[] args)throws IOException{
6.
7.              InputStream is = new FileInputStream("c:\\boot.ini");
8.              System.out.println("文件长度:" + (is.available()));
9.              int b = is.read();
10.             System.out.print(" " + b);
11.
12.             while(b != -1){
13.             b = is.read();
14.             System.out.print(" " + b);
15.             }
16.             is.close();
17.     }
18. }
```

在程序 ch2\ReadByte.java 中，采用 read 方法读取一个文件 c:\\boot.ini。

在第 7 行，因为 InputStream 是抽象类，不能直接生成实例，使用它的子类 FileInputStream 来创建对象 is，并指定读取文件名。

在第 8 行代码中，通过 available 方法获得文件的长度。

在第 9 行，读取输入流 is 的一字节，并打印到屏幕。

从第 12 行开始的 while 循环体内，读取输入流 is 的下一字节，并打印到屏幕直到读到文件末尾，返回－1。

在第 16 行，应关闭创建的流类。虽然不关闭也不会有问题，但及时关闭流是推荐的做法。

输出结果如图 2.10 所示，会发现文本文件中的每一个字符按字节顺序的整型值输出直到－1。

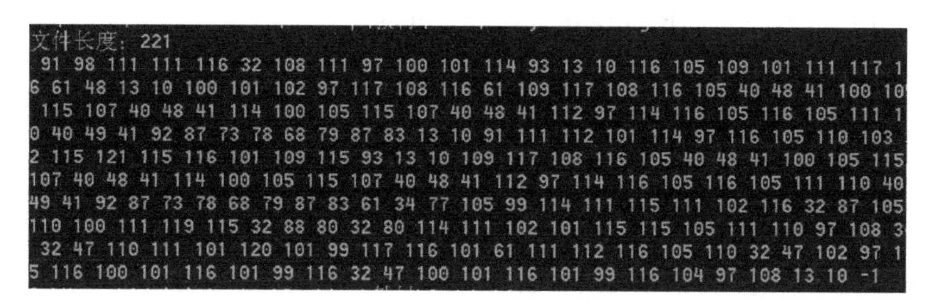

图 2.10　程序 ch2\ReadByte.java 的输出结果

- int read(byte[] b)：从输入流中读取一定数量的字节并将其存储在缓冲区数组 b 中，这个数量是数组定义时预设的长度，而非实际读取的字节数。返回值表示真正读到的字节数，是 int 类型。字节数组一般都预设一定的长度，读取的字节不一定占满数组的所有位置，所以返回值非常重要。在程序 ch2\ReadByteArray.java 中会看到返回值的作用。读取的第一个字节存储在元素 b[0] 中，第二个字节存储在元素 b[1] 中，依次类推。
- int read(byte[] b, int off, int len)：从输入流中读取一定数量的字节，但最多是 len 字节，第一个放到 off 位置，如果 off 设为 0，则和上一个方法是一样的。返回值定义同上。

程序：ch2\ReadByteArray.java

```
1.  import java.io.*;
2.
3.  public class ReadByteArray{
4.
5.  public static void main(String[] args)throws IOException{
6.
7.              InputStream is = new FileInputStream("c:\\boot.ini");
8.              int n;
9.              n = is.available();
10.             System.out.println("文件长度：" + n);
```

```
11.            byte b[] = new byte[100];
12.            while ((n = is.read(b))> -1)
13.            {
14.            System.out.print(new String(b,0,n));
15.            }
16.
17.            is.close();
18.    }
19.  }
```

在程序 ch2\ReadByteArray.java 中,采用 read(byte[] b) 方法读取文件 c:\\boot.ini。其前面 7 行和程序 ch2\ReadByte.java 是一样的。

在第 11 行代码中,定义数组 b,长度为 100 字节。

从第 12 行开始的 while 循环体内,读取输入流 is 的下个 100 字节到数组,并打印到屏幕直到读到文件末尾。我们知道文件的长度是 221,也就是说,第三次读取的时候只读了 21 字节就到了文件末尾。每次读的时候返回值 n 分别为 100、100 和 21。

在第 14 行,输出到屏幕的时候,当然希望以原始字符的内容输出,而不是以数字,所以通过 Sting 方法对数组内容继续转换。但是注意应该只输出每次读取的字节数。

之后应关闭创建的流类。

输出结果如图 2.11 所示。

```
文件长度: 221
[boot loader]
timeout=0
default=multi(0)disk(0)rdisk(0)partition(1)\WINDOWS
[operating systems]
multi(0)disk(0)rdisk(0)partition(1)\WINDOWS="Microsoft Windows XP Professional"
/noexecute=optin /fastdetect /detecthal
```

图 2.11　程序 ch2\ReadByteArray.java 的输出结果

如果第 14 行采用语句:

```
System.out.print(new String(b));
```

那么,在第三次输出的时候,前面的 21 字节是第三次读取的内容,后面的数组元素仍然是第二次读取的内容,输出会有多余的内容。

输出结果如图 2.12 所示,画线部分是多余输出的内容,与第二次读取的后面的字节内容是重复的。

```
文件长度: 221
[boot loader]
timeout=0
default=multi(0)disk(0)rdisk(0)partition(1)\WINDOWS
[operating systems]
multi(0)disk(0)rdisk(0)partition(1)\WINDOWS="Microsoft Windows XP Professional"
/noexecute=optin /fastdetect /detecthal
0)partition(1)\WINDOWS="Microsoft Windows XP Professional" /noexecute=optin /fa
```

图 2.12　修改第 14 行之后的输出结果

- void mark(int readlimit)：标记当前的位置，一般和 reset 方法联合使用。readlimit 定义了一个缓冲区的长度，当读取的字节数在 readlimit 限制的长度之内时，mark 是有效的。实际上，这个参数对一些输入流是无效的，设置多大都无所谓，如程序 ch2\ReadByteReset.java 中的 BufferedInputStream。
- void reset()：调用时会将流重新置位到上次 mark 标记的位置。不是所有的流都可以使用 mark 方法和 reset 方法。InputStream 类的 markSupported 方法会判断某个流类是否支持 mark 和 reset，支持会返回 true。
- long skip(long n)：跳过输入流中的指定数量 n 字节。

程序 ch2\ReadByteReset.java 演示了这 3 个方法的使用。

程序：ch2\ReadByteReset.java

```
1.  import java.io.*;
2.
3.  public class ReadByteReset{
4.
5.  public static void main(String[] args)throws IOException{
6.
7.          BufferedInputStream is  = new BufferedInputStream( new FileInput-
                                       Stream("c:\\boot.ini"));
8.          System.out.println("文件长度：" + (is.available()));
9.          int b;
10.         is.mark(10);
11.         while(( b = is.read())!=  -1){
12.             // System.out.print(" " + b);
13.             }
14.             System.out.println("\nread again:");
15.
16.             is.reset();
17.             while(( b = is.read())!=  -1){
18.                 System.out.print((char)b);
19.             }
20.
21.             is.reset();
22.             is.skip(200);
23.
24.             System.out.println("\nreset:");
25.
26.             while(( b = is.read())!=  -1){
27.                 System.out.print((char)b);
28.             }
```

```
29.
30.             is.close();
31.     }
32. }
```

在第 7 行，使用 BufferedInputStream 封装 FileInputStream，因为 FileInputStream 不支持 mark 和 reset。

在第 10 行，设置 mark 位置，因为文件流还没有开始读，当前位置为文件起始位置。

从第 17 行开始的 while 循环体内，逐个字节读取输入流 is 直到文件末尾。为了输出效果，注释了第 12 行代码，不予显示。

从第 16 行开始，调用 reset，重新回到 mark 标记的文件首位，重新读取文件并显示到屏幕，为了显示文本内容，使用强制类型转换的方式输出文件文本内容。

从第 21 行开始，调用 reset，再次回到文件起始位置，并使用 skip 方法跳过前面的 200 字节。在 while 循环体内，逐个字节读取输入流 is 直到文件末尾。此时，应该只读取 200 字节之后的内容。

之后应关闭创建的流类。

输出结果如图 2.13 所示。

```
文件长度: 221

read again:
[boot loader]
timeout=0
default=multi(0)disk(0)rdisk(0)partition(1)\WINDOWS
[operating systems]
multi(0)disk(0)rdisk(0)partition(1)\WINDOWS="Microsoft Windows XP Professional"
/noexecute=optin /fastdetect /detecthal

reset:
stdetect /detecthal
```

图 2.13　程序 ch2\ReadByteReset.java 的输出结果

2.4.2　OutputStream 类的常用方法

OutputStream 类及其子类定义了若干相同的方法，常用方法的定义如表 2.2 所示。

表 2.2　OutputStream 类的常用方法

方　法	定　义
abstract void write(int b)	将整型 b 的低字节写到输出流。该方法的属性为 abstract，必须为子类所实现
void write(byte b[])	把字节数组 b 中的 b.length 字节写到输出流
void write(byte b[], int off, int len)	把字节数组 b 中从 off 开始的 len 字节写到输出流
void flush()	有时写到输出流的字节并没有被真正发送出去，而是被缓存，达到一定的积累才被真正写出。这是流的内部实现为了提高效率而设计的。flush 方法强制缓存的数据立即执行写操作
void close()	关闭输出流并释放与之相关的所有系统资源

- void write(int b)：参数中的 b 虽然为 int 类型，但功能是写字节，有效的是低 8 bit，其余 24 bit 的高位忽略。下面的语句块演示了如何使用本方法。

```
1.  //BufferedInputStream bis;
2.  //BufferedOutputStream bos;
3.  ...
4.  int size;
5.  size = bis.available();
6.  // 使用 read 和 write 方法
7.  for (int i = 0; i < size; i++)
8.  {
9.  int x = bis.read();
10. bos.write(x);
11. }
```

bis 和 bos 是已经创建的输入流和输出流对象。

在第 7 行开始的 for 循环中，每次读一字节存到整型变量 x 中，再调用 write 方法将 x 写入输出流。

第 9 行和第 10 行可以合并为一条语句：

```
bos.write(bis.read());
```

- void write(byte b[])：将字节数组 b 中的所有元素写入输出流，写入的字节数为数组的长度 b.length。有时候，数组 b 中并不是所有的元素都需要输出。下面的方法更有用。
- void write(byte b[], int off, int len)：把字节数组 b 中从 off 开始的 len 字节写到输出流。第一个输出的元素是 b[off]，最后一个输出的元素是 b[off+len−1]。

```
1.  int size, m;
2.  size = bis.available();
3.
4.  byte b[] = new byte[100];
5.  while ((m = bis.read(b)) != -1){
6.  bos.write(b,0,m);
7.  }
```

在第 5 行代码中，每次从输入流中读若干字节存到数组 b 中，读出的字节数是 m 而非 100，m 的值最多是 100。之后再调用 write 方法将数组中读入的 m 字节写到输出流。

- void flush()：虽然程序中调用了 flush，缓存的数据会被写入流，但底层交由操作系统来处理，并不保证一定会到达目的地。
- void close()：每个类都有 close 方法，打开的流类都应该手工关闭。关闭的时候先关闭输入流，再关闭输出流。关闭输出流之前应调用 flush 方法将缓冲区强制输出。

```
bis.close();
bos.flush();
bos.close();
```

在学习字节流类的时候,会发现输入流类和输出流类有一些是成对定义的。它们的对应关系如表 2.3 所示。

表 2.3 成对的字节流类

输入字节流类	输出字节流类
FileInputStream	FileOutputStream
ByteArrayInputStream	ByteArrayOutputStream
BufferedInputStream	BufferedOutputStream
PipedInputStream	PipedOutputStream
ObjectInputStream	ObjectOutputStream
DataInputStream	DataOutputStream

2.4.3 Reader 类的常用方法

InputStream、OutputStream 类提供了基于字节的输入和输出功能,Reader 和 Writer 类则提供了基于字符的输入和输出功能。

Reader 类及其子类常用的方法的定义如表 2.4 所示。

表 2.4 Reader 类的常用方法

方 法	定 义
int read()	读取单个字符
int read(char[] cbuf)	从输入流中读取一定数量的字符到字符数组 cbuf
int read(char[] cbuf,int off,int len)	将输入流中最多 len 个字符读入字符数组 cbuf 的 off 位置开始的部分
long skip(long n)	跳过次输入流中的指定数量的字符
void mark(int readAheadLimit)	标记输入流的当前位置
void reset()	重置输入流到上次 mark 方法标记的位置
void close()	关闭输入流并释放与流相关的所有系统资源
boolean ready()	判断输入流是否可读

int read():从输入流中读取一个字符。返回范围在 0～0xFFFF 的一个整数,如果流已经读到末尾,则返回－1。

虽然和 InputStream 的同名方法声明是一样的,但不同的是每次读取一个字符,而非字节。

程序:ch2\ReadChar.java

```
1.  import java.io. * ;
2.
3.  public class ReadChar{
4.
5.  public static void main(String[] args)throws IOException{
6.
7.          int b;
8.              Reader is = new FileReader("c:\\boot.ini");
9.
10.             while((b = is.read()) != -1){
11.                 System.out.print((char)b);
12.             }
13.             is.close();
14.     }
15. }
```

本程序和之前的 ReadByte.java 程序非常相似,不同之处在于第 8 行,使用 FileReader 类来实例化对象 is。Reader 类是抽象类,不能直接生成实例对象。

程序的运行结果是在屏幕上显示 c:\\boot.ini 文件的内容。

在程序 ch2\ReadCharArray.java 中演示了如何使用字符数组读取字符输入流。

程序:ch2\ReadCharArray.java

```
1.  import java.io. * ;
2.
3.  public class ReadCharArray{
4.
5.      public static void main(String[] args)throws IOException{
6.
7.              Reader is = new FileReader("c:\\boot.ini");
8.              int n;
9.              char b[] = new char[100];
10.             if(is.ready()){
11.                 while ((n = is.read(b))> -1)
12.                 {
13.                 System.out.print(new String(b,0,n));
14.                 }
15.             }
16.             is.close();
17.     }
18. }
```

与之前的 ch2\ReadByteArray. java 程序稍有不同，不同之处在于第 7 行，本例定义 is 为 FileReader 实例。

在第 9 行定义了字符数组。

在第 10 行演示了 ready 方法的使用。ready 方法返回的是当前输入流是否可读，并不会像 read 方法那样阻塞执行直到有数据接收。所以 read 方法并不是什么时候都可以有效地使用。

2.4.4 Writer 类的常用方法

Writer 类及其子类常用方法的定义如表 2.5 所示。

表 2.5 Writer 类的常用方法

方　法	定　义
void write(int c)	将指定的字符写入输出流
void write(char[] cbuf)	将指定的字符数组 cbuf 的内容写入输出流
void write(char[] cbuf,int off, int len)	把字节数组 b 中从索引 off 开始的 len 个字符写入输出流
write(String str)	将指定字符串 str 的各个字符写入输出流
write(String str,int off,int len)	将指定字符串 str 从 off 位置开始的 len 个字符写入输出流
void flush()	刷新输出流并强制写出缓冲区中的输出字符
void close()	关闭此输出流并释放与之相关的系统资源
Writer append(char c)	把字符 c 追加到输出流
Writer append(CharSequence csq)	把字符序列 csq 追加到输出流

程序 ch2\WriterAppend. java 演示了如何写字符到文件。在第 10 行创建到文件当前目录下 temp. txt 文件的字符输出流对象 bw。

在第 11 行，写入字符串的内容。

在第 12 行，写入换行符。

在第 13 行，在文件末尾追加“Hello World!”。

程序：ch2\WriterAppend. java

```
1.   import java.io. * ;
2.
3.  public class WriterAppend{
4.
5.      public static void main(String[] args)throws IOException{
6.
7.      BufferedWriter bw = null;
8.      String s = "Hello";
9.
10.     bw = new BufferedWriter(new FileWriter("temp.txt"));
```

```
11.       bw.write(s);
12.       bw.newLine();
13.       bw.append(s + " World!");
14.       bw.close();
15.
16.     }
17.   }
```

程序的最终运行结果是将文件的内容置为：

```
Hello
Hello World!
```

temp.txt 文件若存在，原来的内容会被覆盖。

如果原来已经存在 temp.txt 文件，需要把字符串的内容追加在后面，可以修改代码中的第 10 行：

```
bw = new BufferedWriter(new FileWriter("temp.txt", true));
```

字符流的输入流类和输出流类也有一些是成对定义的。它们的对应关系如表 2.6 所示。

表 2.6　成对的字符流类

输入字符流类	输出字符流类
FileReader	FileWriter
CharArrayReader	CharArrayWriter
BufferedReader	BufferedWriter
PipedReader	PipedWriter
StringReader	StringWriter
InputStreamReader	OutputStreamWriter

有一些类，分别在字节流和字符流中都做了定义。它们的对应关系如表 2.7 所示。

表 2.7　字节流类与字符流类之间的对应关系

字节流	字符流
ByteArrayInputStream	CharArrayReader
ByteArrayOutputStream	CharArrayWriter
BufferedInputStream	BufferedReader
BufferedOutputStream	BufferedWriter
FileInputStream	FileReader
FileOutputStream	FileWriter
PipedInputStream	PipedReader
PipedOutputStream	PipedWriter

在后面的章节,将对一些常用的流类做详细的介绍。

2.4.5 文件流

但凡涉及对文件的读写操作,就会用到 FileInputStream、FileOutputStream、FileReader 或者 FileWriter 类。Java 中的 File 类实现的是文件和目录的管理,并不包含对文件内容进行读写的功能。

文件流类读写磁盘文件,类的构造函数以不同的形式指定连接的文件。文件应具有相应的读或者写的权限。如果用于输出的文件已经存在,它的内容将被覆盖。如果参数指定的是目录而非文件,或文件不能创建,或者因为其他原因无法进行读写,会抛出 FileNotFoundException 异常。

文件流的特点是可以以文件名作为参数,创建读写文件的流类对象。它们之间的关系如表 2.8 所示。

表 2.8 文件流

按处理方式 按方向	字节流	字符流
输入流	FileInputStream	FileReader
输出流	FileOutputStream	FileWrier

1. FileInputStream 类

FileInputStream 类的层次关系如图 2.14 所示。

Class FileInputStream

java.lang.Object
  java.io.InputStream
    java.io.FileInputStream

图 2.14 FileInputStream 类的层次关系

FileInputStream 类的构造方法如下所示。

- FileInputStream(File file):创建一个连接到文件 file 的 FileInputStream 流对象。
- FileInputStream(String name):创建一个连接到文件名为 name 的 FileInputStream 的流对象。
- FileInputStream(FileDescriptor fdObj):文件由 FileDescriptor 对象 fdObj 表示。

2. FileOutputStream 类

FileOutputStream 类的层次关系如图 2.15 所示。

Class FileOutputStream

java.lang.Object
  java.io.OutputStream
    java.io.FileOutputStream

图 2.15 FileOutputStream 类的层次关系

FileOutputStream 类的构造方法如下所示。

- FileOutputStream (File file)：创建连接到文件 file 的 FileOutputStream 流对象。
- FileOutputStream (File file, boolean append)：如果 append 为 true，字节内容将会添加到文件末尾。
- FileOutputStream(String name)：创建连接到文件名为 name 的 FileInputStream 的流对象。
- FileOutputStream(String name, boolean append))：如果 append 为 true，字节内容将会添加到文件末尾。
- FileOutputStream (FileDescriptor fdObj)：文件由 FileDescriptor 对象 fdObj 表示。

例如：

```
FileInputStream fis = new FileInputStream("源文件名");
FileOutputStream fos = new FileOutputStream("目标文件名");
```

程序 ch2\FileStreamIO. java 演示了如何同时进行文件的读写。

在第 10 行和第 11 行，创建流对象 fis 和 fos。fis 用于读源文件 FileStreamIO. java，fos 用于写目标文件 FileStreamIO(1). java。

在第 16 行的 while 循环体内，同时实现读源文件和写目标文件。值得注意的是，在第 17 行，写输出流的第 3 个参数是 count，而不是 100。

程序的最后，先关闭输入流 fis，再强制输出并关闭输出流 fos。

程序：ch2\FileStreamIO. java

```
1.  import java.io.FileInputStream;
2.  import java.io.FileOutputStream;
3.  import java.io.IOException;
4.
5.  public class FileStreamIO
6.  {
7.      public static void main(String[] args) throws IOException
8.      {
9.
10.         FileInputStream fis = new FileInputStream("FileStreamIO.java");
11.         FileOutputStream fos = new FileOutputStream("FileStreamIO(1).java");
12.         System.out.println("文件长度：" + fis.available());
13.
14.         byte b[] = new byte[100];
15.         int count = 0;
16.         while ((count = fis.read(b, 0, 100)) != -1)
17.             fos.write(b, 0, count);
18.
19.         fis.close();
```

```
20.         fos.flush();
21.         fos.close();
22.
23.     }
24. }
```

程序的运行结果是在当前目录下生成了一个与 FileStreamIO.java 内容完全一样的文件 FileStreamIO(1).java,相当于进行了文件的复制。

3. FileReader 类

FileReader 类的层次关系如图 2.16 所示。

Class FileReader

java.lang.Object
  java.io.Reader
    java.io.InputStreamReader
      java.io.FileReader

图 2.16 FileReader 类的层次关系

FileReader 类的构造方法如下所示。

- FileReader (File file):创建连接到文件 file 的 FileReader 流对象。
- FileReader (String name):创建一个连接到文件名为 name 的 FileReader 的流对象。
- FileReader (FileDescriptor fdObj):文件由 FileDescriptor 对象 fdObj 表示。

4. FileWriter 类

FileWriter 类的层次关系如图 2.17 所示。

Class FileWriter

java.lang.Object
  java.io.Writer
    java.io.OutputStreamWriter
      java.io.FileWriter

图 2.17 FileWrite 类的层次关系

FileWriter 类的构造方法如下所示。

- FileWriter (File file):创建连接到文件 file 的 FileWriter 流对象。
- FileWriter (File file, boolean append):如果 append 为 true,字节内容将会添加到文件末尾。
- FileWriter (String filename):创建连接到文件名为 filename 的 FileWriter 的流对象。
- FileWriter (String filename, boolean append)):如果 append 为 true,字节内容将会添加到文件末尾。
- FileWriter (FileDescriptor fd):文件由 FileDescriptor 对象 fd 表示。

例如:

```
FileReader fr = new FileReader ("源文件名");
FileWriter fw = new FileWriter ("目标文件名");
```

程序 ch2\FileCharIO. java 演示了如何用文件字符流同时进行文件的读写。

与程序 ch2\FileStreamIO. java 稍有不同的是在第 12 行，利用创建的 File 对象 file 创建 FileReader 对象 fr。

程序：ch2\FileCharIO. java

```
1.  import java.io.File;
2.  import java.io.FileReader;
3.  import java.io.FileWriter;
4.  import java.io.IOException;
5.
6.  public class FileCharIO
7.  {
8.      public static void main(String[] args) throws IOException
9.      {
10.
11.         File file = new File("FileCharIO.java");
12.         FileReader fr = new FileReader(file);
13.         FileWriter fw = new FileWriter("FileCharIO(1).java");
14.
15.         char b[] = new char[100];
16.         int count = 0;
17.         while ((count = fr.read(b, 0, 100)) != -1)
18.             fw.write(b, 0, count);
19.
20.         fr.close();
21.         fw.flush();
22.         fw.close();
23.     }
24.
25. }
```

2.4.6　数组流

但凡涉及直接对数组进行的读写操作，可以使用字节数组流 ByteArrayInputStream 和 ByteArrayOutputStream 以及字符数组流 CharArrayReader 和 CharArrayWriter。数组流的特点是可以直接操作数组，并可以标记和重置某个位置，更为精细地控制读写。它们之间的关系如表 2.9 所示。

表 2.9 数组流

按处理方式 按方向	字节流	字符流
输入流	ByteArrayInputStream	CharArrayReader
输出流	ByteArrayOutputStream	CharArrayWriter

1. ByteArrayInputStream 类

ByteArrayInputStream 类的层次关系如图 2.18 所示。

Class ByteArrayInputStream

java.lang.Object
    java.io.InputStream
        java.io.ByteArrayInputStream

图 2.18 ByteArrayInputStream 类的层次关系

ByteArrayInputStream 类的构造方法如下所示。

- ByteArrayInputStream(byte[] buf):创建一个使用 buf 作为缓存数组的流对象,buf 的初始位置为 0。
- ByteArrayInputStream(byte[] buf, int offset, int length):buf 的初始位置为 offset,buf 可以读出的最大字节数用 length 表示。

2. ByteArrayOutputStream 类

ByteArrayOutputStream 类的层次关系如图 2.19 所示。

Class ByteArrayOutputStream

java.lang.Object
    java.io.OutputStream
        java.io.ByteArrayOutputStream

图 2.19 ByteArrayOutputStream 类的层次关系

ByteArrayOutputStream 类的构造方法如下所示。

- ByteArrayOutputStream ():创建一个字节数组输出流对象。
- ByteArrayInputStream(int size):指定缓冲区的长度。

程序 ch2\ByteArrayIO.java 演示了如何用字节数组流类。程序实现了 3 个功能,分别是通过字节数组输出流写入字符串内容、写入文件中的内容和从字节数组中读取字符串的内容。

程序:ch2\ByteArrayIO.java

```
1.  import java.io.ByteArrayInputStream;
2.  import java.io.ByteArrayOutputStream;
3.  import java.io.FileInputStream;
4.  import java.io.FileOutputStream;
5.  import java.io.IOException;
6.
```

```
7.  public class ByteArrayIO
8.  {
9.
10.     public static void main(String[] args) throws IOException
11.     {
12.         //写字符串
13.         String s = "这是一个 String。";
14.         ByteArrayOutputStream bao = new ByteArrayOutputStream();
15.         bao.write(s.getBytes());
16.         System.out.println(bao.toString());
17.         bao.close();
18.
19.         //写文件
20.         FileInputStream fin = new FileInputStream("c:\boot.ini");
21.         bao = new ByteArrayOutputStream();
22.         int c = 0;
23.
24.         while ((c = fin.read()) != -1) {
25.             bao.write(c);
26.         }
27.         System.out.println("长度:" + bao.size());
28.         System.out.print(bao.toString());
29.         bao.close();
30.
31.             //读入
32.             byte buf[] = s.getBytes("GBK");
33.             ByteArrayInputStream bai = new ByteArrayInputStream(buf);
34.             byte t[] = new byte[100];
35.             while ((c = bai.read(t)) > -1)  {
36.                 System.out.print(new String(t,0,c));
37.             }
38.         bai.close();
39.     }
40.
41. }
```

在第 14 行，定义 ByteArrayOutputStream 输出流 bao。

在第 15 行，写入字符串 s 的内容，调用 s.getBytes 设置 write 方法的参数。

在第 16 行，将 bao 的内容也就是数组内容打印到屏幕。通过图 2.20 的程序结果可以知道中文也是可以识别的。

在第 20 行，设置读取文件的文件输入流 fin。

在第 24 行的循环体实现从文件读字节并写入 bao。

在第 27 行，通过 bao 的 size 方法，可以获得缓冲区的长度，也就是文件的大小。

在第 33 行，将字符串 s 转换成的数组 buf 生成 ByteArrayInputStream 对象 bai。

在第 24 行起，为了能够识别中文，采取了 bai 读到数组 t 的方法来实现。通过 String 转换为 byte 数组的方法是字节流处理文本的一般方法。

程序的运行结果如图 2.20 所示。

```
这是一个String。
长度: 221
[boot loader]
timeout=0
default=multi(0)disk(0)rdisk(0)partition(1)\WINDOWS
[operating systems]
multi(0)disk(0)rdisk(0)partition(1)\WINDOWS="Microsoft Windows XP Professional"
/noexecute=optin /fastdetect /detecthal
这是一个String。
```

图 2.20 程序 ch2\ByteArrayIO. java 的运行结果

3. CharArrayReader 类

CharArrayReader 类的层次关系如图 2.21 所示。

Class CharArrayReader

java.lang.Object
  java.io.Reader
    java.io.CharArrayReader

图 2.21 CharArrayReader 类的层次关系

CharArrayReader 类的构造方法与 ByteArrayInputStream 类的类似，CharArrayWriter 类的构造方法与 ByteArrayOutputStream 类的类似，只不过参数类型变为 char，这里不再赘述。

4. CharArrayWriter 类

CharArrayWriter 类的层次关系如图 2.22 所示。

Class CharArrayWriter

java.lang.Object
  java.io.Writer
    java.io.CharArrayWriter

图 2.22 CharArrayWriter 类的层次关系

CharArrayWriter 类有一个 write 方法，可以实现直接写字符串。在演示程序 ch2\CharArrayIO. java 中，在第 11 行，实例化 CharArrayWriter 类的对象 caw。在第 12 行，将字符串 s 直接写入 caw。

程序：ch2\CharArrayIO. java

```
1.   import java.io.CharArrayWriter;
2.   import java.io.IOException;
3.
```

```
4.  public class CharArrayIO
5.  {
6.
7.      public static void main(String[] args) throws IOException
8.      {
9.          //写字符串
10.         String s = "这是一个 String。";
11.         CharArrayWriter caw = new CharArrayWriter();
12.         caw.write(s);
13.         System.out.println(caw.toString());
14.         caw.close();
15.
16.      }
17.
18. }
```

如果要得到字符数组的内容,可以采取下列语句。

```
char[] chars = caw.toCharArray();
```

2.4.7　基本数据类型流

Java 的 DataInputStream 和 DataOutputStream 类能读或写 Java 的基本数据类型,如 boolean、int 和 float 等,而不是字节。

Java 的基本数据类型一共有 8 种,如图 2.23 所示。大部分基本数据类型会占用多个字节,如表 2.10 所示。每种类型所占用的空间都是固定的,与机器无关的。

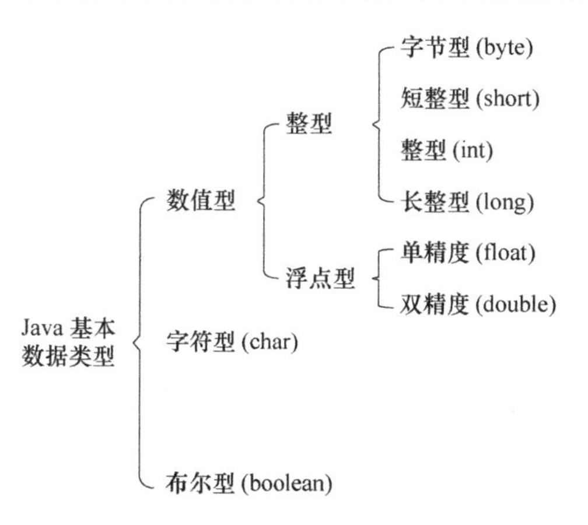

图 2.23　Java 的基本数据类型

DataInputStream 和 DataOutputStream 类都是过滤字节流类，封装了 InputStream 和 OutputStream 类。它们的特点是可以直接输入或输出 Java 的基本类型值。

Java 的基本数据类型具有固定的长度和默认值，如表 2.10 所示。

表 2.10　Java 的基本数据类型

数据类型	占用内存空间	默认值
byte	1 字节	0
short	2 字节	0
int	4 字节	0
long	8 字节	0L
float	4 字节	0.0f
double	8 字节	0.0d
char	2 字节	'\u0000'
boolean	1 bit	false

1. DataInputStream 类

DataInputStream 类的层次关系如图 2.24 所示。

Class DataInputStream

```
java.lang.Object
    java.io.InputStream
        java.io.FilterInputStream
            java.io.DataInputStream
```

图 2.24　DataInputStream 类的层次关系

DataInputStream 类的不同之处在于它额外提供了如何读取 8 种基本数据类型的方法。

- byte readByte()：读 1 字节。
- short readShort()：读 2 字节。
- int readInt()：读 4 字节。
- long readLong()：读 8 字节。
- boolean readBoolean()：读 1 字节，非零返回 true，0 返回 false。
- char readChar()：读 2 字节，返回字符值。
- float readFloat()：读 4 字节。
- double readDouble()：读 8 字节。
- String readUTF()：读一个字符串，使用 UTF-8 编码。
- void readFully(byte[] b)：读输入流的内容，放至 b。

2. DataOutputStream 类

DataOutputStream 类的层次关系如图 2.25 所示。

Class DataOutputStream

```
java.lang.Object
    java.io.OutputStream
        java.io.FilterOutputStream
            java.io.DataOutputStream
```

图 2.25　DataOutputStream 类的层次关系

DataOutputStream 类相应地也提供了如何输出基本数据类型的一系列方法。

- void writeByte(int v):写 1 字节。
- void writeBytes(String s):写 1 字节序列的字符串,每个字符的高 8 位忽略。
- void writeShort(int v):写 2 字节的 short 值。
- void writedInt(int v):写 4 字节的 int 值。
- void writeLong(long v):写 8 字节的 long 值。
- void writeBoolean(boolean v):把布尔值 v 作为一个字节写入输出流。
- void writeChar(int v):写一个双字节 char 值。
- void writeChars(String s):写一个字符串。
- void writeFloat(float v):写 4 字节的 float 值。
- void writeDouble(double v):写 8 字节的 double 值。
- void writeUTF(String str):写入字符串,使用 UTF-8 编码。

因为各种基本数据类型所占的字节数是固定且不同的,DataInputStream 和 DataOutputStream 的方法是成对使用的,并且写入的顺序和读出的顺序要一致,才能保证正确地得到内容。

在程序 ch2\DataStream. java 中演示了如何使用 DataInputStream 和 DataOutputStream 类的流对象实现基本数据类型值的读写。

程序:ch2\DataStream. java

```
1.  import java.io.DataInputStream;
2.  import java.io.DataOutputStream;
3.  import java.io.FileInputStream;
4.  import java.io.FileNotFoundException;
5.  import java.io.FileOutputStream;
6.  import java.io.IOException;
7.
8.  public class DataStream
9.  {
10.
11.     public static void main(String[] args) throws IOException
12.     {
13.         boolean b = true;
14.         short s= 2;
15.         int i = 20;
16.         char c = '书';
17.         float f = 2.1f;
18.         String str = "一个字符串。";
19.         String filename = "temp.txt";
20.         DataInputStream dis = null;
```

```
21.             DataOutputStream dos = null;
22.
23.             // output
24.             dos = new DataOutputStream(new FileOutputStream(filename));
25.             dos.writeBoolean(b);
26.             dos.writeShort(s);
27.             dos.writeInt(i);
28.             dos.writeChar(c);
29.             dos.writeFloat(f);
30.             dos.writeUTF(str);
31.             dos.flush();
32.             dos.close();
33.
34.
35.             // input
36.             dis = new DataInputStream(new FileInputStream(filename));
37.             System.out.println(dis.readBoolean());
38.             System.out.println(dis.readShort());
39.             System.out.println(dis.readInt());
40.             System.out.println(dis.readChar());
41.             System.out.println(dis.readFloat());
42.             System.out.println(dis.readUTF());
43.             dis.close();
44.         }
45.     }
```

在程序 ch2\DataStream.java 中，首先定义了若干基本数据类型的变量。

在第 24 行，创建 DataOutputStream 对象 dos 封装指向 temp.txt 的 FileOutputStream 流对象，从而实现了向文件写入多种基本数据类型。

从第 25 行起，写入各个变量的值到文件。写完之后关闭 dos。

此时，若用普通的文本编辑器打开 temp.txt 文件，会发现是乱码，如图 2.26 所示。因为基本数据类型不同于文本字符，它们所占资源的长度和存储方式各不相同。

□ □　□Nf@□ff □涓€涓　瓯绗︿覆鍤?□

图 2.26　用普通的文本编辑器打开 temp.txt 文件的示意图

在第 36 行，创建 DataInputStream 对象 dis 封装指向 temp.txt 的 FileInputStream 流对象，从而实现了从文件读出多种基本数据类型。

之后的读取顺序要与写入的顺序一致，才能正确地按字节顺序读出内容。

程序的运行结果如图 2.27 所示。

图 2.27　程序 ch2\DataStream.java 的运行结果

2.4.8　缓冲流

缓冲流 BufferedInputStream 和 BufferedReader 类添加了缓存功能，创建对象时即创建了一个内部缓冲区支持 mark 和 reset 功能。mark 方法标记输入流中的某个位置，reset 方法可以再次从上一次 mark 标记的位置来读取所有字节。

通过设置 BufferedOutputStream 和 BufferedWriter 输出流，应用程序可以将多字节批量写入基本输出流中，而不必每字节都调用底层的系统 IO。

缓冲流通常封装其他的基本流类，实现一次读写批量数据，从而提高了效率。它们之间的关系如表 2.11 所示。

表 2.11　缓冲流

按处理方式 / 按方向	字节流	字符流
输入流	BufferedInputStream	BufferedReader
输出流	BufferedOutputStream	BufferedWriter

1. BufferedInputStream 类

BufferedInputStream 类的层次关系如图 2.28 所示。

Class BufferedInputStream

java.lang.Object
　　java.io.InputStream
　　　　java.io.FilterInputStream
　　　　　　java.io.BufferedInputStream

图 2.28　BufferedInputStream 类的层次关系

BufferedInputStream 类的构造方法如下所示。

- BufferedInputStream(InputStream in)：创建一个封装基本流类 in 的 BufferedInputStream 流对象。
- BufferedInputStream(InputStream in,int size)：创建对象时指定了缓冲区的大小。

2. BufferedOutputStream 类

BufferedOutputStream 类的层次关系如图 2.29 所示。

Class BufferedOutputStream

java.lang.Object
    java.io.OutputStream
        java.io.FilterOutputStream
            java.io.BufferedOutputStream

图 2.29　BufferedOutputStream 类的层次关系

BufferedOutputStream 类的构造方法如下所示。

- BufferedOutputStream(OutputStream out):创建一个封装基本流类 out 的 BufferedOutputStream 流对象。
- BufferedOutputStream(OutputStream out,int size):创建对象时指定了缓冲区的大小。

在程序 ch2\BufferedStream.java 中演示了如何使用 BufferedInputStream 和 BufferedOutputStream 类的流对象实现文件的读写。与 FileStreamIO.java 程序的不同之处在于使用缓冲流封装了文件的读写流。

程序:ch2\BufferedStream.java

```
1.  import java.io.BufferedInputStream;
2.  import java.io.BufferedOutputStream;
3.  import java.io.FileInputStream;
4.  import java.io.FileOutputStream;
5.  import java.io.IOException;
6.
7.  public class BufferedStream
8.  {
9.      public static void main(String[] args) throws IOException
10.     {
11.         int size;
12.
13.         // 使用缓冲流
14.         BufferedInputStream bis = new BufferedInputStream(new FileInput-
                        Stream("c:\\boot.ini"));
15.         BufferedOutputStream bos = new BufferedOutputStream(new FileOut-
                        putStream("temp_copy.txt"));
16.         System.out.println("文件长度:" + (size = bis.available()));
17.         for (int i = 0;i < size; i++)
18.         {
19.             bos.write(bis.read());
20.         }
21.
22.         bis.close();
```

```
23.            bos.flush();
24.            bos.close();
25.
26.       }
27.
28.   }
```

3. BufferedReader 类

BufferedReader 类的层次关系如图 2.30 所示。

Class BufferedReader

```
java.lang.Object
    java.io.Reader
        java.io.BufferedReader
```

图 2.30 BufferedReader 类的层次关系

BufferedReader 类的构造方法如下所示。

- BufferedReader(Reader in):创建一个封装基本流类 in 的 BufferedReader 流对象。
- BufferedReader(Reader in,int sz):创建对象时指定了缓冲区的大小。

BufferedReader 类提供了一个特别有用的方法,如下所示。

String readLine():一次读取一行以'\n'、'\r'或'\n'、'\r'为结束符的文本。

4. BufferedWriter 类

BufferedWriter 类的层次关系如图 2.31 所示。

Class BufferedWriter

```
java.lang.Object
    java.io.Writer
        java.io.BufferedWriter
```

图 2.31 BufferedWriter 类的层次关系

BufferedWriter 类的构造方法如下所示。

- BufferedWriter(Writer out):创建一个封装基本流类 out 的 BufferedWriter 流对象。
- BufferedWriter(Writer out,int sz):创建对象时指定了缓冲区的大小。

BufferedWriter 类提供了一个直接写字符串的方法,如下所示。

void write(String s,int off, int len):写入部分字符串 s,从 off 位置开始的 len 个字符。

在程序 ch2\BufferedStream.java 中演示了如何使用 BufferedReader 和 BufferedWriter 类的流对象实现文件的读写和完成文件的复制。

程序:ch2\BufferedIO.java

```
1.  import java.io.*;
2.
3.  class BufferedIO
4.  {
5.      public static void main(String args[]) throws IOException
6.      {
7.
8.          BufferedReader br = new BufferedReader(new InputStreamReader(new
9.                              FileInputStream("c:\\boot.ini")));
10.
11.         BufferedWriter bw = new BufferedWriter(new FileWriter( "temp.txt"));
12.         String s;
13.         while((s = br.readLine())!= null)  {
14.             System.out.println(s);
15.             bw.write(s);
16.             bw.newLine();
17.         }
18.         br.close();
19.         bw.close();
20.
21.     }
22.
23. }
```

在第 8 行,创建了 BufferedReader 类对象 br。在这个语句中可以看到流类封装的常规方法。由读取的文件名参数创建 FileInputStream 对象;由字节流转换为字符流,需要借助一个桥梁流类 InputStreamReader(详见 2.4.13 节),并最终封装为 BufferedReader 类对象。

在第 11 行,创建了 BufferedWriter 类对象 bw。由文件名参数创建 FileWriter 对象,并直接封装为 BufferedWriter 类对象。可见,流类的相互封装是很灵活的,关键是按照规则和需要选择适当的步骤。

在第 13 行开始的循环体中,每次从源文件 boot.ini 中读取一行,输出到屏幕并写入目标文件 temp.txt。使用 bw 的 newLine 方法在每次写入一行后添加回车换行。

2.4.9 对象流

Java 的对象流 ObjectInputStream 和 ObjectOutputStream 类除了能读或写 Java 的基本数据类型外,还能读写 Java 类对象。

ObjectInputStream 能够从输入流中直接读取 Java 对象。但是对象必须是序列化的对象，也就是必须实现 Serializable 接口，或者 Externalizable 接口。

ObjectOutputStream 能够恢复之前被序列化的对象。

1. ObjectInputStream 类

ObjectInputStream 类的层次关系如图 2.32 所示。

Class ObjectInputStream

java.lang.Object
　　java.io.InputStream
　　　　java.io.ObjectInputStream

图 2.32　ObjectInputStream 类的层次关系

ObjectInputStream 类的构造方法如下所示。

- ObjectInputStream()：创建一个 ObjectInputStream 流对象。
- ObjectInputStream(InputStream in)：创建封装了其他 InputStream 对象的输入流。

ObjectInputStream 类除了包含 DataInputStream 里读取各种 Java 基本数据类型的方法之外，还定义了读取对象的方法，如下所示。

Object readObject()：从对象输入流中读取一个对象。

2. ObjectOutputStream 类

ObjectOutputStream 类的层次关系如图 2.33 所示。

Class ObjectOutputStream

java.lang.Object
　　java.io.OutputStream
　　　　java.io.ObjectOutputStream

图 2.33　ObjectOutputStream 类的层次关系

ObjectOutputStream 类的构造方法如下所示。

- ObjectOutputStream()：创建一个 ObjectOutputStream 流对象。
- ObjectOutputStream(OutputStream out)：创建封装了其他 ObjectOutputStream 对象的输出流。

ObjectOutputStream 类除了包含 DataOutputStream 里输出各种 Java 基本数据类型的方法之外，还定义了输出对象的方法，如下所示。

void writeObject(object obj)：将对象 obj 写入对象输出流。

在程序 ch2\ObjectIO.java 中演示了如何将一个自定义的对象写入文件，并从文件中读出该对象的过程。

在第 9 行，创建 ObjectOutputStream 类对象 oos，封装了文件输出流，用于写文件“文件”。

在第 12 行，实例化 ObjectDemo 类的对象 o，并随之将其写入输出流。

在第 17 行，创建 ObjectInputStream 类对象 ois，封装了文件输入流，用于读取文件“文件”。该文件里存储了对象 o。

在第 18 行，从 ois 中读取对象 o，readObject 方法返回的类型是 Object，如有必要，可以强制转换为某个类。

在第 19 行，演示了使用运算符 instanceof 来判断一个对象是否为某个类的对象。

在第 27 行，定义了一个类 ObjectDemo，该类实现了 Serializable 接口。

程序：ch2\ObjectIO.java

```
1.  import java.io.ObjectOutputStream;
2.  import java.io.IOException;
3.  import java.io.Serializable;
4.
5.  public class ObjectIO {
6.
7.     public static void main(String[] args) throws IOException,ClassNotFound-
       Exception {
8.
9.         ObjectOutputStream oos = new ObjectOutputStream(new
                                           FileOutputStream("文件"));
10.        Object o = null;
11.
12.        o = new ObjectDemo();
13.        oos.writeObject(o);
14.        oos.flush();
15.        oos.close();
16.
17.        ObjectInputStream ois = new ObjectInputStream(new FileInputStream
                                   ("文件"));
18.        ObjectDemo od = (ObjectDemo)(ois.readObject());
19.        if (od instanceof ObjectDemo) {
20.            System.out.println(od.toString());
21.        }
22.
23.        ois.close();
24.    }
25. }
26.
27.  class ObjectDemo implements Serializable {
28.
29.    public String toString() {
30.        return "A string of ObjectDemo.";
31.    }
32.
33. }
```

程序的运行结果如图 2.34 所示。

```
A string of ObjectDemo.
```

图 2.34　程序 ch2\ObjectIO.java 的运行结果

2.4.10　管道流

管道流包括 PipedInputStream、PipedOutputStream、PipedReader 和 PipedWriter 类。它们提供了读写管道 pipe 的方法。

管道 pipe 提供了在同一个进程中两个线程通信的能力。它像一个管道连接了数据源和目的。管道不能让两个不同进程中的线程进行通信，这一点与操作系统中的管道概念是不同的。

在 Java IO 中，PipedInputStream 类应该和 PipedOutputStream 类一起使用来建立一个管道。数据通过一个线程写入 PipedOutputStream，并通过另一个线程从 PipedInputStream 中读出。管道里可以传输任意类型的数据。PipedReader 类和 PipedWriter 类的使用方法也是一样的。

这 4 个类的对应关系如表 2.12 所示。

表 2.12　管道流

按处理方式 / 按方向	字节流	字符流
输入流	PipedInputStream	PipedReader
输出流	PipedOutputStream	PipedWriter

1. PipedInputStream 类

PipedInputStream 类的层次关系如图 2.35 所示。

Class PipedInputStream

java.lang.Object
　　java.io.InputStream
　　　　java.io.PipedInputStream

图 2.35　PipedInputStream 类的层次关系

PipedInputStream 类的构造方法如下所示。

- PipedInputStream()：创建一个 PipedInputStream 流对象，但是并没有连接。之后与 PipedOutputStream 流对象的连接要调用 connect 方法。
- PipedInputStream(int pipeSize)：与 PipedInputStream()构造方法相比，此方法创建时定义了管道大小 pipeSize。
- PipedInputStream(PipedOutputStream src)：创建一个 PipedInputStream 流对象，并与 PipedOutputStream 流对象 src 进行连接，写入 src 的数据可以从输入流对象中读出。

- PipedInputStream(PipedOutputStream src,int pipeSize):与 PipedInputStream(PipedOutputStream src)构造方法相比,此方法创建时定义了管道大小 pipeSize。

此外,PipedInputStream 类还定义了 connect 方法,用于连接输入和输出流。

connect(PipedOutputStream src):连接管道输入流对象与管道输出流对象 src。如果 src 已经与其他管道输入流对象相连接,会报 IOException 异常。

2. PipedOutputStream 类

PipedOutputStream 类的层次关系如图 2.36 所示。

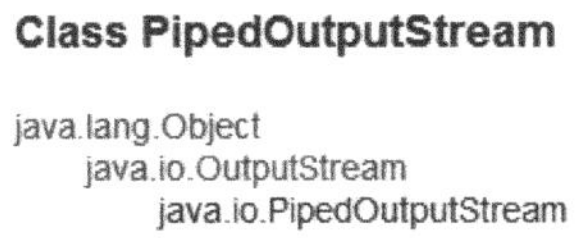

Class PipedOutputStream

java.lang.Object
    java.io.OutputStream
        java.io.PipedOutputStream

图 2.36 PipedOutputStream 类的层次关系

PipedOutputStream 类的构造方法如下所示。

- PipedOutputStream():创建一个 PipedOutputStream 流对象,但是并没有与 PipedInputStream 流对象连接,之后要调用 connect 方法进行连接。
- PipedOutputStream(PipedInputStream snk):创建一个与 PipedInputStream 流对象 snk 连接的 PipedInputStream 流对象。

3. PipedReader 类

PipedReader 类的层次关系如图 2.37 所示。

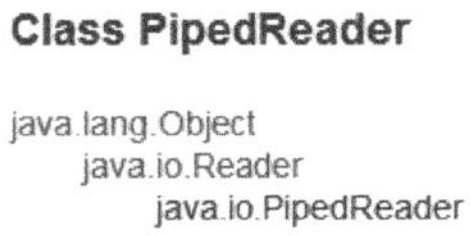

Class PipedReader

java.lang.Object
    java.io.Reader
        java.io.PipedReader

图 2.37 PipedReader 类的层次关系

PipedReader 类的构造方法与 PipedInputStream 类似,但是创建的是基于字符的管道输入流类。

4. PipedWriter 类

PipedWriter 类的层次关系如图 2.38 所示。

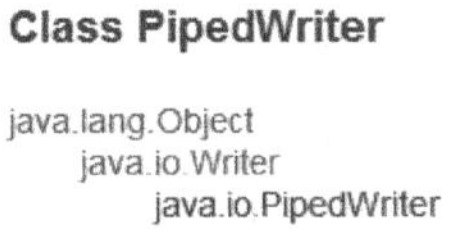

Class PipedWriter

java.lang.Object
    java.io.Writer
        java.io.PipedWriter

图 2.38 PipedWriter 类的层次关系

PipedWriter 类的构造方法与 PipedOutputStream 类似,但是创建的是基于字符的管道输出流类。

程序：ch2\PipeIO. java

```
1.  import java.io.IOException;
2.  import java.io.PipedInputStream;
3.  import java.io.PipedOutputStream;
4.
5.  public class PipeIO {
6.
7.      public static void main(String[] args) throws IOException {
8.
9.          final PipedOutputStream pos = new PipedOutputStream();
10.         final PipedInputStream pis = new PipedInputStream(pos);
11.
12.         Thread t1 = new Thread(new Runnable() {
13.
14.             public void run(){
15.                 try {
16.                     pos.write("Hello!".getBytes());
17.                 }catch(IOException ioe){
18.                         ioe.toString();
19.                 }
20.             }
21.         });
22.
23.
24.         Thread t2 = new Thread(new Runnable() {
25.
26.             public void run() {
27.                 try {
28.                     int c = 0;
29.                     while((c = pis.read()) != -1){
30.                         System.out.print((char) c);
31.                     }
32.                 }catch(IOException ioe){
33.                         ioe.toString();
34.                 }
35.             }
```

```
36.             });
37.
38.             t1.start();
39.             t2.start();
40.
41.         }
42.
43. }
```

在程序 ch2\PipeIO. java 中演示了管道类的使用方法。

在第 9 行,创建 PipedOutputStream 类对象 pos,因为后面编写了内部类,并在其中访问 pos,所以声明为 final 变量。

在第 10 行,创建 PipedInputStream 类对象 pis,pis 与 pos 相连接。

第 12 行的内部 Thread 类中,定义线程 run 方法,向 pos 中写入字符串"Hello!"的字节流。

第 24 行的内部 Thread 类中,定义线程 run 方法,从 pis 中读出所有字节并输出。

程序的运行结果如图 2.39 所示。

```
Hello!
```

图 2.39 程序 ch2\PipeIO. java 的运行结果

2.4.11 序列字节流

SequenceInputStream 类的层次关系如图 2.40 所示。

Class SequenceInputStream

java.lang.Object
  java.io.InputStream
    java.io.SequenceInputStream

图 2.40 SequenceInputStream 类的层次关系

序列字节输入流 SequenceInputStream 在逻辑上连接若干个输入流,能够使这些输入流按照顺序一个一个地读取。

SequenceInputStream 类的构造方法如下所示。

- SequenceInputStream(Enumeration<? extends InputStream> e):创建若干个输入流组成的枚举集合的序列流对象。
- SequenceInputStream(InputStream s1, InputStream s2):创建两个字节输入流的序列输入流。

在程序 ch2\SequenceIO. java 中演示了如何用两种构造方法创建并使用 SequenceInputStream。

程序：ch2\SequenceIO. java

```
1.  import java.io.FileInputStream;
2.  import java.io.IOException;
3.  import java.io.SequenceInputStream;
4.  import java.util.*;
5.
6.  public class SequenceIO {
7.
8.    public static void main(String args[]) throws IOException {
9.      SequenceInputStream sis;
10.
11.       FileInputStream f1 = new FileInputStream("文件 1.txt");
12.       FileInputStream f2 = new FileInputStream("文件 2.txt");
13.       //方法 1:
14.       sis = new SequenceInputStream(f1, f2);
15.
16.       int byteCount = 0;
17.       int c;
18.       while ((c = sis.read())!= -1) {
19.               System.out.print((char) c);
20.       }
21.       System.out.println();
22.       f1.close();
23.       f2.close();
24.       sis.close();
25.
26.       //方法 2:
27.           Vector<FileInputStream> list = new Vector<FileInputStream>();
28.           list.add(new FileInputStream("文件 1.txt"));
29.           list.add(new FileInputStream("文件 2.txt"));
30.           Enumeration<FileInputStream> e = Collections.enumeration(list);
31.           sis = new SequenceInputStream(e);
32.           while ((c = sis.read()) != -1)
33.           {
34.               System.out.print((char) c);
35.           }
36.
37.       sis.close();
38.    }
39.  }
```

在第 11、12 行，创建两个 FileInputStream 流对象 f1 和 f2。

在第 14 行，创建由 f1 和 f2 顺序组合的序列流 sis。

在第 18 行，从 sis 顺序读取字节，相当于从 f1 读取完毕再顺序读取 f2。

在第 27 行起，使用另外一种方法创建 sis。首先创建由 FileInputStream 组成的向量集合 list。

在第 28、29 行，将指向文件 1. txt 和文件 2. txt 的两个文件输入流加入 list。

在第 30 行，将 list 转换为枚举集合类 Enumeration 对象 e。

在第 31 行，根据 e 创建序列流对象 sis。

文件 1. txt 的内容为 abcdefg，文件 2. txt 的内容为 123456789，程序的运行结果如图 2. 41 所示。

```
abcdefg123456789
abcdefg123456789
```

图 2. 41　程序 ch2\SequenceIO. java 的运行结果

2. 4. 12　打印输出流

Java 的打印输出类能够封装其他输出流类，提供可以格式化打印的方法。打印输出流如表 2. 13 所示。

表 2. 13　打印输出流

按处理方式 / 按方向	字节流	字符流
输出流	PrintStream	PrintWriter

1. PrintStream 类

PrintStream 类的层次关系如图 2. 42 所示。

Class PrintStream

java.lang.Object
　java.io.OutputStream
　　java.io.FilterOutputStream
　　　java.io.PrintStream

图 2. 42　PrintStream 类的层次关系

2. PrintWriter 类

PrintWriter 类的层次关系如图 2. 43 所示。

Class PrintWriter

java.lang.Object
　java.io.Writer
　　java.io.PrintWriter

图 2. 43　PrintWriter 类的层次关系

PrintStream 类和 PrintWriter 类特别提供了若干 print 方法和 format 方法来控制各种输出的格式。

一系列 print 方法既可以打印基本数据类型,也可以打印对象。format 方法提供了格式控制输出。

在程序 ch2\Print.java 中演示了如何用 PrintStream 类和 PrintWriter 类对象控制打印输出。

程序:ch2\Print.java

```
1.  import java.io.OutputStreamWriter;
2.  import java.io.FileOutputStream;
3.  import java.io.PrintWriter;
4.  import java.io.IOException;
5.  import java.io.PrintStream;
6.
7.  public class Print
8.  {
9.         public static void main(String[] args) throws IOException
10.        {
11.              PrintStream ps = new PrintStream(new FileOutputStream("temp.txt"));
12.              PrintWriter pw = new PrintWriter(new OutputStreamWriter(new
                                                  FileOutputStream("temp.txt"));
13.
14.             ps.print("PrintStream print \r\n");
15.             ps.println("PrintStream print again");
16.             ps.flush();
17.
18.             pw.println("PrintWriter print");
19.             pw.flush();
20.
21.             ps.format("%f, %d, %s", 1.1f, 2, "String");
22.             System.out.format("%f, %d, %s", 1.1f, 2, "String");
23.
24.             ps.close();
25.             pw.close();
26.
27.     }
28.  }
```

在第 11 行,创建 PrintStream 类对象 ps。

在第 12 行，创建 PrintWriter 类对象 pw。ps 和 pw 都封装文件输出流，同时指向文件 temp. txt。

第 14～18 行是 ps 和 pw 的常规字符串输出方法。其中回车换行的方法稍有不同。

在第 21 行，定义写入 ps 的格式并输出到 ps。这个格式和 C 语言定义的几乎是一样的。

标准输出 System. out 也可以使用 format 方法控制输出格式。

程序的运行结果如图 2.44 所示。

```
1.100000, 2,String
```

图 2.44 程序 ch2\Print. java 的运行结果

文件 temp. txt 的内容如图 2.45 所示。

```
PrintWriter print
PrintStream print again
1.100000, 2,String
```

图 2.45 文件 temp. txt 的内容

2.4.13 字节流与字符流之间的桥梁流

字节流读写单个字节，而字符流实现读写字符。字节流和字符流之间是可以按照定义互相封装的。InputStreamReader 类和 OutputStreamWriter 类用来在字节流和字符流之间作为桥梁类实现字节流类和字符流类的转换。

当从字节流构造字符流对象时，可以指定字符编码格式，以兼容不同的字符集，例如：

```
BufferedReader br = new BufferedReader ( new InputStreamReader(System.in) );
```

标准输入转换为字符流如图 2.46 所示。

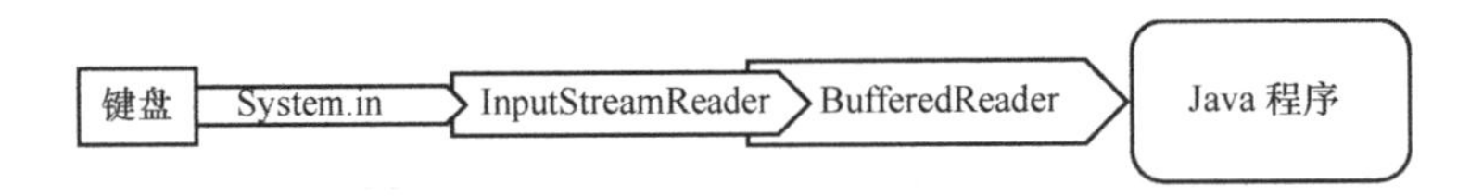

图 2.46 标准输入转换为字符流

1. InputStreamReader 类

InputStreamReader 类的层次关系如图 2.47 所示。

Class InputStreamReader

```
java.lang.Object
    java.io.Reader
        java.io.InputStreamReader
```

图 2.47 InputStreamReader 类的层次关系

2. OutputStreamWriter 类

OutputStreamWriter 类的层次关系如图 2.48 所示。

Class OutputStreamWriter

```
java.lang.Object
    java.io.Writer
        java.io.OutputStreamWriter
```

图 2.48　OutputStreamWriter 类的层次关系

标准输入 System.in 是 InputStream 类型,是字节输入流类。如果想在 Java 程序中实现按字符输入来读取键盘输入,需要转换为 BufferedReader 流类对象。BufferedReader 流不能直接以字节流对象作为参数构造实例,只能以 InputStreamReader 类作为中间类逐步进行转换。

在程序 ch2\StreamRW.java 中演示了 InputStreamReader 类和 OutputStreamWriter 类的使用。

程序:ch2\StreamRW.java

```
1.  import java.io.*;
2.
3.  public class StreamRW
4.  {
5.    public static void main(String[] args) throws IOException
6.    {
7.          String s;
8.          // 字节流向字符流转换
9.          BufferedReader br = new BufferedReader( new
                                InputStreamReader(System.in, "GBK"));
10.         PrintWriter pw = new PrintWriter(new OutputStreamWriter(new
                            FileOutputStream("temp.txt"), "GBK"));
11.
12.         while((s = br.readLine())!= null)
13.         {
14.             pw.write(s);
15.         }
16.
17.         br.close();
18.         pw.flush();
19.         pw.close();
20.    }
21. }
```

在第 9 行，创建 BufferedReader 对象 br，通过中间流类 InputStreamReader 封装标准输入，使用 GBK 字符集。

在第 10 行，创建 PrintWriter 对象 pw，通过中间流类 OutputStreamWriter 封装文件字节输出流类 FileOutputStream 对象，保存输出到文件 temp. txt，也使用 GBK 字符集。

在第 12 行的循环体内，实现每从键盘读入一行，就写到文件中，直到标准输入退出。

程序运行时，在键盘输入如图 2.49 所示的内容。

图 2.49　键盘输入内容

文件 temp. txt 的内容如图 2.50 所示。

hello这是一个测试。

图 2.50　文件 temp. txt 的内容

在 Java 程序中，经常会碰到乱码的问题，实际上是不同字符集的兼容问题。如果在输入和输出中遇到字节数组要按照某种字符集来输出，如中文，除了在 InputStreamReader 类和 OutputStreamWriter 类实例化时指定外，也可以采取下列方法：

```
1.  byte[] by = new byte[1024];
2.  …
3.  while((b = bis.read())!= - 1){
4.     System.out.print((char)(b));
5.  }
6.  System.out.print(new String(by, "GB2312"));
7.  …
```

上面的语句块中，第 6 行使用了 String 类的构造方法，将字节数组按照某种编码转换为字符串输出。

2.5　标准输入和输出

2.5.1　System 类

在 Java 中，标准输入、标准输出和错误输出流由 System 类提供。System 类定义了 3 个域表示这 3 种流，分别如下所示。

- InputStream in：System. in 默认表示键盘输入，使用时要封装为其他的输入流类。
- PrintStream out：System. out 默认表示屏幕输出。PrintStream 类提供了格式化的

输出方法。

- PrintStream err：System. err 默认表示错误输出。

System 类的层次关系如图 2.51 所示。

Class System

java.lang.Object
　　java.lang.System

图 2.51　System 类的层次关系

Java 规定，java. lang 包不必使用 import 语句显式地引入程序；和 Language 相关的各种类可以直接使用。

标准输入和输出、错误输出是可以重定向为其他流类的。重定向之后再调用标准输入和输出方法，将不再从键盘读向屏幕输出，而是从指定的流输入和输出。重定向使用下列方法。

- System. setIn(InputStream in)：重定向标准输入为输入流类对象 in。
- System. setOut(PrintStream out)：重定向标准输出为输出流类对象 out。
- System. setErr(PrintStream err)：重定向错误输出为输出流类对象 out。

程序 ch2\StandardIO. java 是一个很简单的示例，演示如何使用 System. in 和 System. out。标准输入如果不是字符串，而是其他类型的值，需要封装为其他流类，使用不是很方便。

程序：ch2\StandardIO. java

```
1.  import java.io.*;
2.
3.  public class StandardIO
4.  {
5.    public static void main(String[] args) throws IOException
6.    {
7.        BufferedReader br = new BufferedReader(
8.                            new InputStreamReader(System.in));
9.        System.out.println("输入一行字符:");
10.        System.out.println(br.readLine());
11.
12.        System.out.println("输入一个整数:");
13.        int i = Integer.parseInt(br.readLine());
14.        System.out.println("输入一个整数:");
15.        int j = Integer.valueOf(br.readLine());
16.        System.out.println("和:" + (i + j));
17.    }
18. }
```

标准输入将键盘输入都当作字符串。如果需要把输入的内容当作其他数据类型,在程序中要进行相应的转换。

如本程序中,第 13 行使用 Integer 类的 parseInt 方法将字符串转换为整型。

第 15 行使用 Integer 类的 valueOf 方法将字符串转换为整型。

程序的运行结果如图 2.52 所示。

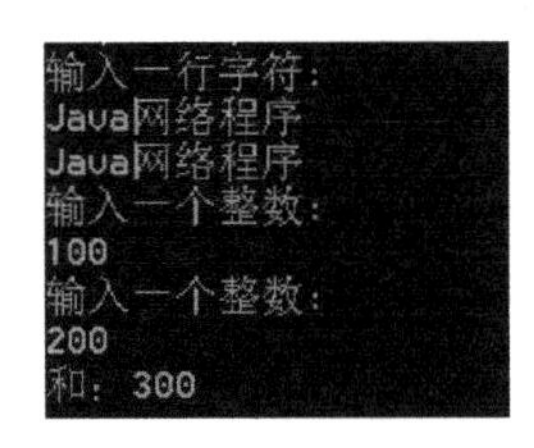

图 2.52　程序 ch2\StandardIO.java 的运行结果

当程序运行到 System.in.read()的时候,处于等待用户输入的状态,cmd 窗口中的光标一直闪烁,直到用户输入回车为止,这种状态叫做“阻塞”。

2.5.2　Scanner 类

在 Java 的 IO 中,经常伴随着传输各种各样类型、各种各样格式的数据。为了处理这些多样性,Java 从 JDK 5.0 起提供了 Scanner 类,把数据分解成各种基本数据类型和字符串。

Scanner 类的层次关系如图 2.53 所示

Class Scanner

java.lang.Object
　　java.util.Scanner

图 2.53　Scanner 类的层次关系

在程序 ch2\StandardIO.java 中,如果使用 Scanner 对象封装 System.in,程序语句会更简洁和方便。

```
1.  Scanner sc = new Scanner(System.in);
2.  int i = sc.nextInt();
```

Scanner 使用某个分隔符将输入分解为标记段,默认的分隔符是空格。然后可以使用不同的 next 方法将得到的标记段转换为不同类型的值。

例如,以下代码从文件 file 中读取 int 类型的多个值,并计算它们的和。

```
1.  int sum = 0;
2.  Scanner sc = new Scanner(new File("file"));
3.  while (sc.hasNextInt()){
4.          int i = sc. nextInt ();
5.          sum = sum + i;
6.  }
```

Scanner 类通过 useDelimiter 方法设定以何种分隔符来分割内容：Scanner useDelimiter (String pattern)。

pattern 使用正则表达式来分析内容。

Scanner 类提供了一系列方法判断是否有及如何输出基本数据类型的标记段。

- boolean hasNextBoolean()：判断下一个标记段是否为 boolean 值。
- boolean nextBoolean()：返回取得的 boolean 值。
- boolean hasNextByte()：判断下一个标记段是否为 byte 值。
- byte nextByte()：返回取得的 byte 值。
- boolean hasNextShort()：判断下一个标记段是否为 short 值。
- short nextShort()：返回取得的 short 值。
- boolean hasNextInt()：判断下一个标记段是否为 int 值。
- int nextInt()：返回取得的 int 值。
- boolean hasNextLong()：判断下一个标记段是否为 long 值。
- long nextLong()：返回取得的 long 值。
- boolean hasNextFloat()：判断下一个标记段是否为 float 值。
- float nextFloat()：返回取得的 float 值。
- boolean hasNextDouble()：判断下一个标记段是否为 double 值。
- double nextDouble()：返回取得的 double 值。
- boolean hasNextLine()：判断下一个标记段是否为一行字符串。
- String nextLine()：返回一行字符串。
- boolean hasNext()：判断是否有下一个标记段。
- String next()：返回取得的标记段。

2.6 压缩流类

压缩流类是 java. util. zip 包中提供的一些类。通过压缩流类可以实现文件压缩和解压缩。

Java 能够通过 GZIPInputStream 类和 GZIPOutputStream 类实现 GZIP 格式的文件压缩和解压缩，通过 ZipInputStream 类和 ZipOutputStream 类实现 ZIP 格式的文件压缩和解压缩。GZIPInputStream 类和 ZipInputStream 类是 InputStream 类的间接子类，GZIPOutputStream 类和 ZipOutputStream 类是 OutputStream 类的间接子类。

GZIPOutputStream、ZipOutputStream 分别能够把文件数据压缩成 GZIP 格式、Zip 格式。

GZIPInputStream、ZipInputStream 分别能够把已压缩成 GZIP 格式、Zip 格式的文件解压缩。

ZipInputStream 类和 ZipOutputStream 类的使用方法是类似的。

2.6.1 GZIP 压缩与解压缩

GZIPInputStream 类是一种过滤流类，能够实现读取 GZIP 格式的数据，获得原始内容，相当于解压缩。GZIPOutputStream 类能够实现把数据压缩成 GZIP 格式。它们的层次继承关系分别如图 2.54、图 2.55 所示。

Class GZIPInputStream

java.lang.Object
  java.io.InputStream
    java.io.FilterInputStream
      java.util.zip.InflaterInputStream
        java.util.zip.GZIPInputStream

图 2.54 GZIPInputStream 类的层次关系

Class GZIPOutputStream

java.lang.Object
  java.io.OutputStream
    java.io.FilterOutputStream
      java.util.zip.DeflaterOutputStream
        java.util.zip.GZIPOutputStream

图 2.55 GZIPOutputStream 类的层次关系

GZIPInputStream 类的构造方法如下所示。

- GZIPInputStream(InputStream in)：创建封装其他字节流类的 GZIP 输入流对象。
- GZIPInputStream(InputStream in, int size)：创建对象并设定缓冲区大小 size。

GZIPOutputStream 类的构造方法如下所示。

- GZIPOutputStream(OutputStream out)：创建封装其他字节流类的 GZIP 输出流对象。
- GZIPOutputStream(OutputStream out, boolean syncFlush)：创建对象并设定 flush 模式。syncFlush 为 true 表示刷新所有未刷新的输出流。
- GZIPOutputStream(OutputStream out, int size)：创建对象并设定缓冲区大小 size。
- GZIPOutputStream(OutputStream out, int size, boolean syncFlush)：创建对象并设定缓冲区大小 size 和 flush 模式。

以 GZIP 流为例，图 2.56 描述了 GZIPInputStream 流的使用方法。压缩文件是 GZIP 格式的。Java 程序以压缩文件为数据源读取内容时，首先调用了 FileInputStream 封装文件名，之后再调用 GZIPInputStream 封装 FileInputStream 对象，这样就可以实现读取该压缩文件的内容了。为了实现按行读取，继续用过渡流 InputStreamReader，并最终实例化为 BufferedReader 类对象。

经过 4 次包装，最终 Java 程序实现了通过读 BufferedReader 流对象，以字符按行读取的方式获得压缩文件的原始内容，从而实现了原始 GZIP 格式内容的解压缩。4 次流的定义和转换各自都是有目的、有意义的，最终目的是程序设计的需要。整个转换过程是灵活的，没有一定之规，这也是 Java IO 流使用的关键技术。

图 2.56 GZIPInputStream 类的使用方法

图 2.57 描述了 GZIPOutputStream 流的使用方法。压缩文件是 GZIP 格式的。Java 程序希望将数据以 GZIP 格式压缩文件的形式进行存储。首先调用了 FileOutputStream 封

装文件名，文件名后缀为. gz，之后再调用 GZIPOutputStream 封装 FileOutputStream 对象，这样就可以实现把原始内容以 GZIP 压缩格式写入目标压缩文件。为了实现缓冲写入，继续用 BufferedOutputStream 封装 GZIPOutputStream 类对象。

这样，经过 3 次定义和转换，Java 程序通过写 BufferedOutputStream 流对象，就可以实现写压缩文件的功能，这相当于把原始数据压缩到压缩文件中。

图 2.57 GZIPOutputStream 类的使用方法

程序：ch2\GZIPIO. java

```
1.  import java.io.*;
2.  import java.util.zip.*;
3.
4.  public class GZIPIO {
5.
6.    public static void main(String[] args) throws IOException {
7.       FileInputStream fin = new FileInputStream("test.txt");
8.       GZIPOutputStream gos = new GZIPOutputStream(new
                                FileOutputStream("test.gz"));
9.
10.      System.out.println("test.txt 压缩成 test.gz");
11.      int c;
12.      while((c = fin.read()) != -1)
13.          gos.write(c); //写压缩文件
14.      fin.close();
15.      gos.close();
16.
17.      System.out.println("解压缩 test.gz 到 test_copy.txt");
18.      GZIPInputStream gis = new GZIPInputStream(new FileInputStream
                              ("test.gz"));
19.      FileOutputStream fos = new FileOutputStream("test_copy.txt");
20.      while((c=gis.read())!= -1)
21.        fos.write(c);
22.      gis.close();
23.      fos.close();
24.    }
25. }
```

在程序 ch2\GZIPIO.java 中演示了 GZIPInputStream 和 GZIPOutputStream 流的使用方法。

首先通过从读取源文件的 FileInputStream 流对象 fin 中读取内容，写入 GZIPOutputStream 封装的文件输出流 FileOutputStream 对象 gos 中，实现将 test.txt 文件压缩成 test.gz 文件。

在第 7 行，创建读取 test.txt 的文件输入流对象 fin。

在第 8 行，创建写入 test.gz 的文件输出流对象 gos。

在第 12 行，通过读写一字节的循环体完成压缩功能。

之后，通过从读取压缩文件的 GZIPInputStream 流对象 gis 中读取内容，写入 FileOutputStream 封装的文件输出流对象 fos 中，实现将 test.gz 文件解压缩到 test_copy.txt 文件。

在第 18 行，创建读取 test.gz 的文件输入流对象 gis。

在第 19 行，创建写入 test_copy.txt 的文件输出流对象 fos。

在第 12 行，通过读写一字节的循环体完成解压缩功能。

2.6.2 ZIP 压缩与解压缩

ZipInputStream 类是一种过滤流类，能够实现读取 Zip 格式的数据，获得原始内容，相当于解压缩。ZipOutputStream 类能够实现把数据压缩成 Zip 格式。它们的层次继承关系分别如图 2.58、图 2.59 所示。

Class ZipInputStream

java.lang.Object
java.io.InputStream
java.io.FilterInputStream
java.util.zip.InflaterInputStream
java.util.zip.ZipInputStream

图 2.58 ZipInputStream 类的层次关系

Class ZipOutputStream

java.lang.Object
java.io.OutputStream
java.io.FilterOutputStream
java.util.zip.DeflaterOutputStream
java.util.zip.ZipOutputStream

图 2.59 ZipOutputStream 类的层次关系

Zip 文件可能含有多个文件或目录，每一级目录和每一个文件都称为一个入口(Entry)，所以 Zip 文件有多个入口，每个入口用一个 Entry 对象表示，该对象的 getName 方法返回文件的原始文件名。ZipEntry 类的层次关系如图 2.60 所示。

Class ZipEntry

java.lang.Object
java.util.zip.ZipEntry

图 2.60 ZipEntry 类的层次关系

ZipInputStream 类的构造方法如下所示。

- ZipInputStream (InputStream in)：创建封装其他字节流类的 Zip 输入流对象。
- ZipInputStream (InputStream in, Charset charset)：创建对象并设定字符集。

ZipInputStream 类还定义了读取 Entry 的方法，如下所示。

ZipEntry getNextEntry()：读取下一个 Zip Entry。

ZipOutputStream 类的构造方法如下所示。

- ZipOutputStream (OutputStream out)：创建封装其他字节流类的 Zip 输出流对象。
- ZipOutputStream (OutputStream out，Charset charset)：创建对象并设定字符集。

ZipOutputStream 类还定义了写入 Entry 的方法，如下所示。

void putNextEntry(ZipEntry e)：写入一个 ZipEntry。

程序 ch2\ZIPIO.java 演示了如何实现压缩多个文件为 zip 文件并解压缩的过程。压缩的多个文件名以命令行参数的形式提供。通过压缩过程，把这几个文件压缩为 temp.zip 文件。通过解压缩过程，把 temp.zip 解压缩到本地，还原原始文件到本地，还原的文件在原文件名的基础上，在前面添加"复制"。

程序：ch2\ZIPIO.java

```
1.  import java.io.*;
2.  import java.util.*;
3.  import java.util.zip.*;
4.
5.  public class ZIPIO {
6.
7.     public static void main(String[] args) throws IOException {
8.        ZipOutputStream zos = new ZipOutputStream(new FileOutputStream
                              ("temp.zip"));
9.          int c;
10.         for(int i = 0; i < args.length; i++) {
11.                System.out.println("压缩文件：" + args[i]);
12.                FileInputStream fin = new FileInputStream(args[i]);
13.                zos.putNextEntry(new ZipEntry(args[i]));
14.
15.                while((c = fin.read())!= -1)
16.                    zos.write(c);
17.
18.                fin.close();
19.       }
20.       zos.close();
21.       System.out.println("压缩完毕!");
22.
23.       System.out.println("Reading file");
24.       ZipInputStream zis = new ZipInputStream(new FileInputStream
                              ("temp.zip"));
```

```
25.
26.         ZipEntry entry;
27.         while((entry = zis.getNextEntry()) != null) {
28.            System.out.println("文件:" + entry.getName());
29.            FileOutputStream fos = new FileOutputStream("复制" +
                                   entry.getName());
30.            while((c = zis.read()) != -1)
31.                    fos.write(c);
32.            fos.close();
33.
34.         }
35.         zis.close();
36.         System.out.println("解压缩完毕!");
37.     }
38. }
```

在第 8 行,创建 FileOutputStream 对象指定写入文件 temp. zip,并由 ZipOutputStream 类进一步封装为压缩输出流对象 zos。

在第 10 行开始的循环体,对每一个从命令行读取的原始文件名执行一次循环。每次循环都创建读取该文件的 FileInputStream 流对象 fin,将该文件的 Entry 写入 zos,然后通过读写字节将文件内容输出到 zos。

至此,压缩过程完毕。

在第 24 行,创建读压缩文件 temp. zip 的 FileInputStream 文件输入流对象,并进一步封装为 ZipInputStream 对象 zis。

从第 27 开始的循环体,每次取压缩文件中的一个 Entry 执行一次循环。每次循环都创建 FileOutputStream 文件输出流对象 fos,重新命名解压缩后的文件名为"复制+文件名"。之后通过读取 zis 中字节写入 fos,实现文件解压缩。

本程序稍加修改,可以实现压缩和解压缩目录。目录里的每个子目录和文件名可以通过 File 类的 listFiles 方法获得,之后对于子目录,可以通过递归的方法一直分析到最底层的子目录下都是文件的状态。

执行本程序,需要在命令行中输入要压缩的文件名。例如,图 2.61 所示的命令压缩本地的 temp. txt 文件和 temp_copy. txt 文件到 temp. zip。

```
java ZIPIO temp.txt temp_copy.txt
```

图 2.61 运行 ZIPIO. class 的命令行

程序执行结果如图 2.62 所示。

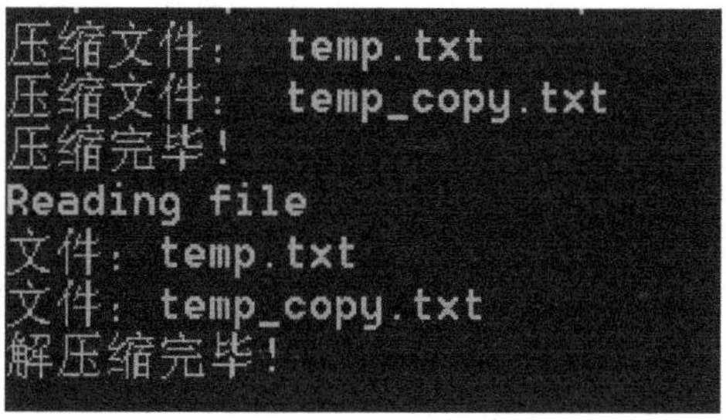

```
压缩文件:  temp.txt
压缩文件:  temp_copy.txt
压缩完毕!
Reading file
文件: temp.txt
文件: temp_copy.txt
解压缩完毕!
```

图 2.62　程序 ch2\ZIPIO. java 的运行结果

在本地的目录下，增加了文件“temp. zip”和解压缩后的文件“复制 temp. txt”与“复制 temp_copy. txt”，如图 2.63 所示。

图 2.63　ch2\ZIPIO. java 运行后目录中增加了文件

2.7　如何选择流

本章讲述了各种流类的使用方法和应用场合。这些 IO 流类分属于 4 个不同的分支，每个分支的流类都有相似的方法。在程序中如何选择合适的流类是最容易混淆的。

为了确定使用哪一种流类，首先应考虑是读取还是写入，也就是使用输入流还是输出流。其次，考虑读写的时候是基于字节还是字符。这样，基本就可以确定大致的范围，也就是哪一个分支。再次，考虑输入流的数据源是什么，输出流的数据目的是什么。如是文件，就选用文件流；如是数组，就选用数组流。最后，考虑是否需要特别的处理。如需要格式化输出，就选用打印输出流；如需要按行读取，就选用具有 readLine 方法的流类。

第3章　IP地址和URL

本章重点

从本章开始正式介绍网络程序设计的相关技术和API。

既然是网络程序，与普通应用程序的不同就在于它是建立在网络之上，并要利用网络来进行通信，所以要求程序员能够了解网络的基本知识，从而合理地设计和编写应用程序。同时，当应用程序无法运行时，要能够进行必要的分析。如应用程序出现问题，要能够分析不能进行通信究竟是网络的原因造成的，还是软件的原因造成的。

本章首先讲述了网络技术中的IP地址、域名服务，并就如何判断网络连通性进行了讲解。

在Java中，通过使用java.net包中的InetAddress类进行IP地址的封装。

互联网中的资源都有自己的命名URI和定位符URL，用来唯一标识每一个资源。在Java中，有同名的类来表示URI和URL。从URL可以直接获取输入流来访问该资源。

URL相关的连接使用URLConnection类定义，如果要实现同URL资源的交互访问，可以通过URLConnection获取输入流和输出流，通过双方的读写进行信息的交互。

本章还简要介绍了如何自定义URL相关的协议流处理器URLStreamHandler。

通过本章的介绍，可以实现对URL资源，特别是基于HTTP协议资源的访问和控制。

3.1　IP地址和名字

3.1.1　主机和端口

连接到Internet或局域网的设备称为主机(host)。虽然有时也包括交换机、路由器、打印机等网络设备，但大多数时候主机指网络中的计算机。一般地，一个主机只有一个网络接口，即只有一个Internet地址，这个地址通常叫做IP地址。

IP地址是分配给每一个网络接口的逻辑地址。封装复杂的物理地址即MAC地址。IP

地址属于 ISO/OSI 模型的第三层、TCP/IP 协议层的网络层的定义。IP 地址在网络协议中标识一个网络接口的地址，用于寻址和通信。IP 地址分为 IPv4 和 IPv6 两种版本，IP 使用的 32 位或 128 位无符号整数作为第三层的协议，第四层传输层的协议 TCP 和 UDPP 都建立在 IP 的基础之上。

IP 地址的体系结构是由 RFC 790：Assigned Numbers，RFC 1918：Address Allocation for Private Internets，RFC 2365：Administratively Scoped IP Multicast，and RFC 2373：IP Version 6 Addressing Architecture 定义的。

本章只涉及目前广泛应用的 IPv4，对于 IPv6 的使用不做阐述。

一台主机上的服务可以被分成 65 536 个端口(port)，范围是 0～65535。port 是一个抽象的概念，并不像网络设备上的物理端口那样能够看到。端口用以区分不同的应用协议，也叫做协议端口。其中 0～1023 为系统所保留，专门给那些通用的服务(well-known services)，例如，HTTP 服务的端口号为 80，Telnet 服务的端口号为 23，FTP 服务的端口号为 21 等，因此，当我们编写通信程序时，应选择一个大于 1023 且没有被使用的数值作为端口号，以免发生冲突。

一台服务器上可以同时运行多个服务程序，分别占用不同的端口。如图 3.1 所示，该服务器分别运行了占用端口 21 的 FTP 服务、占用端口 23 的 Telnet 服务、占用端口 80 的 HTTP 服务等。如果客户端想要访问服务器的 HTTP 服务，就要与服务器的 80 端口建立 Socket 连接。Socket 的使用详见第 4 章。

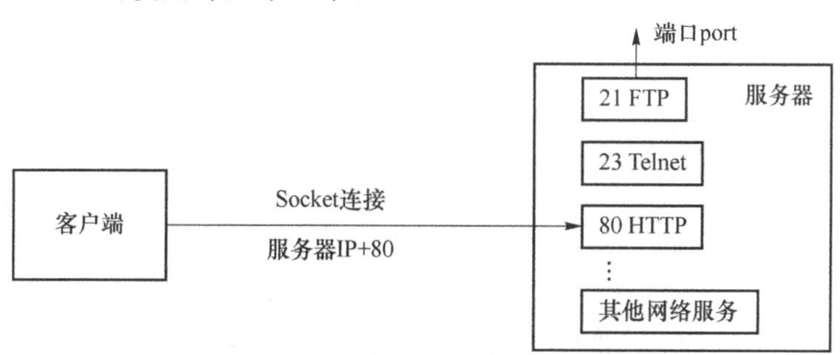

图 3.1　Socket

任何一台主机的网络接口在通信之前都要配置正确的 IP 地址和掩码。但是通常 IP 地址人们很难记忆，所以在网络通信中通常给主机或网络接口设置一个名字。如果在程序中使用名字来表示网络接口，操作系统会尝试把名字解析成 IP 地址。

名字可以是主机名，也可以是域名。

主机名在 Windows 中可以设置成 255 个字符以内的一个字符串，一台主机可以设置多个主机名。在网络应用中，主机名都可以被解析为 IP 地址，如 Ping 命令，Ping 命令解析主机名如图 3.2 所示。

```
C:\>ping -a 127.0.0.1

正在 Ping MyComputer [127.0.0.1] 具有 32 字节的数据:
来自 127.0.0.1 的回复: 字节=32 时间<1ms TTL=64
来自 127.0.0.1 的回复: 字节=32 时间<1ms TTL=64
来自 127.0.0.1 的回复: 字节=32 时间<1ms TTL=64
来自 127.0.0.1 的回复: 字节=32 时间<1ms TTL=64
```

图 3.2　Ping 命令解析主机名

主机名和 IP 地址的对应关系通常写入本地的 hosts 文件。在 Windows 7 操作系统中，hosts 文件位于 Windows 的安装目录下的 System32\drivers\etc 目录，如果需要添加内容，参照 hosts 文件中的注释添加 IP 地址和主机名的对应关系条目即可。

查看本地的主机名，使用 hostname 命令即可，如图 3.3 所示。

图 3.3　hostname 命令查看主机名

在 Unix 中，这个文件位于“\etc\hosts”，需要的时候以有效权限用户编辑此文件即可。

名字解析还可以采用 DNS(Domain Name System)域名服务的形式。DNS 服务器以数据库的形式维护 IP 地址和主机名的匹配关系。通过该服务，可以解析互联网中的主机，而不需要记忆 IP 地址。当用户通过域名访问互联网资源时，系统通过查询 DNS 解析得到域名对应的 IP 地址，再通过 IP 地址访问该资源。

域名可以理解为互联网中的资源的唯一标识，是不能有重复的。

域名需要申请才可以使用。域名与 IP 地址的对应关系设定、生效后，就可以通过域名访问主机了。如果需要更改 IP 地址，需要重新绑定，并生效后才能访问正确的主机。

当 DNS 解析出现故障或者域名的有效期过期时，就不能正确地解析域名。此时可以通过 nslookup 命令来判断。如图 3.4 所示，如果能够解析，就会返回解析结果，否则有可能是解析出现问题。可以进一步在浏览器中用 IP 地址来访问该主机，如果 IP 地址可以访问，而域名不能访问，就可以断定是 DNS 解析的问题了。

```
C:\>nslookup www.baidu.com
服务器:  UnKnown
Address:  192.168.1.2

非权威应答:
名称:    www.a.shifen.com
Addresses:  61.135.169.125
          61.135.169.121
Aliases:  www.baidu.com
```

图 3.4　nslookup 命令解析域名

3.1.2　IP 地址

IP 协议是一套标准协议的软件，在 IP 层传输的数据称为“数据报”。网络中的节点只要运行相同的网络协议，就能够按照协议规定的格式识别 IP 数据报。

IP 地址是 IP 协议中的重要内容。网络中的每一个网络接口都有一个唯一的网络地址，它就像地址门牌一样，在复杂的网络中有效的寻址和识别需要通信的节点。

每个节点的网络接口都被分配一个 IP 地址，为了表示 IP 地址所在的网段，通常会附带掩码。如果该节点要和另外一个网段的节点通信，还要为其指明网关的 IP 地址，网关可以看作两个网段之间必经的交汇节点，像一个关口的两个城门，分别属于两个城池，在通信过程中起路由的作用。

以 Windows 7 操作系统为例，右键单击“网上邻居”，单击“更改适配器”，再右键单击需要设置的网络连接，选择“属性”，就可以对该网络连接进行设置。如图 3.5 所示，选择 IPv4 进行设置。

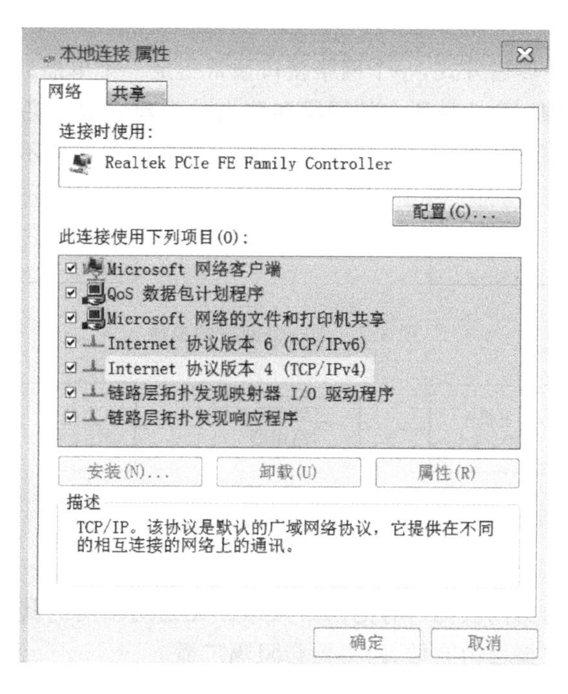

图 3.5　网络设置

在接下来的属性页中，可以设置 IP 地址、子网掩码和默认网关。如果只在本网段内进行通信，则不需要设置默认网关。

如图 3.6 所示，选择 IPv4 进行设置。如果选择“自动获得 IP 地址”，就不必对 IP 地址、子网掩码和默认网关 3 项进行设置，但前提是网络中有 DHCP 服务器，对网络中的节点自动分配这 3 项内容。

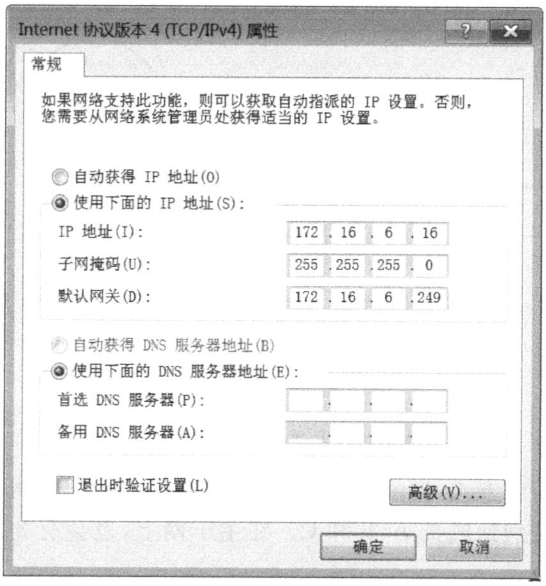

图 3.6　IP 设置

1. 传输类型分类

IP 层是 TCP、UDP 等传输协议的底层协议。IP 传输方式分为 3 种。

(1) 单播(Unicast)

这是最常见的一种传输方式,一个网络接口通常指定一个单播地址,当网络节点之间通信的时候,通信双方根据 IP 地址所在的网段和路由关系建立数据通道,从而进行点对点的通信。同一个网段的单播如图 3.7 所示,跨网段的单播如图 3.8 所示。

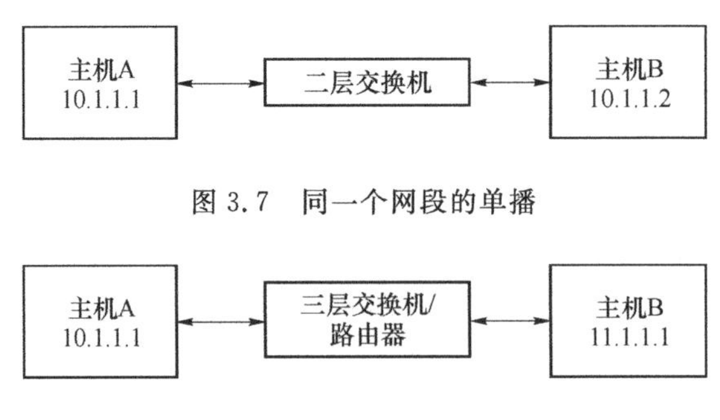

图 3.7　同一个网段的单播

图 3.8　跨网段的单播

(2) 广播(Broadcast)

广播指数据包发送给网段内所有的网络接口。无论网段内的其他主机是否希望接收,都会收到。广播只在广播域内有效,路由器会阻隔广播。

(3) 组播(Multicast)

组播也称为多播。如果有多台主机希望同时获得相同的信息,可以加入同一个组。这个组的标识称为多播地址,它是一个 D 类的 IP 地址。送到该组播地址的数据包将会传送到组内所有的网络接口。

在图 3.9 中,可以看到主机 1 发送的数据包经过交换机等网络节点到达组播组,在主干网上,只有一份数据包在传输。数据包到达组播组后,该组的所有成员 A、B 和 C 都将得到一份复制的报文。

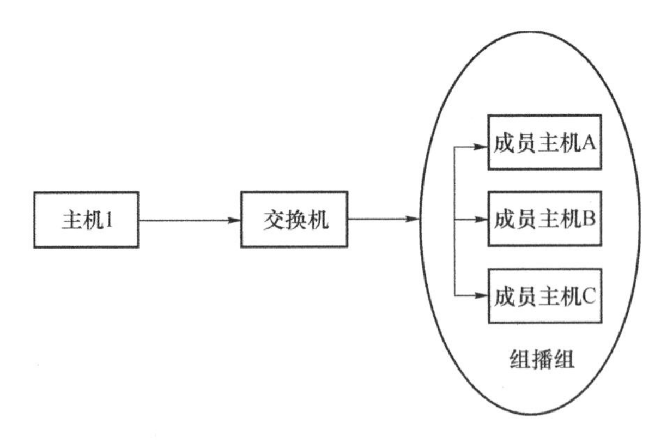

图 3.9　发送数据包到组播组

如果采用单播的传输方式,即成员 A、B 和 C 没有加入到一个组播组,那么主机 1 要发送 3 份复制的数据包分别到成员 A、B 和 C。在主干网上,也会有 3 份数据包在传输,占用了更多的网络资源。

2. IP 地址分类

IP 地址采用点分式的表示方法。以 IPv4 为例，IP 地址的表示方法为×.×.×.×。其中，每一个×代表一字节，即 8 bit，每个比特的取值范围为 0 或 1。按照无符号二进制数的计算方法，每个字节的取值范围为 0～255。

IP 地址可分为 A、B、C、D 和 E 5 类地址范围，如图 3.5 所示。IP 地址的 4 字节分为两部分：网络地址和主机地址。网络地址像电话号码中的区号，主机地址则像表明一个地区内的某个固定电话的号码。不同的是，按照网络中主机数量的多少，对主机地址占用的字节数进行了不同的分配，如图 3.10 中 A 类、B 类、C 类地址的定义。

字节序列 / IP地址分类	字节 0	字节 1	字节 2	字节 3
A 类地址	0+网络地址	主机地址		
B 类地址	10+网络地址		主机地址	
C 类地址	110+网络地址			主机地址
D 类地址	1110+组播地址			
E 类地址	11110+保留地址			

图 3.10　IP 地址分类

(1) A 类地址

A 类地址中，主机地址的分配占用 3 字节，即可以分配的主机数量可以是 $2^{24}-2$ 个。减去的两个分别是全 0 和全 1 的情况，这两个地址是保留地址，分别代表本网段和广播地址。

A 类地址的网络地址只占用 1 字节，且最高位固定为 0，因此网络地址的最大值为 2^7-1，即 127。

一般地，A 类地址的地址范围为：0.0.0.0～127.255.255.255。标准的子网掩码是 255.0.0.0。子网掩码的第一个字节是 255，即 2^8，表示地址中字节 0 的全部 8 位作为网络地址，虽然最高位固定为 0。

A 类地址适用于大型的网络，每个网段内的主机数量巨大，但是相应的网络地址就较少。每个网段主机地址的个数可以容纳 $2^{24}-2$ 个，即 1 677 724 个，数量是很巨大的。

其中 10 网段一般作为内部地址使用。

(2) B 类地址

B 类地址中，主机地址的分配占用 2 字节，即可以分配的主机数量可以是 $2^{16}-2$ 个。减去的两个分别是全 0 和全 1 的情况，这两个地址是保留地址，同样分别代表本网段和广播地址。

B 类地址的网络地址也占用 2 字节，且最高两位固定为 10，因此网络地址字节 0 的最大值为 10111111，即 191；最小值为 10000000，即 128。

一般地，B 类地址的地址范围为：128.0.0.0～191.255.255.255。标准的子网掩码是 255.255.0.0，表示地址中字节 0、字节 1 的全部 16 位作为网络地址，虽然最高两位固定为 10。

B类地址适合中到大型的网络,可以划分的网段地址和网段内的主机地址都比较多。某个网段内的主机可达 65 534 个。

其中 172.16 网段到 172.31 网段一般作为内部地址使用。169.254 网段也可以作为内部地址使用。

(3) C类地址

C类地址中,主机地址的分配占用 1 字节,即可以分配的主机数量可以是 2^8-2 个。减去的两个分别是全 0 和全 1 的情况,这两个地址是保留地址,同样分别代表本网段和广播地址。

C类地址的网络地址占用 3 字节,且最高 3 位固定为 110,因此网络地址的字节 0 的最大值为 11011111,即 223;最小值为 11000000,即 192。

一般地,C类地址的地址范围为:192.0.0.0~223.255.255.255。标准的子网掩码是 255.255.255.0,表示地址中字节 0、字节 1、字节 2 的全部 24 位作为网络地址,虽然最高位固定为 110。

C类地址适合中、小型的网络,可以划分的网段地址较多,而网段内的主机地址较少,适合小型部门和办公室。某个网段内的主机只有 254 个。

其中 192.168 网段一般作为内部地址使用。

(4) D类地址

D类地址是一类特殊的地址,用于作为组播地址。D类地址的后 28 位不区分网络地址和主机地址,因此也没有掩码。组播地址标识组播组,加入到某个组播组的主机,都可以接收到发送到该组的数据包。需要发送数据包到组播组的主机不一定要加入到这个组播组。组播组的成员可以自由加入或离开组。

D类地址的字节 0 的最高 4 位固定为 1110,所以字节 0 的最大值为 11101111,即 239;最小值为 11100000,即 224。

一般地,D类地址的地址范围为:224.0.0.0~239.255.255.255。

(5) E类地址

E类地址是一类特殊的地址,保留用于实验和将来使用,平时在网络中是见不到的。E类地址不标识网络地址,因此也没有掩码。

E类地址的字节 0 的最高 5 位固定为 11110,所以字节 0 的最大值为 11110111,即 247;最小值为 11110000,即 240。

总之,IP 地址的点分表示法中第一个值可以判断出 IP 地址属于哪个类别。0~127 之间的网络地址都是 A 类地址;128~191 之间的网络地址都是 B 类地址;192~223 之间的网络地址是 C 类地址。点分值第一个 8 位在 224~239 之间的 IP 地址是一个组播地址(即 D 类地址)。E 类地址留作特殊用途。

掩码有两种表示方法:一种是点分式,如 A 类地址的掩码是 255.0.0.0;另一种方法是位数表示法,如 A 类地址的掩码是 255.0.0.0,占用了字节 0 的 8 位,因此掩码是"/8",如 10.1.1.1/8 等同于 10.1.1.1/255.0.0.0。

IP 地址资源有限,互联网中 IP 地址由国际组织 IANA(Internet Assigned Number Authority,互联网分配号码管理局)的 NIC(Network Information Center,网络信息中心)负责统一分配。在实际的网络管理中,通常向一些代理机构,如 Internet 服务提供商 ISP,申请在互联网中能够访问的 IP 地址,称为"真 IP"或全球地址。对于内部网络,只要不接入互联网，内部使用的 IP 地址可以按照网络规划的原则来任意指定，不需要申请。但一般在内网中，IP 地址都使用内部地址范围内的网段来规划，如 192.168 网段。

3. 划分子网

A 类、B 类、C 类地址可以根据实际需要灵活地再划分。

常规的网段主机数量是很大的，尤其是 A 类、B 类网络，如果一个网段内再划分几个部门，是否必须为每一个部门都规划一个网段呢？当然不是。事实上，一个网段可以再被划分成几个子网。

子网是将 A 类、B 类和 C 类中主机地址，从高位开始的几位拿出来作为子网号，以进一步划分子网。

例如，192.168.1 网段的网络地址占了 3 字节，主机地址只占 1 字节，将主机地址转换为二进制如下：

192.168.1.00000000

假设主机地址的高 3 位用来划分子网，则可以划分的可能性为 2^3 种，即 8 种。分别是 000，001，010，011，100，101，110，111。去掉全 0 和全 1 的情况，因为这两个地址是保留地址，分别代表本网段和广播地址。这意味着能划分出的子网是 6 个，子网段分别为 001，010，011，100，101，110。

以 001 子网为例，该子网内的主机数为 2^5-2 个，即 30 个，分别为 00001～11110。

同样的道理，可以根据实际需要，取主机地址的 2 位、4 位、5 位等来划分子网，在网络通信过程中，网络又是如何判定到底几位用于子网呢？这个就要靠掩码来判断。在上例中，主机地址的高 3 位用于网络地址，所以掩码如下所示，即 255.255.255.224。

255.255.255.111 00000

所以，此时不能只看 IP 地址是 192.168.1.33，就随意认为该地址所属子网是 192.168.1，还应该看掩码是什么，根据掩码中是 1 的位，能够确定网络地址是哪些位，从而进一步确定哪些 IP 地址属于同一个子网。

在 192.168.1.33 中，把 33 转换为二进制，得到 00100001，根据掩码 224，可知其中高 3 位 001 为子网号，00001 为该子网中的主机号。该子网段所有主机的 IP 地址范围为 192.168.1.33～192.168.1.62，相应的广播地址为 192.168.1.63。

4. 特殊的 IP 地址

(1) 0.0.0.0

IP 地址 0.0.0.0 对应当前主机，称为通配地址。

一旦主机的网络接口分配了 IP 地址，通过查看本机的路由表，就可以看到一条网络目标为 0.0.0.0 的路由。

在 Windows 中查看路由表，使用 route print 命令，显示如图 3.11 所示。

```
IPv4 路由表
===========================================================================
活动路由:
网络目标        网络掩码          网关       接口   跃点数
          0.0.0.0          0.0.0.0      192.168.1.2    192.168.1.100     25
        127.0.0.0        255.0.0.0            在链路上         127.0.0.1    306
        127.0.0.1  255.255.255.255            在链路上         127.0.0.1    306
  127.255.255.255  255.255.255.255            在链路上         127.0.0.1    306
```

图 3.11　本机路由

如果一台主机有两块网卡，这两块网卡分别有自己的 IP 地址，那么使用 0.0.0.0 表示接收任一网卡的数据。

(2) 127.0.0.1

127.0.0.1 是常用的环回地址，或称 loopback 地址。它指向主机内部的环回网络接口，这个接口允许主机给自己发送数据报，通常用来测试本地的 TCP/IP 协议是否安装完好，网络接口是否配置成功。

loopback 地址并非只有 127.0.0.1，实际上字节 0 为 127 的 IP 地址都是环回地址。其他字节除了全 0 和全 1，都可以作为环回地址进行 Ping 测试，即 IP 地址的范围为 127.0.0.1～127.255.255.254。

(3) 255.255.255.255

每个字节都为 1 的 IP 地址意味着“所有”。它指的是网络中所有主机，所以通常被称为广播地址。

(4) 169.254.×.×

有时候，网络中配置了 DHCP(动态主机配置协议)服务器，为客户端自动分配 IP 地址。当 DHCP 分配失败时，客户端会采用 169.254.×.×这样的默认地址，即链路本地地址(Link Local Address)。

3.1.3 网络连通性

编写网络程序需要具备一定的网络常识和操作经验。当网络程序运行时出现连接不上服务器、服务不响应等问题时，程序员应能够做出必要的判断，来分析是网络的问题还是程序的问题。如果是网络的问题，就要先解决网络问题，不要盲目地调试程序。作为网络应用的底层，只有网络连通性和服务正常，才考虑是否为应用的问题。

网络问题最常见的是连通性问题，程序员可以通过简单的工具和一系列的方法来判断连通性问题。

判断网络的连通性问题，通常使用 Ping 命令。无论是 Unix、Linux 或者 Windows 操作系统，Ping 命令的使用方法是相似的。

① 判断到某个网络地址是否是网络连通的。如果 Ping 得通，时间或者 time 的值是 ICMP 数据包返回的时间值，在内网或非无线网络中，通常小于 1 ms。另外，通过下方的统计信息，可以看到连通性较好的网络通常丢失率是 0。Windows Ping 命令(Ping 通)和 Linux Ping 命令(Ping 通)的示意分别如图 3.12 和图 3.13 所示。

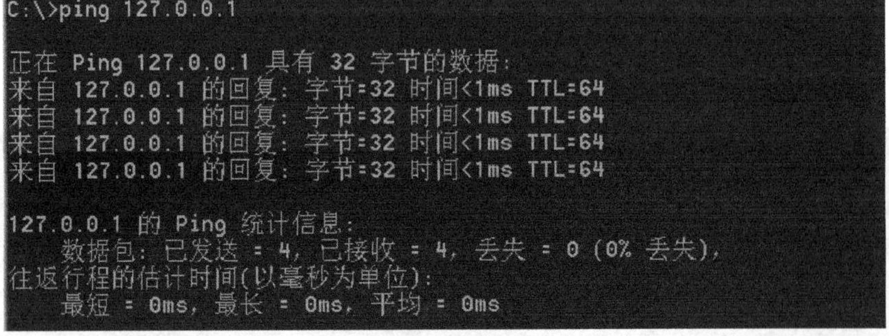

```
C:\>ping 127.0.0.1

正在 Ping 127.0.0.1 具有 32 字节的数据:
来自 127.0.0.1 的回复: 字节=32 时间<1ms TTL=64
来自 127.0.0.1 的回复: 字节=32 时间<1ms TTL=64
来自 127.0.0.1 的回复: 字节=32 时间<1ms TTL=64
来自 127.0.0.1 的回复: 字节=32 时间<1ms TTL=64

127.0.0.1 的 Ping 统计信息:
    数据包: 已发送 = 4, 已接收 = 4, 丢失 = 0 (0% 丢失),
往返行程的估计时间(以毫秒为单位):
    最短 = 0ms, 最长 = 0ms, 平均 = 0ms
```

图 3.12 Windows Ping 命令(Ping 通)

```
[root@dbaback ~]# ping localhost
PING localhost (127.0.0.1) 56(84) bytes of data.
64 bytes from localhost (127.0.0.1): icmp_seq=1 ttl=64 time=0.018 ms
64 bytes from localhost (127.0.0.1): icmp_seq=2 ttl=64 time=0.015 ms
64 bytes from localhost (127.0.0.1): icmp_seq=3 ttl=64 time=0.016 ms
64 bytes from localhost (127.0.0.1): icmp_seq=4 ttl=64 time=0.015 ms
64 bytes from localhost (127.0.0.1): icmp_seq=5 ttl=64 time=0.015 ms
64 bytes from localhost (127.0.0.1): icmp_seq=6 ttl=64 time=0.015 ms
^C
--- localhost ping statistics ---
6 packets transmitted, 6 received, 0% packet loss, time 5633ms
rtt min/avg/max/mdev = 0.015/0.015/0.018/0.004 ms
```

图 3.13　Linux Ping 命令(Ping 通)

一个数据包从一个网络接口到另一个网络接口或节点中间需要经过很多网络设备或接口组成的路径,这个路径通常是很复杂的,并且很可能存在环路。为了避免数据包在网络传输路径中,特别是环路中一直被传输,就需要为数据包设置这样一个值,数据包每经过一个节点这个值就减 1,减到 0 这个数据包就会被丢弃,从而避免对网络造成影响。

每个操作系统对 TTL(Time to Live,生存周期)值的定义都各不相同,从图 3.12 和图 3.13 中可以看到,Windows7 和 Linux 的 TTL 值都定义为 64。

② 如果某个网络地址无法连通,通常表现为 Ping 不通,具体的错误提示为"请求超时"。Windows Ping 命令(Ping 不通)和 Linux Ping 命令(Ping 不通)的示意分别如图 3.14 和图 3.15 所示。

```
C:\>ping 172.16.1.1

正在 Ping 172.16.1.1 具有 32 字节的数据:
请求超时。
请求超时。
请求超时。
请求超时。

172.16.1.1 的 Ping 统计信息:
    数据包: 已发送 = 4, 已接收 = 0, 丢失 = 4 (100% 丢失),
```

图 3.14　Windows Ping 命令(Ping 不通)

```
[root@dbaback ~]# ping 172.16.1.1
PING 172.16.1.1 (172.16.1.1) 56(84) bytes of data.
^C
--- 172.16.1.1 ping statistics ---
35 packets transmitted, 0 received, 100% packet loss, time 34294ms
```

图 3.15　Linux Ping 命令(Ping 不通)

③ 如果某个网络主机名或域名无法解析,通常会出现"unknown host"(不能识别的主机)的错误提示,如图 3.16 所示。

```
[root@dbaback ~]# ping serverWWW
ping: unknown host serverWWW
```

图 3.16　Ping 命令(不能识别的主机)

④ 如果某个网络地址存在,但因为某些原因无法访问,通常会出现"无法访问目标主机"的错误提示,如图 3.17 所示。

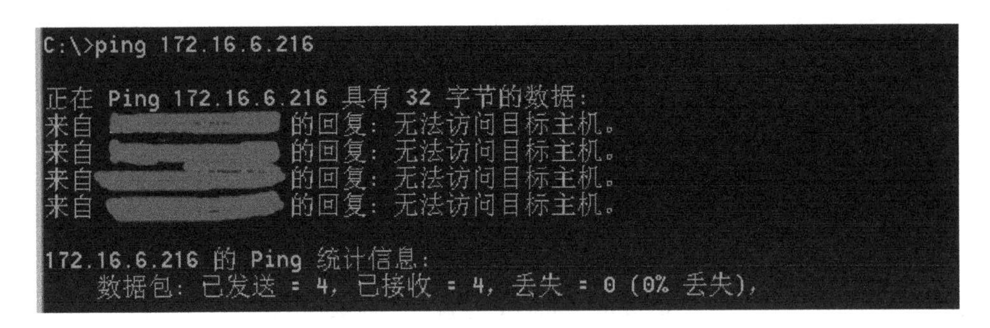

图 3.17　Ping 命令(无法访问目标主机)

使用 Ping 检查连通性,可以采取以下 5 个步骤来确定具体的原因:

1) 使用 ipconfig /all 检查本地网络设置是否正确;

2) 使用 Ping 命令 Ping 127.0.0.1,检查本地的 TCP/IP 协议有没有配置好;

3) 使用 Ping 命令 Ping 本机 IP 地址,检查本机的 IP 地址是否设置正确;

4) 使用 Ping 命令 Ping 本网网关或本网其他的主机 IP 地址,检查硬件设备是否正常,本机与本地网络连接是否正常;

5) 使用 Ping 命令 Ping 跨网段的主机 IP 地址,检查本机与其他网段的连接是否正常。

此外,还可以做一些必要的故障排查,例如:

1) 出故障主机是否已安装了 TCP/IP 协议;

2) 出故障主机的网卡安装、配置是否正确,是否已经连接到网络设备;

3) 出故障主机的 TCP/IP 协议是否与网卡有效地绑定;

4) 如果以上几个步骤的检查没有发现问题,重新安装并设置 TCP/IP 协议;

5) 询问网络管理员,检查一下 IP 地址是否被其他用户使用,该主机是否已正确连入网络。

3.2　InetAddress 类

Java 中用 InetAddress 类表示 IP 地址。InetAddress 类的层次结构如图 3.18 所示。

Class InetAddress

java.lang.Object
　　java.net.InetAddress

图 3.18　InetAddress 类的层次关系

3.2.1　创建 InetAddress 对象

InetAddress 类比较特殊,它没有定义构造方法,但是 Java 在该类中定义了若干静态方法返回 InetAddress 对象,实际上应用了软件中的工厂模式。

① static InetAddress getByName(String host) throws UnknownHostException：该方法给定一个 String 类型主机名 host，返回该主机名对应的 IP 地址。该方法的返回值是 InetAddress 类型的对象。

程序：ch3\GetByName. java

```
1.  import java.net.InetAddress;
2.
3.  public class GetByName {
4.
5.     public static void main(String[] args) {
6.
7.        try {
8.           InetAddress address1 = InetAddress.getByName("127.0.0.1");
9.           InetAddress address2 = InetAddress.getByName("localhost");
10.          System.out.println("address1:" + address1);
11.          System.out.println("address2:" + address2);
12.       } catch (Exception e) {
13.          System.err.println(e);
14.       }
15.
16.    }
17.
18. }
```

程序运行结果如图 3.19 所示

```
address1:/127.0.0.1
address2:localhost/127.0.0.1
```

图 3.19　程序 ch3\GetByName. java 的运行结果

从程序第 8 行、第 9 行可以看出 getByName 方法虽然参数都是字符串，但是实际上一个是 IP 地址，一个是主机名，getByName 方法在处理时是不一样的，这就是 InetAddress 类不使用构造方法实例化对象的原因。

从运行结果可知，无论是提供 IP 地址，或是主机名、域名，都可以生成相同的 InetAddress 对象。输出的结果稍有不同，是因为在第 10 行、第 11 行，两个 InetAddress 对象 address1 和 address2 自动调用了 toString 方法，若 InetAddress 对象创建时参数是主机名，就以"主机名/IP 地址"的形式输出。

② static InetAddress getByAddress(byte[] addr) throws UnknownHostException：该方法给定一个以 byte 字节数组形式表示的 IP 地址。例如：

```
byte[] addr1 = new byte[]{127, 0, 0, 1};
```

回顾 Java 的基本数据类型，byte 类型占用 1 字节，最高位为符号位，取值范围是－128～127。但是 IP 地址每个字节的取值范围是 0 ～ 255。所以当超过 127 时，要把无符号值转换为有符号值相对应的负数。

该方法的返回值是 InetAddress 类型的对象。

程序：ch3\GetByAddress. java

```
1.  import java.net.InetAddress;
2.
3.  public class GetByAddress {
4.
5.     public static void main(String[] args) {
6.
7.        try {
8.           byte[] addr1 = new byte[]{127, 0, 0, 1};
9.           byte[] addr2 = new byte[]{-64, -88, 1, 101};
10.          InetAddress address1 = InetAddress.getByAddress(addr1);
11.          InetAddress address2 = InetAddress.getByAddress(addr2);
12.
13.          System.out.println("address1:" + address1);
14.          System.out.println("address2:" + address2);
15.
16.       } catch (Exception e) {
17.          System.err.println(e);
18.       }
19.
20.    }
21.
22. }
```

程序运行结果如图 3.20 所示。

```
address1:/127.0.0.1
address2:/192.168.1.101
```

图 3.20　程序 ch3\GetByAddress. java 的运行结果

在第 8 行，容易得知 IP 地址是 127.0.0.1。

在第 9 行，出现负值，该值实际上大于 127，为了得到正确的 IP 地址，采用如下计算方法：

$$-64+256=192$$

$$-88+256=168$$

所以实际的 IP 地址是 192.168.1.101。

③ static InetAddress getByAddress(String host, byte[] addr) throws UnknownHostException：该方法同时给定主机名或域名和一个以 byte 字节数组形式表示的 IP 地址。值得注意的是，这个方法只是根据主机名或域名，以及 IP 地址生成一个 InetAddress 对象，并不检查该主机名或域名是否合法或是否存在。

④ static InetAddress[] getAllByName(String host) throws UnknownHostException：该方法给定一个 String 类型主机名 host，返回该主机名对应的一系列 IP 地址。有时候，为了实现负载均衡，一个域名可以设置为对应多个 IP 地址。假设一个域名有两个或两个以上的服务商提供线路和 Internet 服务，就会有不同的 IP 地址，但是都可以在域名服务器上设置指向同一个域名。

如果 IP 地址改变了，需要更新域名服务，以重新把域名指向新的 IP 地址。所以在程序中尽量使用主机名或域名，而不是 IP 地址，因为一旦更换了服务商，就意味着更改 IP 地址，但程序不应该为此而做更改。

该方法的返回值是 InetAddress 类型的数组。

下面的例子中，对域名 www.baidu.com 做简单的解析。

程序：ch3\GetAllByName.java

```
1.  import java.net.InetAddress;
2.
3.  public class GetAllByName {
4.   public static void main(String[] args)
5.   {
6.     try
7.     {
8.           InetAddress[] address = InetAddress.getAllByName("www.baidu.com");
9.           for(InetAddress sa : address)
10.          {
11.               System.out.println(sa);
12.          }
13.     }
14.     catch(Exception e)
15.     {
16.          System.out.println(e.toString());
17.       }
18.     }
19.  }
```

程序运行结果如图 3.21 所示。

```
www.baidu.com/61.135.169.121
www.baidu.com/61.135.169.125
```

图 3.21　程序 ch3\GetAllByName.java 的运行结果

这个结果与使用 nslookup 命令得到的结果是一致的，如图 3.22 所示。

```
> www.baidu.com
服务器:  UnKnown
Address:  192.168.1.2

非权威应答:
名称:    www.a.shifen.com
Addresses:  61.135.169.121
          61.135.169.125
Aliases:  www.baidu.com
```

图 3.22　使用 nslookup 命令得到的结果

⑤ static InetAddress getLocalHost()：该方法返回 InetAddress 类型的本地 IP 地址对象，该对象包含主机名和 IP 地址对。如果要得到主机名可以调用 InetAddress 的 getHostName 方法；要得到点分式的 IP 地址值，可以调用 InetAddress 的 getHostAddress 方法。相关 API 定义如下：

```
String getHostAddress()
String getHostName()
```

程序：ch3\GetLocalHost.java

```
1.  import java.net.InetAddress;
2.
3.  public class GetLocalHost {
4.
5.    public static void main(String[] args) {
6.
7.      try {
8.          InetAddress address = InetAddress.getLocalHost();
9.          System.out.println("address:" + address);
10.
11.         String ipAddress = address.getHostAddress();
12.         System.out.println("IPaddress:" + ipAddress);
13.
14.         String name = address.getHostName();
15.         System.out.println("hostname:" + name);
```

```
16.         } catch (Exception ex) {
17.             ex.printStackTrace();
18.         }
19.     }
20. }
```

在第 8 行,InetAddress 对象 address 包含本地的主机名和 IP 地址信息。

如第 11 行代码所示,获得 InetAddress 对象的 IP 地址信息。

在第 14 行,获得 InetAddress 对象的主机名。

程序运行结果如图 3.23 所示。

```
address:MyComputer/192.168.1.101
IPaddress:192.168.1.101
hostname:MyComputer
```

图 3.23　程序 ch3\GetLocalHost.java 的运行结果

⑥ static InetAddress getLoopbackAddress():该方法返回 InetAddress 类型的本地环回地址对象。上例中,如果第 8 行更改为:

```
InetAddress address = InetAddress. getLoopbackAddress ();
```

则程序的运行结果如图 3.24 所示。

```
address:localhost/127.0.0.1
IPaddress:127.0.0.1
hostname:localhost
```

图 3.24　程序 ch3\GetLocalHost.java 修改第 8 行后的运行结果

3.2.2　InetAddress 类的其他方法

InetAddress 类还定义了一系列判断 IP 地址类型的方法,如表 3.1 所示。

表 3.1　判断 IP 地址类型的方法

方　法	作　用
isAnyLocalAddress()	判断 IP 地址是否为通配地址 0.0.0.0
isLinkLocalAddress()	判断 IP 地址是否为链路连接地址
isLoopbackAddress()	判断 IP 地址是否为一个环回地址
isMulticastAddress()	判断 IP 地址是否为组播地址

这些地址的作用和范围在前面的 3.1 节做过介绍。

3.3 SocketAddress 类

网络程序中，经常会使用套接字来定位和连接某台服务器提供的某个服务，套接字实际上可以看作一个组合(IP 地址+端口)。SocketAddress 类是一个抽象类，需要由子类完成具体的功能实现，SocketAddress 类的层次关系如图 3.25 所示。

Class SocketAddress

java.lang.Object
    java.net.SocketAddress

图 3.25 SocketAddress 类的层次关系

InetSocketAddress 类是 SocketAddress 类的直接子类，实现 IP 套接字地址的封装。InetSocketAddress 类的层次关系如图 3.26 所示。Socket 将在第 4 章中做详细的介绍。在涉及网络地址时，或者用 InetAddress 对象单独表示 IP 地址，或者用 SocketAddress 对象或 InetSocketAddress 对象同时封装 IP 地址和端口。

java.net

Class InetSocketAddress

java.lang.Object
    java.net.SocketAddress
        java.net.InetSocketAddress

图 3.26 InetSocketAddress 类的层次关系

IP 套接字地址是 IP 地址和端口的组合，也可以看作主机名和端口的组合。如果是后者，就要尝试去解析主机名。

InetSocketAddress 类有以下几种构造方法。

- public InetSocketAddress(InetAddress addr, int port)：根据 IP 地址和端口创建 InetSocketAddress 对象。如果 addr 设置为 null，就使用通配地址。
- public InetSocketAddress(int port)：根据端口创建 InetSocketAddress 对象，IP 地址使用通配地址。
- public InetSocketAddress(String hostname, int port)：根据主机名和端口创建 InetSocketAddress 对象。如果主机名无法进行解析，就标记为未解析。

下列语句演示了 InetSocketAddress 类对象的创建方法：

```
InetAddress addr = InetAddress.getByName("java.sun.com");
int port = 80;
SocketAddress sockaddr = new InetSocketAddress(addr, port);
```

如果希望在创建对象的时候不解析主机名，可以使用下列方法。

public static InetSocketAddress createUnresolved(String host，int port)：实例化时将不再尝试解析 host，套接字地址会标记为未解析。

3.4　URI 类和 URL 类

在 Internet 中，每一个站点，无论是 WWW 站点或是其他协议的站点，其中的任何一个资源，都有一个唯一的统一资源标识符 URI（Universal Resource Identifier）。URL（Uniform Resource Locator，统一资源定位符）指向 URI，是一种最常见形式的 URI，指明如何使用网络协议在网络中访问该资源。

其中，资源可以是通常意义的文件，包括图片、声音、文本、服务等，还指数据库中的文档、命令查询的结果、E-mail、电话号码、短信等。

统一格式使得网络中各种各样的资源能够采用统一的方法进行解释，并可以引入新的类型和协议。

在一台计算机中，通常使用目录结构来存储和查找某个文件。在复杂的互联网中，要查找某个资源就要借助于 URL，不仅仅是文件和目录，还包括存储在网络中哪个主机上，以何种方式提供何种服务等。

URI 只是标识，并不保证一定能成功访问到该资源。

在 WWW 的规范中，URI 的定义格式是：

<scheme>://<authority><path>? <query>#fragment

其中，scheme 和 path 是必须的，虽然有时 path 是空的，其他部分中的每一项都是可有可无的。

例如，可以没有 query 和 fragment，就变成了：

<scheme>://<authority><path>

① scheme(方案)：scheme 决定了一个资源的标识是如何被指定的。常见的 scheme 包括 http、ftp、mailto、file、data 等。URI scheme 一般向 IANA 组织注册使用。

② authority(授权信息)：authority 可以定义为[user:password@]host[:port]。其中 user:password@host 是认证部分，指以用户名 user、口令 password 请求主机 host 的端口 port 服务。host 可以是主机名、域名，也可以是 IP 地址。authority 也可以定义为[userinfo@]host[:port]。

③ path(路径)：指以“/”符号分隔的目录层次结构。

④ query(查询)：指以“?”符号开始的查询串，之后是若干“属性=值”格式的序列，中间以“&”符号分隔。例如：

```
data? param1 = value1&param2 = value2
```

⑤ fragment(段)：以符号“#”开始，指向某二级资源的段标识符，常用在 html 页面中。其中，<authority><path>? <query> 部分也称为 Scheme-Specific Part(SSP)，即“方案特定部分”。

URI 的解析与上下文无关,但是和用户环境有关,http://localhost,localhost 对每个终端用户来说都是各不相同的,但是 URI 解释起来是一样的。

例如,https://www.baidu.com/img/bd_logo1.png,scheme 指 https,authority 指 www.baidu.com,path 指/img/,query 没有定义,fragment 没有定义。

只要使用过互联网,就不会对 URI 感到陌生,例如:

(1) https://www.baidu.com/img/bd_logo1.png

图片资源 bd_logo1.png 存在网站 www.baidu.com 的 img 目录下,协议是 https。通常像本例一样,有 scheme 部分的,也称为绝对 URI。

(2) ../img/bd_logo1.png

这是一个相对路径的 URI。"../"表示当前目录的上一级目录下,类似的还有"./"表示当前目录下。所以可以得知图片资源 bd_logo1.png 存在于上一级目录下的 img 目录下。

(3) /img/bd_logo1.png

这个示例表示网站主目录或称根目录下的 img 目录下的图片资源 bd_logo1.png。与上例不同的是,虽然都是相对路径,本例中以"/"根目录作为起始点。

URI 解析是指根据基本 URI,对相对 URI 进行分析,得到完整的 URI 的过程。

3.4.1 URI 类

URI 类的层次关系如图 3.27 所示。

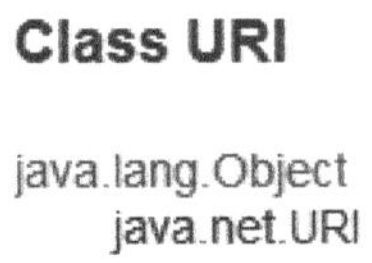

Class URI

java.lang.Object
    java.net.URI

图 3.27 URI 类的层次关系

URI 在 Java 中有一个相对应的 URI 类来操作。

创建 URI 对象,无非是提供不同的 String 参数来设定 scheme、authority、path、query、fragment 等部分的值来完成。

URI 类具体包括以下几种构造方法。

- public URI(String str) throws URISyntaxException:此方法以完整字符串方式提供 URI。

例如,对于 Windows 中 C 盘下的 boot.ini 文件,创建 URI 对象,使用语句:

```
URI uri = new URI("file:///C://boot.ini");
```

- public URI(String scheme, String userInfo, String host, int port, String path, String query, String fragment) throws URISyntaxException:以字符串方式提供 URI 的 scheme、用户信息 userInfo、主机 host 等部分,以及 int 类型的端口 port。

```
uri = new URI("http", "user:password", "www.foo.com", 80, "/path", "query", "
fragment");
```

该语句实际创建的 uri 对象，如图 3.28 所示。

```
http://user:password@www.foo.com:80/path?query#fragment
```

图 3.28　含有所有参数的 URI 对象

如果某些参数并不需要设置，可以设置为 null，例如：

```
uri = new URI("http", null, "www.foo.com", 80, "/path", "query", null);
```

则该语句实际创建的 uri 对象，如图 3.29 所示。

```
http://www.foo.com:80/path?query
```

图 3.29　含有 host、port、path 和 query 的 URI 对象

- public URI(String scheme, String authority, String path, String query, String fragment) throws URISyntaxException：以字符串方式提供 URI 的 scheme、用户授权信息 authority、路径 path 等部分，authority 与 userInfo 不同的是，前者除了包含 userInfo，还包括主机 host、端口 port 部分的设置。

例如：

```
uri = new URI("http", "www.foo.com", "/path", "param1 = value1", null);
```

该语句实际创建的 uri 对象如图 3.30 所示。

```
http://www.foo.com/path?param1=value1
```

图 3.30　含有 host、path 和 query 的 URI 对象

- public URI(String scheme, String host, String path, String fragment) throws URISyntaxException：以字符串方式提供 URI 的 scheme、主机 host、路径 path 等部分。
- public URI(String scheme, String ssp, String fragment) throws URISyntaxException：除了熟悉的 scheme、fragment 参数，ssp 设置方案特定部分的值。

```
URI uri = new URI("http://www.oracle.com", "80", null);
```

该语句实际创建的 uri 对象如图 3.31 所示。

```
http://www.oracle.com:80
```

图 3.31　只含有 host 和 port 的 URI 对象

URI 类中，还定义了一些其他有用的方法。

public URL toURL() throws MalformedURLException：这个方法将 URI 对象转换为

URL 对象。

URL 是特殊形式的 URI，除了标识网络资源，还提供定位该资源的方法以及访问机制。

在 Java 的层次结构中，URI 类和 URL 类并没有什么关系，通常根据调用的需要，需要哪个类的对象，就调用哪个类的构造方法实例化对象。一个 URI 定义的网络资源，如果需要定位或者访问，也可以由 URI 对象直接转换为 URL 对象。

在程序 ch3\URItoURL.java 中，首先由字符串参数生成对象 uri，并在第 17 行中，由 uri 调用 toURL( )方法直接生成 URL 对象 url。

程序：ch3\URItoURL.java

```
1.  import java.net.*;
2.
3.  public class URItoURL {
4.
5.      public static void main(String[] args) {
6.          URI uri = null;
7.          URL url = null;
8.          String uriString = "http://www.oracle.com/";
9.
10.         try {
11.             uri = new URI(uriString);
12.         } catch (URISyntaxException e) {
13.             e.printStackTrace();
14.         }
15.
16.         try {
17.             url = uri.toURL();
18.         } catch (MalformedURLException e) {
19.             e.printStackTrace();
20.         }
21.
22.         System.out.println("URI: " + uri);
23.         System.out.println("URL: " + url);
24.     }
25.
26. }
```

程序运行结果如图 3.32 所示。

```
URI: http://www.oracle.com/
URL: http://www.oracle.com/
```

图 3.32　程序 ch3\URItoURL.java 的运行结果

虽然两个对象打印出来的内容看上去是一样的，但实际是两个完全不同的类的对象，它们能够完成的操作是不一样的。

那么，通过构造 URI 对象的参数信息，直接构造 URL 对象不是一样吗？再来看下面的程序。

程序：ch3\FileURItoURL. java

```
1.  import java.net.*;
2.  import java.io.File;
3.
4.  public class FileURItoURL {
5.
6.      public static void main(String[] args)  {
7.          URI uri = null;
8.          URL url1 = null,url2 = null;
9.
10.         File file = new File("c:\\a + c.txt");
11.         uri = file.toURI();
12.
13.         try {
14.             url1 = file.toURI().toURL();
15.             url2 = file.toURL();
16.
17.         } catch (IllegalArgumentException e) {
18.             e.printStackTrace();
19.         } catch (MalformedURLException e) {
20.             e.printStackTrace();
21.         }
22.
23.
24.         System.out.println("URI:" + uri);
25.         System.out.println("URI 转换成 URL:" + url1);
26.         System.out.println("文件转成 URL:" + url2);
27.
28.     }
29.
30. }
```

在本程序中，把本地的文件作为 URI 对象，并最终转换为 URL 对象，之后该文件就可以以 URL 资源的形式来读取。

程序的运行结果如图 3.33 所示

```
URI:file:/c:/a+%20c.txt
URI转换成URL:file:/c:/a+%20c.txt
文件转成URL:file:/c:/a+ c.txt
```

图 3.33　程序 ch3\FileURItoURL.java 的运行结果

在程序的第 14 行、第 15 行，使用了两种不同的方式来生成 URL 对象。前者，由 file 对象转换成 URI 对象，再由 URI 对象转换为 URL 对象。这是推荐的转换方法，因为 URI 会对特殊字符进行处理，如将空格转换成'%20'。

如第 15 行代码所示，如果由 file 对象直接转换为 URL 对象，特殊字符并不会进行处理。所以在 Java 8 的 API 中，已经不建议再使用 file.toURL ()方法，而是建议使用 file.toURI().toURL()方法。

本程序编译时会警告使用了过期的方法，应添加参数 Xlint:deprecation 进行编译。

URI 类还包括一系列获取 URI 各个组成部分内容的 get 方法(参见 3.4.3 节 URL 的组成)：getScheme()、getSchemeSpecificPart()、getAuthority()、getUserInfo()、getHost()、getPort()、getPath()、getQuery()、getFragment()。

程序：ch3\URIDemo.java

```
1.  import java.net.*;
2.
3.  class URIDemo
4.  {
5.    public static void main (String[] args) throws Exception
6.     {
7.
8.      URI uri = new URI ("http://user@www.foo.com:8000/path/query? param1#frag");
9.
10.     System.out.println ("Scheme is " + uri.getScheme ());
11.     System.out.println ("Authority is " + uri.getAuthority ());
12.     System.out.println ("Fragment is " + uri.getFragment ());
13.     System.out.println ("Host is " + uri.getHost ());
14.     System.out.println ("Path is " + uri.getPath ());
15.     System.out.println ("Port is " + uri.getPort ());
16.     System.out.println ("Query is " + uri.getQuery ());
17.     System.out.println ("Ssp is " + uri.getSchemeSpecificPart ());
18.     System.out.println ("User Info is " + uri.getUserInfo ());
19.
20.     }
21. }
```

程序运行结果如图 3.34 所示。

```
Scheme is http
Authority is user@www.foo.com:8000
Fragment is frag
Host is www.foo.com
Path is /path/query
Port is 8000
Query is param1
Ssp is //user@www.foo.com:8000/path/query?param1
User Info is user
```

图 3.34　程序 ch3\URIDemo.java 的运行结果

3.4.2 URL 类

URL 类的层次关系如图 3.35 所示。

Class URL

java.lang.Object
　　java.net.URL

图 3.35　URL 类的层次关系

Java API 同时提供了 URI 类和 URL 类，而且这两个类相对是独立的，没有层次关系。

URL 是一种特殊形式的 URI，实际上 URL 的语法定义包含在 URI 的定义中，它描述了在互联网中一个资源的位置，以及如何定位和访问到该资源。

URI 不能定位资源，也不能读或者写资源，但是 URL 可以。URL 的 scheme 部分通常是某种网络协议，其余部分和 URI 的定义相似。网络协议都有非常严格的定义。网络协议决定了如何进行通信，以及网络资源的读写机制。

例如：http://www.foo.com/path/resource.html 是一个 URL，其中，http 表示网络协议为 HTTP；www.foo.com 表示主机名；/path/ resource.html 表示主机上的文档资源。因为 HTTP 协议的默认端口是 80，实际上该 URL 还隐含了 port 为 80。

URL 提供了 6 种构造方法。

- public URL(String spec) throws MalformedURLException：根据 String 类型的参数创建 URL 对象。如果网络协议没有标明，或者网络协议不能被识别，会触发 MalformedURLException 异常，例如：

```
URL url = new URL("http://www.oracle.com");
```

- public URL(String protocol, String host, int port, String file) throws MalformedURLException：根据指定的协议 protocol、主机 host、端口号 port 和文件名 file 创建 URL。

例如，下列语句将建立的 url 为"http://hostname:80/index.html"。80 为默认端口，可以省略。

```
URL url = new URL("http", "hostname", 80, "index.html");
```

- public URL(String protocol, String host, int port, String file,URLStreamHandler handler) throws MalformedURLException：根据指定的协议 protocol、主机 host、端口号 port、文件名 file 和 URL 流处理器 handler 创建 URL 对象。

URLStreamHandler 是一个抽象类，定义了流协议处理器，具体的使用方法参见 3.4.6 节。

大多数情况下，流协议处理器并不是直接指定的，而是在构造 URL 对象时根据协议自动加载合适的流协议处理器。此时，将 handler 参数的值设置为 null。

- public URL(String protocol, String host, String file) throws MalformedURLException：根据指定的协议 protocol、主机 host 和文件名 file 创建 URL。

例如，下列语句将建立的 url 为"http://hostname/index.html"。

```
URL url = new URL("http", "hostname", "index.html");
```

- public URL(URL context, String spec) throws MalformedURLException：通过指定的 context 上下文和 String 类型的 spec，联合进行解析并创建 URL。如果 context 中定义的协议与 spec 中定义的协议不相符，则以 spec 为准建立绝对 URL。

例如，下列语句将建立的 url 为"http://www.foo.com/index.html"。

```
URL context = new URL("http://www.foo.com/");
URL url = new URL( context, "index.html");
```

- public URL(URL context, String spec, URLStreamHandler handler) throws MalformedURLException：通过指定的 context 上下文、String 类型的 spec 和 URL 流处理器联合进行解析并创建 URL。如果 handler 为 null，则和上面的构造方法是一样的。

3.4.3 URL 的组成

根据 URL 的定义可以将 URL 分为五部分。

① 策略：scheme，可认为是网络协议。

② 权限：authority，可以进一步分为用户信息、主机名和端口。

例如，http://admin@www.foo.com:8080/ 的权限是 admin@www.foo.com:8080；用户信息是 admin，有时用户信息包含密码，如 admin:passwd ；主机名是 www.foo.com ；端口是 8080。

③ 路径：path。

④ 查询字符串：query string。

⑤ 参考：ref，在 URL 中一般不使用 fragment，而使用参考。

Java 的 URL 类定义了一系列方法用于获取 URL 各个部分的具体内容。

- public String getAuthority()：获得 URL 的权限部分。
- public Object getContent()：获得 URL 的内容。
- public int getDefaultPort()：获得 URL 网络协议的默认端口号。
- public String getFile()：获得 URL 的文件名。
- public String getHost()：获得 URL 的主机名。
- public String getPath()：获得 URL 的路径部分。
- public int getPort()：获得 URL 的端口号。
- public String getProtocol()：获得 URL 的网络协议名称。
- public String getQuery()：获得 URL 的查询部分。
- public String getRef()：获得 URL 的参考部分。
- public String getUserInfo()：获得 URL 的用户信息部分。

3.4.4　从 URL 获得数据

在 URL 类中，最常用的 3 个功能是获得某个 URL 资源的输入流；获得网络连接，进而获得输入、输出流；获得某个 URL 资源的内容。相应地，使用以下 3 个方法。

- public final InputStream openStream() throws IOException：该方法连接到 URL，并返回该连接的输入流 InputStream。通过该输入流，可以获取该 URL 资源的内容。该方法同 URLConnection 类的 getInputStream 方法。

在本例和之后的几个例子中，以本地 C://boot.ini 文件作为 URL 资源来演示不同的方法获取文件的内容。对于基于 HTTP 的 URL 资源，操作方法是类似的。

程序：ch3\OpenStream.java

```
1.  import java.net.URL;
2.  import java.io.BufferedInputStream;
3.
4.  public class OpenStream {
5.
6.     public static void main(String args[]) throws Exception {
7.         URL url = new URL("file:///C://boot.ini");
8.
9.         BufferedInputStream stream = new BufferedInputStream(url.openStream());
10.        int c;
11.        while((c = stream.read()) != -1)
12.            System.out.print((char)c);
13.        stream.close();
```

```
14.     }
15.
16. }
```

在本例中，首先实例化 URL 对象 url，如第 7 行所示。

在第 9 行，通过 url 的 openStream 方法获得 url 的输入流，且只是输入流。

在第 11 行，通过流操作(此例中是 read 方法)获取 url 资源的内容，并显示到屏幕。

程序的输出结果如图 3.36 所示。

```
[boot loader]
timeout=0
default=multi(0)disk(0)rdisk(0)partition(1)\WINDOWS
[operating systems]
multi(0)disk(0)rdisk(0)partition(1)\WINDOWS="Microsoft Windows XP Professional"
/noexecute=optin /fastdetect /detecthal
```

图 3.36　程序 ch3\OpenStream.java 的运行结果

- public URLConnection openConnection() throws IOException：该方法创建一个到远程 URL 资源的连接对象。

虽然如此，但是 URLConnection 实例创建的时候并不是真的去建立网络连接，连接是由 URLConnection 类的 connect 方法去实现的。

如果 URL 的协议是 HTTP 或者 JAR，因为 URLConnection 类存在子类 HttpURLConnection 和 JarURLConnection，所以实际上返回的类型会是这些子类。

基于 URLConnection，既可以获得该连接的输入流，还可以获得输出流。

例如，在上例 ch3\OpenStream.java 的基础上，修改为使用 URLConnection 的 getInputStream 方法，一样可以实现相同的功能。

程序：ch3\OpenConnection.java

```
1.  import java.net.URL;
2.  import java.io.BufferedInputStream;
3.  import java.net.URLConnection;
4.
5.  public class OpenConnection {
6.
7.     public static void main(String args[]) throws Exception {
8.         URL url  =  new URL("file:///C://boot.ini");
9.
10.        URLConnection uc = url.openConnection();
11.         BufferedInputStream stream = new BufferedInputStream(uc.getInput-
                                         Stream());
12.        int c;
13.        while((c = stream.read())!= -1)
```

```
14.            System.out.print((char)c);
15.        stream.close();
16.    }
17.
18.  }
```

如第10行代码所示，通过url的openConnection方法创建URLConnection实例uc。

在第11行，通过uc的getInputStream方法获得连接url的输入流stream。

之后的操作和上例就一样了，通过输入流获得网络资源的内容。两个程序执行的结果也是一样的。

URLConnection类的其他用法参见3.4.5节。

- public final Object getContent() throws IOException：该方法返回URL的内容。这个方法和URLConnection类的getContent()方法是相同的。调用时首先初始化到主机的连接，判断数据的MIME类型，把URL作为一个完整的对象，通过调用内容处理器，判断content-type类型。内容处理器根据类型把数据转换成相应的MIME类型，并返回相应类别的Java对象Object。

在程序ch3\GetContent.java中，第8行输出的实际上是URL的内容处理器输出的内容。

程序：ch3\GetContent.java

```
1.  import java.net.URL;
2.
3.  public class GetContent {
4.
5.    public static void main(String args[]) throws Exception {
6.      URL url = new URL("file:///C://boot.ini");
7.      Object obj = url.getContent();
8.      System.out.println( obj.toString());
9.
10.    }
11.
12.  }
```

如第6行代码所示，当URL对象为本地的某个文件资源时，输出的结果显示url的内容类型是java.io.BufferedInputStream，如图3.37所示。

```
java.io.BufferedInputStream@4208719e
```

图3.37　程序ch3\GetContent.java的运行结果

如果程序中第6行更改为：

```
URL url = new URL("http://www.foo.com");
```

则相应的输出结果如图 3.38 所示。

```
sun.net.www.protocol.http.HttpURLConnection$HttpInputStream@46f7ba12
```

图 3.38 第 6 行语句修改后程序的运行结果

程序运行的结果说明返回的内容类型为 HTTP 协议对应的 HttpInputStream。

URL 表示的网络资源如果是其他类型，那么输出的内容还会有其他的结果。

如果要得到 URL 资源的具体内容，可以进一步修改该代码如下：

```
1.  import java.net.URL;
2.  import java.io.BufferedInputStream;
3.
4.  public class GetContent {
5.
6.     public static void main(String args[]) throws Exception {
7.         URL url = new URL("file:///C://boot.ini");
8.         Object obj = url.getContent();
9.         System.out.println( obj.toString());
10.
11.        BufferedInputStream stream = (BufferedInputStream)obj;
12.        int c;
13.        while((c = stream.read())!= -1)
14.            System.out.print((char)c);
15.        stream.close();
16.    }
17.
18. }
```

因为已经知道 url 的内容类型为 BufferedInputStream，所以在第 11 行中，将 obj 转换为 BufferedInputStream 类型的流，并通过读入流，得到 C://boot.ini 文件的具体内容。

程序的运行结果如图 3.39 所示。

```
java.io.BufferedInputStream@4208719e
[boot loader]
timeout=0
default=multi(0)disk(0)rdisk(0)partition(1)\WINDOWS
[operating systems]
multi(0)disk(0)rdisk(0)partition(1)\WINDOWS="Microsoft Windows XP Professional"
/noexecute=optin /fastdetect /detecthal
```

图 3.39 进一步修改后程序的运行结果

以上 3 个方法都实现了获取 URL 资源内容的功能。使用 openStream 方法可以直接获得连接URL资源的输入流，通过合适的read方法获得资源的内容。使用openConnection方法获得URL资源相关的URLConnection，并通过URLConnection获得输入流，来读取资源。getContent方法也可以获得URL资源，之前要判断该方法返回的Object类型，再转换为合适的输入流。总之，对URL网络资源的访问最终转换为输入流的I/O操作。

3.4.5 URLConnection类

URLConnection是一个抽象类，表示应用与网络资源的连接。通过该连接，既可以实现从资源读，也可以实现写资源，也就是说可以从URL连接中同时获得输入流和输出流。这也是URL类没有提供的功能。

一个URL资源通过openConnection方法生成连接对象，真正发起连接之前可以设置一些参数和属性。真正的连接是使用connect方法，连接之后远程资源对象就可以访问了，URL资源的header域和内容都可以访问到。

URLConnection类在Java API中的层次关系如图3.40所示，URLConnection类有两个直接子类，分别是HttpURLConnection类和JarURLConnection类，如图3.41所示。

Class URLConnection

java.lang.Object
　　java.net.URLConnection

图3.40　URLConnection类的层次关系

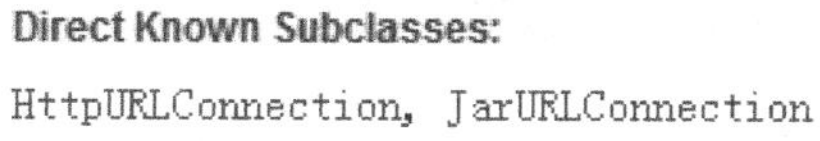

Direct Known Subclasses:

HttpURLConnection, JarURLConnection

图3.41　URLConnection类的直接子类

URLConnection类的主要功能是与远程资源服务器的交互，包括查询服务器的属性，设置服务器连接的参数等。另外一个功能就是获取URL资源。

URLConnection类中最常用的方法是连接网络资源；获得某个URL资源的输入流；获得URL资源的输出流；获得某个URL资源的内容。具体使用方法如下所示。

- public abstract void connect() throws IOException：connect方法用于连接网络资源。有些方法也可能会隐含调用connect方法，如getInputStream、getContentLength等方法，此时就不必再显式地去调用connect方法了。

URLConnection对象先是被生成，而后是连接过程。在生成对象之后，连接之前，很多连接参数选项是可以设置的。一旦连接成功，再进行选项设置就会报错。

在下面的程序中，通过url对象获得URLConnection对象uc。之后，如第9行所示，应和url对象建立连接，但因为之后调用的一系列getContent开头的方法会自动调用connect，所以第9行代码是可以注释掉的。

URLConnection类定义了一系列的以“get”开头的方法，获得网络资源或者网络资源连接的相关信息和参数设置。具体可参见Java的API文档。

程序:ch3\UCTest.java

```
1.  import java.net.URL;
2.  import java.net.URLConnection;
3.
4.  public class UCTest {
5.
6.     public static void main(String args[]) throws Exception {
7.        URL url = new URL("http://www.baidu.com/");
8.        URLConnection uc = url.openConnection();
9.        //uc.connect();
10.
11.       System.out.println("内容类型:" + uc.getContentType());
12.       System.out.println("内容长度:" + uc.getContentLength());
13.       System.out.println("编码格式:" + uc.getContentEncoding());
14.    }
15.
16. }
```

程序的运行结果如图 3.42 所示。

```
内容类型: text/html; charset=utf-8
内容长度: -1
编码格式: null
```

图 3.42　程序 ch3\UCTest.java 的运行结果

其实,通过查看程序中网页资源的源文件,可以看到 html 文件开头的若干行的设置和程序读出的结果基本是一致的,如图 3.43 所示。

```
<!DOCTYPE html>
<!--STATUS OK-->
<html>
<head>
    <meta http-equiv="X-UA-Compatible" content="IE=edge,chrome=1">
    <meta http-equiv="content-type" content="text/html;charset=utf-8">
    <meta content="always" name="referrer">
```

图 3.43　查看源文件显示的内容

关于编码格式,有些网页放在内容类型里,如图 3.42 中的 charset=utf-8。因为没有单独设置 content-encoding,所以编码格式返回了 null。

值得注意的是,内容长度本来应该获取到该网页的文件长度,但实际取得的结果是-1,并没有正确读取。这是因为对于基于 HTTP 协议的资源,有些通过 GET 操作无法获取文件长度,此时设置为 POST 操作就可以了。在下例 ch3\SetConnection.java 中,会演示具体的使用方法。

- public InputStream getInputStream() throws IOException：URL 类在调用 openStream 方法时，实际调用的正是 URLConnection 类的 getInputStream 方法，这两个方法实现的功能是一致的。在 URL 类中已经提过了，这里不再赘述。

在程序 ch3\SetConnection.java 中，在之前程序 GetContent.java 的基础上做了一些更改，演示了 URLConnection 类的一些常用操作，以及一些常见问题的处理。

在第 12 行之前都是熟悉的代码。

在第 15 行，为了实现该语句能够正确输出网页文件的长度，前面增加了两行代码。

在第 12 行，因为实际上 URL 对象的协议是 HTTP，所以该语句将 URLConnection 对象强制转换为其子类 HttpURLConnection 类的对象。HttpURLConnection 类的方法 setRequestMethod 能够将操作设置为 POST。

在第 13 行，设置 POST 操作应该在 connect 方法调用之前完成。

因为之后调用的 getInputStream 方法能够自动调用 connect 方法，所以在本例中并没有添加 connect 方法的调用语句。所以第 13 行和第 16 行语句的顺序是不能颠倒的。

程序：ch3\SetConnection.java

```
1.  import java.net.URL;
2.  import java.io.BufferedInputStream;
3.  import java.net.URLConnection;
4.  import java.net.HttpURLConnection;
5.
6.  public class SetConnection {
7.
8.      public static void main(String args[]) throws Exception {
9.          URL url = new URL("http://www.baidu.com/");
10.
11.         URLConnection uc = url.openConnection();
12.         HttpURLConnection huc = (HttpURLConnection)uc;
13.         huc.setRequestMethod("POST");
14.
15.         System.out.println("内容长度:" + huc.getContentLength());
16.         BufferedInputStream stream = new BufferedInputStream(uc.getInputStream());
17.
18.         int c;
19.         while((c = stream.read())!= -1)
20.             System.out.print((char)c);
21.         stream.close();
22.     }
23.
24. }
```

程序的运行结果如图 3.44 所示,可以看到网页长度能够查询到了,不再是－1。

```
内容长度: 11217
<!DOCTYPE html>
<!--STATUS OK-->
<html>
<head>
    <meta http-equiv="X-UA-Compatible" content="IE=edge,chrome=1">
    <meta http-equiv="content-type" content="text/html;charset=utf-8"
    <meta content="always" name="referrer">
```

图 3.44　程序 ch3\SetConnection.java 的运行结果

在本例中,还可以总结出 URL、URLConnection 类获取网络资源或设置服务属性的一般步骤。

① 根据网络资源的 URL 创建 URL 对象,并由 URL 对象进一步创建网络连接 URL-Connection 类对象。如有必要,可以将 URLConnection 类对象转换为其子类的对象,做更多的选项和参数设置。例如,将最常见的基于 HTTP 协议的 URL 转换为其子类 Htt-pURLConnection 的对象,参见程序的第 8～12 行。

② 设置 URL 连接的参数或选项,参见程序的第 13 行。

③ 连接到远程资源服务器,显式或隐含地调用 connect 方法。本程序使用了隐含方式,如果显式地调用,应添加在第 14 行的位置。

④ 生成连接的输出流,向资源服务器程序写数据,或者生成连接的输入流,从服务器程序读出数据。本程序中只查询了服务器的参数,并且创建了连接的输入流来读取资源的内容,参见程序的第 15～20 行。如果只是需要输入流来读取资源的内容,也可以直接调用 URL 类的 openStream 方法,不必创建 URLConnection 对象。

⑤ 关闭释放打开的流资源,参见程序的第 21 行。

- public OutputStream getOutputStream() throws IOException:本方法返回可以向 URL 连接写的输出流。

URL 对象是不能直接获得输出流的,只能转换为 URLConnection 对象,进而获得输出流。

在下面的程序代码段中,uc 是 URLConnection 对象,当程序需要向服务器输出一些信息时,需要先调用 setDoOutput 方法,将 URLConnection 类的 DoOutput 域设置为 true,否则是不能获得输出流的,会触发异常 java.net.ProtocolException,参见代码第 1～4 行。

大多数应用从 URL 连接来读取信息,所以默认情况下,DoOutput 域的值为 false。

在第 6 行,由 huc 获取连接的输出流 os。在之后的代码中,将 osw 通过字节流和字符流的过渡流类 OutputStreamWriter 继续封装为 BufferedWriter 对象 bw。与 URL 资源的通信转变为 I/O 操作。

在第 9 行,通过写操作将字符串内容传输给服务器。

之后是输出流的常规操作,flush 并 close 流。由于存在底层协议,网络操作中的输出流写操作之后,一定要调用 flush,避免缓冲区的数据被丢弃。

在第 12 行,通过 getDoOutput 方法获取当前 DoOutput 域的值,此时结果会显示为 true。

一般地,如果要对 URL 资源进行读和写的操作,应先进行写操作,即先进行参数的设置，并依此决定连接的方式和选项，再进行读操作，从而能够读取或查询到正确的内容。

```
1.  URLConnection uc = url.openConnection();
2.  HttpURLConnection huc = (HttpURLConnection)uc;
3.  huc.setRequestMethod("POST");
4.  huc.setDoOutput(true);
5.
6.  OutputStream os = huc.getOutputStream();
7.  OutputStreamWriter osw = new OutputStreamWriter (os);
8.  BufferedWriter bw = new BufferedWriter(osw);
9.  bw.write(new String("some messages…"));
10. bw.flush();
11. bw.close();
12. System.out.println("DoOutput:" + uc.getDoOutput());
```

- public Object getContent() throws IOException：这个方法同 URL 的 getContent 方法，只是调用者是 URLConnection 对象，在此不再赘述。

URLConnection 类对于访问基于 HTTP 协议的 URL 资源，可以通过一系列的 get 方法、set 方法查询和设置参数，从而进行交互式的控制、访问和通信。利用 URL、URLConnection 类及其相关类、子类能够很方便地进行涉及互联网资源的软件开发。

在前面的多个例子中，演示了如何获取文件或网页的内容，下面的例子演示了如何获取二进制的资源内容，如图片资源。

当在网页中看到一个图片资源时，如果要下载，一般是单击鼠标右键，选择"图片另存为"存储到本地。如果想要获得图片的 URL，如图 3.45 所示，单击鼠标右键，选择"复制图片网址"就可以获得。在这个示例中，获得百度首页图片的网址是"https://www.baidu.com/img/bd_logo1.png"。利用这个 URL 地址，就可以编写程序下载该图片了。

图 3.45　浏览器查看图片资源网址

在程序 ch3\GetImage.java 中，采用了最简洁的方法将图片资源下载并存储为本地文件。读者可以在此例的基础上完善，使得下载功能更加灵活。

程序:ch3\GetImage.java

```
1.  import java.net.*;
2.  import java.io.*;
3.
4.  public class GetImage {
5.    public static void main (String args[]) throws IOException {
6.
7.        URL url = new URL("https://www.baidu.com/img/bd_logo1.png");
8.        URLConnection uc = url.openConnection();
9.
10.       BufferedInputStream bis = new BufferedInputStream
                                   (uc.getInputStream());
11.       FileOutputStream fos = new FileOutputStream("logo.png");
12.
13.        int i = -1;
14.           while ((i = bis.read())!= -1){
15.               fos.write(i);
16.       }
17.       fos.flush();
18.       fos.close ();
19.       bis.close ();
20.
21.   }
22. }
```

在程序的第 7 行，利用获得的资源网址，建立 URL 实例，并生成 URLConnection 对象 uc。

在程序的第 10 行，通过 uc 获得输入流，用于读取图片资源的内容。

因为要把图片存储到本地，需要建立文件输出流，本地文件命名为当前目录下的 logo.png 文件。为了简便，程序中指定了文件名。更为灵活的方式是，取得图片资源的文件名，并下载存储为同名文件。

要获得图片资源的文件名，使用 URL 类的 getFile 方法，获得 String 类型的图片资源完整的 URL 内容，并通过 String 类的 substring 方法截取文件名。

在程序的第 13～16 行，通过从输入流读一字节，就向输出流写一字节的方式，完成图片文件的下载和存储。这种读写方式对于比较小的资源是很简洁的。对于较大的资源文件，通常采用字节数组作为缓冲器来分次读写。如果需要判断资源文件的大小，可以采用 URLConnection 的 getContentLength 方法确定资源文件的长度。

之后，关闭用到的流类。

3.4.6 URLStreamHandler 类

URLStreamHandler 类的层次关系如图 3.46 所示。

Class URLStreamHandler

java.lang.Object
    java.net.URLStreamHandler

图 3.46 URLStreamHandler 类的层次关系

URLStreamHandler 是一个抽象类，负责定义流协议处理器。流协议处理器能够根据不同的网络协议类型如 HTTP、FTP 等创建网络连接，从而创建与网络协议相关的 URLConnection 对象，进而获得 URL 相关的输入、输出流，来访问或者获得 URL 网络资源。

URL 对象在与远程服务器连接时，会使用一个合适的协议处理器来帮助它进行数据的通信。例如，当 URL 使用 HTTP 网络协议时，协议处理器知道如何同远程的 HTTP 服务器打交道来获取文档。其他的网络协议也是一样的道理。

在 URL 的构造方法中，可以指定流协议处理器，也可以不指定具体的流协议处理器，将 handler 参数的值设置为 null，那么构造 URL 对象时会根据具体的协议自动加载合适的流协议处理器。

URLStreamHandler 是抽象类，所以它的方法应在子类中具体实现。

URLStreamHandler 最常用的方法是通过 openConnection 方法创建与某个 URL 资源相应的 URLConnection。

protected abstract URLConnection openConnection(URL u) throws IOException：该方法打开 URL 资源的网络连接。它的作用与 URL 类的 openConnection 方法是一样的，构造与网络协议相关的 URLConnection 类实例。URL 类的 openConnection 方法实际调用的就是 URLStreamHandler 类的 openConnection 方法。

URLStreamHandler 对象可以通过 URLStreamHandlerFactory 接口类创建。该类只有一个方法：

```
URLStreamHandler createURLStreamHandler(String protocol)
```

该方法用来生成特定协议 protocol 的 URLStreamHandler 实例。

另外，在 URL 类中，也可以设置 URL 的 URLStreamHandlerFactory ：

```
public static void setURLStreamHandlerFactory(URLStreamHandlerFactory fac)
```

例如：

```
url.setURLStreamHandlerFactory(new SomeURLStreamHandlerFactory());
```

其中，SomeURLStreamHandlerFactory 是自定义的协议工厂类，通过实现 URLStream-

HandlerFactory 接口,完成自定义。

在程序 ch3\MyProtocolURLStreamHandlerFactory.java 中演示了如何实现自定义协议处理器。

程序:ch3\MyProtocolURLStreamHandlerFactory.java

```
1.  import java.net.URLStreamHandlerFactory;
2.  import java.net.URLStreamHandler;
3.
4.  public class MyProtocolURLStreamHandlerFactory implements URLStreamHan-
                                                                   dlerFactory
5.  {
6.     private static URLStreamHandler myHandler = null;
7.
8.     public URLStreamHandler createURLStreamHandler(String someprotocol)
9.     {
10.        URLStreamHandler handler = null;
11.        if (someprotocol.equals("myprotocol"))
12.        {
13.            if (myHandler == null)
14.                myHandler = new MyProtocolURLStreamHandler();
15.            handler = myHandler;
16.        }
17.        return handler;
18.    }
19.
20. }
```

在程序 ch3\MyProtocolURLStreamHandlerFactory.java 中,通过实现 URLStream-HandlerFactory 接口来定义自己的流处理器工厂类 MyProtocolURLStreamHandlerFactory。

从第 8 行开始,编写具体的代码来实现 createURLStreamHandler 方法。判断当 URL 的网络协议部分是自定义的“myprotocol”时,生成自定义的流处理器 MyProtocolURLStreamHandler 实例。

MyProtocolURLStreamHandler 类的定义可以参照程序 ch3\MyProtocolURLStream-Handler.java。它继承了 URLStreamHandler 抽象类,通过实现 openConnection 方法来得到具体的连接对象。

在本例中,如第 13 行所示,省略了具体实现一个自定义连接的代码,读者可以根据自己的需要,自己实现自定义协议中相关的具体内容。

程序:ch3\MyProtocolURLStreamHandler.java

```
1.  import java.net.URL;
2.  import java.net.URLConnection;
3.  import java.net.URLStreamHandler;
4.
5.  public class MyProtocolURLStreamHandler extends URLStreamHandler
6.  {
7.
8.    public URLConnection openConnection(URL url)
9.    {
10.
11.        URLConnection connection = null;
12.
13.        //省略定义 connection 的语句
14.
15.        return connection;
16.        }
17.
18.  }
19.
```

第 4 章　基于 TCP 的通信

本章重点

本章重点介绍基于 TCP 的 Socket 通信的过程和示例。

基于传输层协议 TCP 的网络通信是可靠的、有序的、差错控制的。在 Java 中，使用 java. net 包中的 Socket 类、ServerSocket 类来实现客户端和服务端的套接字，从而建立双向连接，并进行信息的交换。

Socket＝IP＋Port。

客户端通过 Socket 建立与服务器的连接。服务器在 ServerSocket 上监听客户端的服务请求。一旦连接成功，服务端会建立一个针对该客户端的 Socket，双方通信的通道就建立起来了。

有些时候，应用程序并不是基于互联网进行通信，服务也不是基于 URL 的方式提供的。

虽然基于 B/S 架构的应用现在很流行，但不是所有的应用都适用。B/S 架构的应用一般建立在广域网之上，其典型的应用是用于互联网之上，客户端只需要浏览器，就可以通过 Web 服务器实现对后台服务的访问。B/S 架构虽然本质上也是 C/S 架构的一种特殊形式，但因其独有的特点和相关技术的不断发展和成熟，形成了应用开发中称为 Web 编程的范畴。B/S 架构具有客户端维护成本小、升级维护简便等特点，但是对应用安全的要求较高，在页面访问、会话管理、脚本安全等方面都要进行安全控制。

如果应用程序不是基于 HTTP，而需要在底层直接进行通信，则需要编写基于 C/S 架构的应用程序。在这种架构中，服务器提供某些服务，客户端则使用特定服务器提供的特定服务。

提到底层，以网络应用广泛使用的 TCP/IP 协议为例，应用程序属于应用层的范畴。应用层的运行以底层协议为基础，应用层的下层即传输层。常用的传输层的协议包括 TCP 和 UDP。之上的应用层程序则可以选择基于 TCP 还是 UDP 的传输协议模式进行软件开发。

在设计应用层网络程序时，考虑使用 TCP 作为传输层协议主要是基于这样的考虑：TCP 能够提供差错控制，是可靠的传输。当输出过程中出现错误的时候，会按照协议的规定要求重传。

TCP 是面向连接的、可靠的流服务协议。TCP 协议中，只有实现连接的双方才可以进行通信，因此广播和多播不是基于 TCP 的。TCP 协议能够提供可靠传输、流量控制、无重包和错包等保证。

TCP 传输层的数据格式称为 Segment 报文段，而 UDP 的数据结构称为 Datagram 数据报。TCP 的 Segment 被封装在 IP 数据包中进行传输。应用数据是以合适大小的数据块的形式通过网络传输的，这样的分组就是报文段。TCP 协议的包格式包括 TCP 首部和 TCP 数据部分。TCP 首部中包含了源端口和目的端口，还包括给每个字节编号的序号字段等。TCP 数据部分包含了传输的内容，最大报文段是有长度限制的。

TCP 通过三次握手建立连接，通过可变窗口大小进行流量控制，能够进行拥塞控制，发生异常时，会终止连接。

4.1　Socket

“socket”这个词通常指电源插座，在网络程序设计中称为“套接字”，表示两台计算机之间的通信连接。就像电子产品的电源线接入插座就可以通电一样，一个客户端应用程序与服务器端应用建立 Socket，就可以和服务器进行数据通信。

通常一个服务器运行在一台计算机上，并绑定一个固定的端口，称为 Server Socket，该服务器一直等待、监听是否有客户端发起连接请求。

客户端必须知道服务器的 IP 地址，并且知道在哪个端口(port)上提供服务，就可以尝试向服务器发起服务请求，建立服务的通道。例如，有一台 FTP 服务器运行在 IP 地址为 10.1.1.1 的服务器上，并使用默认的 FTP 端口 21。客户端需要通过客户端软件连接到 10.1.1.1 的 21 端口，并提供正确的用户名和口令，就可以上传、下载文件了。

Socket 很像赶到火车站乘坐火车的情形。例如，乘客购买了一张火车票，必须提前赶到指定的火车站，服务器的 IP 地址就好比是火车站，而城市中如果有多个火车站，就必须前往指定的火车站，这就好比是在网络中要能够连接到提供该服务的主机，网络中可能有多台服务器各有自己的 IP 地址，也有可能一台服务器上会有多个网络接口，对应多个 IP 地址，所以 Socket 在连接服务器的时候，一定要指明正确的 IP 地址。乘客到了火车站之后，要确定自己的车次在哪个月台，端口就好比是月台。因为火车站内同时有很多趟火车在进站、出站，如果不赶到正确的月台，就不能乘坐正确的车次。一台服务器上，可以同时提供多个不同的服务，不同的服务是以不同的端口来区分的。

可以简单地记忆这样一个公式：Socket＝IP＋Port。

端口号和相应的服务名用来区分运行于传输层协议 TCP、UDP、DCCP、SCTP 之上的不同的服务。其有效取值范围是 0～65535。其中 0～1023 是系统保留端口，也就是常说的著名端口(Well Known Ports)；1024～49151 是用户端口，也就是注册端口(Registered Ports)；49152～65535 是动态端口，也称为私有端口(Private Ports)。这些端口的具体说明在 RFC6335 中定义。用户端口由 IANA(The Internet Assigned Numbers Authority，互联网数字分配机构)负责注册和分配。

在 Java 中，一旦 TCP 通信 Socket 建立，通常显示为“IP：Port”的形式，如 10.1.1.1：80。

如图 4.1 所示，服务器、客户端建立通信的过程如下所示。

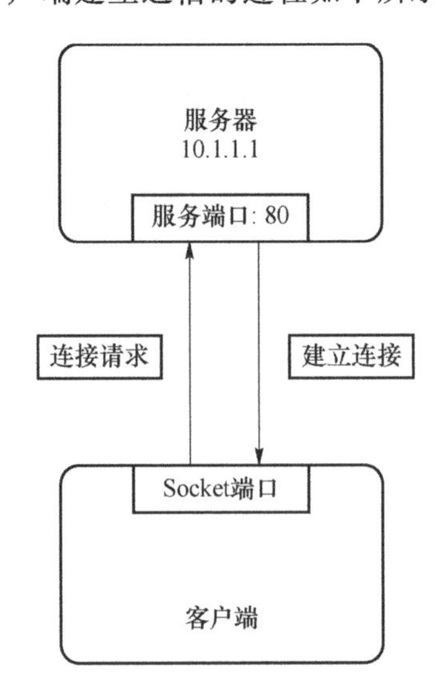

图 4.1　Socket 通信建立过程

① 服务器网络接口的 IP 地址为 10.1.1.1。服务器端应用程序在 80 端口运行服务，即在 80 端口建立 ServerSocket，并监听有无连接请求。

② 客户端必须知道服务器的 IP 地址或主机名、服务开放端口。客户端向服务器的服务 Socket(10.1.1.1:80)发起请求。

③ 服务器一旦接收该请求，就会在 80 端口上建立一个 Socket，该 Socket 的本地地址为 10.1.1.1:80，外部地址为客户端建立的 Socket(client 端 IP 地址:client 端 port)。客户端 port 通常由操作系统指定。

④ 服务器每接收一个客户端的请求，就会在服务端口上建立一个 Socket，这些 Socket 的本地地址相同，但外部地址各不相同。每个外部地址即各个客户端的本地 Socket。这样服务器既可以监听服务请求，又可以和每个客户端进行独立的通信。

⑤ 客户端通过本地 Socket 与服务器进行通信、读写信息。就像打电话一样，一个号码呼叫另一个号码，一旦被呼叫者接听，通信链路就建立起来了，双方就可以通话了。

无论本机是服务端还是客户端，如何知道都建立了哪些 Socket 连接呢？通过操作系统命令就可以查看。

如果是 Linux 操作系统，以图 4.2 为例，通过 ss 命令就可以查看。

```
[root@dbaback ~]# ss -t
State      Recv-Q Send-Q          Local Address:Port              Peer Address:Port
ESTAB      0      0               172.16.11.216:21577             10.10.20.116:ddi-tcp-1
```

图 4.2　Linux ss 命令查看 Socket 连接

由图 4.2 可以看出，本机地址状态为 ESTAB(已经建立)的 TCP Socket，其中本地 Socket 为 172.16.11.216:21577，远程服务器的 Socket 为 10.10.20.116:8888，ddi-tcp-1 代表已知公开的著名服务 NewsEDGE server TCP (TCP 1)，所以用 ddi-tcp-1 替代 8888。

如果 ss 命令不能运行，那么可能是没有安装相应的软件包，可以尝试 netstat 命令，结果是相同的，如图 4.3 所示。

```
[root@dbaback ~]# netstat -at
Active Internet connections (servers and established)
Proto Recv-Q Send-Q Local Address               Foreign Address             State
tcp        0      0 *:sunrpc                    *:*                         LISTEN
tcp        0      0 localhost:ncube-lm          *:*                         LISTEN
tcp        0      0 *:42869                     *:*                         LISTEN
tcp        0      0 *:ssh                       *:*                         LISTEN
tcp        0      0 localhost:ipp               *:*                         LISTEN
tcp        0      0 localhost:smtp              *:*                         LISTEN
tcp        0      0 localhost:smtp              *:*                         LISTEN
tcp        0      0 localhost:21577             10.10.20.116:ddi-tcp-1      ESTABLISHED
```

图 4.3　Linux netstat 命令查看 Socket 连接

如果是 Windows 操作系统，以图 4.4 为例，也可使用 netstat 命令来查看 Socket 的连接信息，从图中可以看出，本地服务运行在 8888 端口，远程的客户端 IP 地址为 172.16.11.216，Socket 建立在 30440 端口，这个端口是由远程客户端的操作系统分配的。

```
C:\Users\Administrator>netstat -an

活动连接

  协议  本地地址              外部地址            状态
  TCP    0.0.0.0:135            0.0.0.0:0              LISTENING
  TCP    0.0.0.0:445            0.0.0.0:0              LISTENING
  TCP    0.0.0.0:8888           0.0.0.0:0              LISTENING
  TCP    0.0.0.0:30000          0.0.0.0:0              LISTENING
  TCP    0.0.0.0:49152          0.0.0.0:0              LISTENING
  TCP    0.0.0.0:49153          0.0.0.0:0              LISTENING
  TCP    0.0.0.0:49154          0.0.0.0:0              LISTENING
  TCP    0.0.0.0:49155          0.0.0.0:0              LISTENING
  TCP    0.0.0.0:49158          0.0.0.0:0              LISTENING
  TCP    10.10.20.116:139       0.0.0.0:0              LISTENING
  TCP    10.10.20.116:8888      172.16.11.216:30440    ESTABLISHED
```

图 4.4　Windows netstat 命令查看 Socket 连接

4.2　Socket 类

在 Java 中，用 java.net.Socket 类实现 Socket 的功能，Socket 类包含在 java.net 包中，如图 4.5 所示。Socket 类很好地封装了网络底层的协议的处理，使得开发者可以专注于软件功能的设计，来实现跨平台的程序设计。

Class Socket

java.lang.Object
　　java.net.Socket

图 4.5　Socket 类的层次关系

4.2.1 Socket 类的构造方法

Java 在包 java.net 中提供了两个与 TCP 通信相关的类:Socket 和 ServerSocket,分别用来表示建立连接与通信的客户端套接字和服务器端服务套接字。

Socket 类主要的 public 构造方法如下所示。

- public Socket():不带参数的构造方法,没有指明服务器的 IP 地址和端口信息,所以不能马上进行连接请求,而只创建 Socket 对象。

一旦 Socket 方法的参数中指明连接的服务器 IP 地址和端口,就会立即进行连接,所以要对 Socket 连接过程进行一些控制就无法进行。不带参数的构造方法因为有 Socket 对象,不能马上尝试连接,恰恰可以进行一些控制。

- public Socket(InetAddress address, int port) throws IOException:创建 Socket 对象并连接参数指定的服务器 IP 地址和端口。IP 地址以 InetAddress 实例的形式提供,port 为服务器的服务端口。若 address 为 null,即第一个参数为 InetAddress.getByName(null),相当于连接 loopback 地址 127.0.0.1。

例如:

```
Socket socket = new Socket(InetAddress.getByName(null),8888);
```

该语句建立连接到 localhost/127.0.0.1:8888 的 Socket 实例。

- public Socket(String host, int port) throws UnknownHostException, IOException:创建 Socket 对象并连接参数中设置服务器主机和端口。服务器主机 host 可以是字符串表示的域名、主机名,也可以是字符串形式的 IP 点分地址。
- Socket(String host, int port, InetAddress localAddr, int localPort) throws IOException:创建 Socket 对象并连接参数中设置服务器主机和端口。localAddr 和 localPort指定 Socket 绑定的本地地址和端口。若 localAddr 为 null,即第三个参数为 InetAddress.getByName(null),相当于连接 anyLocal 地址,即通配地址。若 localPort 为 0,相当于由操作系统分配动态端口,否则本地端口为参数设定值。

Socket 的使用必然伴随着各种异常。在 Java 中,几乎所有与网络和输入与输出相关的操作都可能触发 IOException 异常,一定要按照异常处理的方式进行积极或消极处理。IOException 的层次关系如图 4.6 所示。

Class IOException

java.lang.Object
  java.lang.Throwable
    java.lang.Exception
      java.io.IOException

图 4.6　IOException 的层次关系

在选择端口时,需要注意每一个端口提供一种特定的服务,只有指定正确的端口,才能获得相应的服务。0～1023 的端口号为系统所保留,例如,HTTP 服务的端口号为 80,

Telnet服务的端口号为 23，FTP 服务的端口号为 21，所以在编写应用软件时，如果是自定义的服务，在选择端口号时最好选择一个大于 1024 且没有被 IANA 分配的端口，以防止发生冲突。

IANA 已经分配的 TCP 和 UDP 端口号，以及相应的服务名称定义详见相关网页（http://www.iana.org/assignments/service-names-port-numbers/service-names-port-numbers.xhtml）。在附录中列出了 TCP 0～1023 的端口号和服务名。

基于 TCP 传输层协议的 Socket 是不同进程间通过网络通信的方法。这意味着 Socket 用来让一个进程和其他的进程互通信息，就好像人与人之间用电话来交流一样。要建立连接，一台机器必须运行一个程序等待连接，另一台机器主动来连接它。这如同电话系统，一端处于待机状态，可以随时接听电话，另一端拨打某个电话号码，从而和持有该电话号码的人建立通信。

如同打电话要清楚拨打的电话号码，使用 Socket 建立网络连接的时候，必须确定要连接的远端计算机的名字或地址，还需要一个端口号，当连接到一台计算机之后，必须为连接指定特定的目的应用，就是通信的端口。

Java 使用 SOCK_STREAM 流模型来通信，一个 Socket 可以保持两个流——输出流和输入流。发送数据即向与 Socket 相连的输出流中写信息，而接收数据即从与 Socket 相连的输入流中读取信息。服务器和客户端通过 Socket 建立网络连接之后，通信过程就如同使用相连的输入和输出流进行读写一样了。Socket 流的连接请求形成一个队列，如果服务端忙于处理一个连接，别的连接请求将一直等待到该连接处理完毕。

使用 Socket 进行客户端/服务器网络应用程序设计的过程如图 4.7 所示。

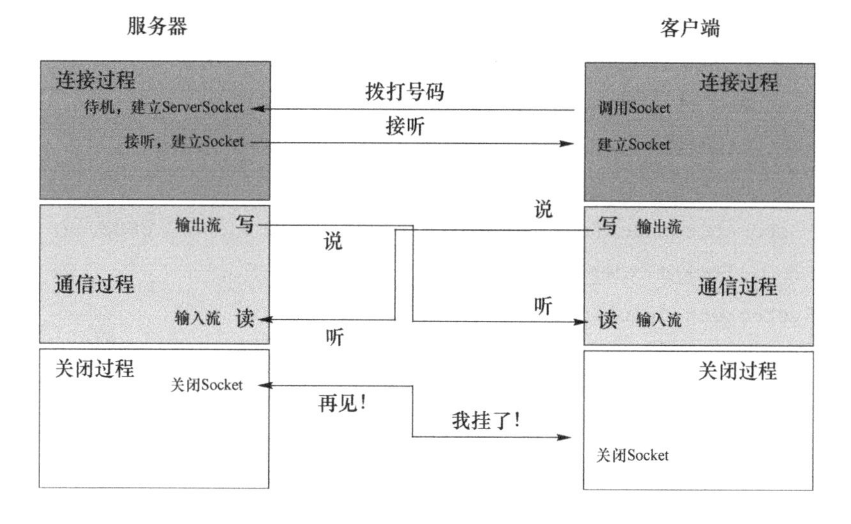

图 4.7　Socket 通信过程

在连接过程中，首先服务器指定监听端口号。服务器在客户端请求连接时从队列中接收一个 Socket 请求，该请求通过服务器主机的 IP 和端口号建立连接。

在通信过程中，客户端和服务器使用 InputStream 和 OutputStream 进行互相通信。InputStream 和 OutputStream 是由建立连接的 Socket 来打开的，读写的内容由双方的应用程序来分析和理解，分析和理解通过遵从双方应用程序对于消息的预先定义——协议——

来进行。协议决定了服务器和客户端获取各自的信息、完成各自的功能。FTP、HTTP、SMTP 等都是在网络中广泛应用的协议，每个协议都定义了服务器和客户端如何进行服务请求和应答、如何提供功能和显示资源，而每种协议都规定了自己的端口号。

双方的通信完成后，任一方提出关闭 Socket，通信结束。

4.2.2 控制 Socket 连接

1. 设置客户端的地址和端口

Socket 对象创建时，通常只指定远程主机的 IP 地址和服务端口。本地 Socket 使用本地的 IP 地址和操作系统自动分配的端口。一般情况下，一台计算机只有一个网络接口，即一个本地 IP 地址。

如果计算机有两个网络接口，或者其他情况需要明确设置客户端的 IP 地址和端口，可以使用 Socket 类的构造方法。

```
Socket socket = new Socket(InetAddress.getByName("10.1.1.1"),8888,
                           InetAddress.getByName("10.1.1.100"),12345);
```

2. 绑定本地地址

本地 IP 地址和端口除了在 Socket 构造方法中指定外，还可以通过 bind 方法来指定，例如：

```
1.  try {
2.  socket = new Socket();
3.  //bind 本地 IP 和端口
4.  socket.bind(new InetSocketAddress("10.1.1.100", 12345));
5.  //connect 远程服务器 IP 和端口
6.      socket.connect(new InetSocketAddress("10.1.1.1", 8888));
7.  } catch (SocketException e) {
8.    System.err.println(e.getMessage());
9.  }
```

3. 连接远程服务器

如果创建 Socket 对象时，使用了无参构造方法，就不能马上进行连接。通常之后会设置一些 Socket 选项，从而控制 Socket 的连接，在 4.2.3 节会做详细的说明。选项设置之后，还要完成连接的构造，使用 connect 方法。

在上例中，第 2 行创建了 Socket 对象 socket。

在第 4 行，设置本地 IP 地址和端口。

在第 6 行，使用 connect 方法，使 socket 连接远程主机 10.1.1.1 的 8888 端口。

4. 设置 Socket 建立连接的超时时间

如果服务器 IP 地址所在网段可以连通，但服务器 Socket 由于某些原因连接不上，需要缩短系统提醒连接超时的时间毫秒数，例如：

```
SocketAddress socketAddress = new InetSocketAddress("10.1.1.1", 8888);
// 创建 Socket
Socket socket = new Socket();
// 连接超时时间设置为 10 s，即 10×1 000 ms
socket.connect(socketAddress, 10000);
```

如果在 10 s 内连接不上 10.1.1.1:80，系统会提示"connect timed out"。如果服务器网段本身就连通不了，系统会提示"Connection refused: connect"，不受此超时时间设置的影响。

程序语句属于应用层的范畴，语句对于网络连接或设置的控制依赖于底层协议和操作系统，并不一定都会起作用。

5. 获取 Socket 的输入流和输出流

服务器端和客户端之间通信的 Socket 一旦连接，就会通过一对输入输出流进行通信。如同打电话时，一旦被叫方接听，双方通话的业务信道建立，就可以交流了。

Socket 的 getInputStream 方法和 getOutputStream 方法分别实现获得输入流和输出流。

程序 ch4\EchoClient.java 是按照 RFC862 的 Echo 协议规定编写的 Echo 客户端程序。基于 TCP 的 Echo 服务定义于端口 7，它把从客户端接收的消息原样发送回去。

程序：ch4\EchoClient.java

```
1.  import java.io.*;
2.  import java.net.*;
3.
4.  public class EchoClient {
5.      public static void main(String[] args)  {
6.
7.          try (
8.                  Socket socket = new Socket("127.0.0.1", 7);
9.                  BufferedWriter bw = new BufferedWriter(new OutputStreamWrit-
                                        er(socket.getOutputStream()));
10.                 BufferedReader br = new BufferedReader(new InputStreamReader
                                        (socket.getInputStream()));
11.                 BufferedReader keyboard = new BufferedReader(new InputStream-
                                             Reader(System.in))
12.         ) {
13.                 String s;
14.                 while ((s = keyboard.readLine()) != null) {
```

```
15.                     bw.write(s + '\n');
16.                     bw.flush();
17.                     System.out.println("echo: " + br.readLine());
18.             }
19.             } catch (IOException e) {
20.                 System.err.println(e.getMessage());
21.             }
22.     }
23. }
```

EchoServer 运行在本地地址 127.0.0.1 的 7 号端口，代码在本章后面给出。第 7 行代码 try-with-resources 语句自动回收定义的各种流资源。

在第 8 行，创建连接服务器的 Socket 对象 socket。

第 9 行的流对象 bw 用于向服务器写消息。OutputStreamWriter 流类用于字节输出流与字符输出流之间的转换。

第 10 行的流对象 br 用于从服务器读消息。InputStreamReader 流类用于字节输入流与字符输入流之间的转换。

第 11 行的流对象 keyboard 用于从标准输入读取用户键盘输入的信息。

第 14 行的 readLine 方法每次从键盘读入一行信息，之后通过 bw 向服务器输出该行信息。

第 16 行的 flush 方法清空缓冲区，立即输出信息。

第 17 行显示从服务器传回的信息，即从 Socket 的输入流 br 中读取该信息。

getInputStream 方法用于获得 Socket 的输入流，返回 InputStream 类的对象。getOutStream 方法用于获得 Socket 的输出流，返回 OutputSteam 类对象。InputStream 和 OutputStream 皆为抽象类，要根据实际读写的数据类型，使用相关的流类类型进行转换或处理才能读写。

例如，在本程序中，输入流通过 InputStreamReader 和 BufferedReader 两个流类的处理，最终实例化为字符流对象 br。输出流通过 OutputStreamWriter 和 BufferedWriter 两个流类的处理，最终实例化为字符流对象 bw。

对于基于 TCP 的网络程序，建立 Socket 连接的过程都是一样的，不一样的实际上是各种应用和协议在服务器、客户端之间传输的消息。各种应用要完成的主要功能是如何解读这些消息，如何进行分析并根据分析的结果完成相关的后续操作。

如何判断 Socket 的输入流是否读取了全部消息呢？和其他流一样，如果 read 方法返回－1，表示流读取完了。

如果要关闭输出流或者输入流，可以调用 Socket 的 shutdownInput 方法关闭输入流，或者调用 shutdownOutput 方法关闭输出流。

在示例程序 ch4\GetHttpFile.java 中，通过向 Web 服务器 127.0.0.1:8080 发送 GET 请求，获取网站根目录下 index.jsp 文件的内容。GET 是 HTTP 协议的请求方法之一，当客户端要从服务器读取文档时，使用 GET 方法请求服务器将 URL 定位的资源（本例中是 /index.jsp）放在响应报文的数据部分，回送给客户端。

程序:ch4\ShutdownInput. java

```
1.  import java.net. * ;
2.  import java.io. * ;
3.
4.  public class ShutdownInput{
5.      public static void main(String args[]) throws Exception {
6.          int c;
7.          String str,request;
8.          byte[] buffer = new byte[42];
9.
10.         InetAddress address = InetAddress.getByName("127.0.0.1");
11.         Socket s = new Socket(address, 8080);
12.         InputStream bis = s.getInputStream();
13.         PrintWriter pw = new PrintWriter(s.getOutputStream(),true);
14.
15.         request = "GET /index.jsp HTTP/1.0\r\n";
16.         pw.println(request);
17.         bis.read(buffer, 0, buffer.length);
18.         str = new String( buffer );
19.         System.out.println(str);
20.
21.         while ((c = bis.read()) != -1)
22.                 System.out.print((char) c);
23.     }
24. }
```

本程序的运行结果如下所示。

```
HTTP/1.1 200 OK
Server: Apache-Coyote/1.1

ETag: W/"16763-1187998492593"
Last-Modified: Fri, 24 Aug 2015 23:34:52 GMT
Content-Type: text/html
Content-Length: 16763
Connection: close

<! doctype html public "-//w3c//dtd html 4.0 transitional//en">
```

```
<html>
            此处省略页面内容

</html>
```

如果将本程序稍做更改，如下所示。

程序：ch4\ShutdownInput. java

```
1.  import java.net.*;
2.  import java.io.*;
3.
4.  public class ShutdownInput{
5.      public static void main(String args[]) throws Exception {
6.          int c;
7.          String str,request;
8.          byte[] buffer = new byte[42];
9.
10.         InetAddress address = InetAddress.getByName("127.0.0.1");
11.         Socket s = new Socket(address, 8080);
12.         InputStream bis = s.getInputStream();
13.         PrintWriter pw = new PrintWriter(s.getOutputStream(),true);
14.
15.         request = "GET /index.jsp HTTP/1.0\r\n";
16.         pw.println(request);
17.         bis.read(buffer, 0, buffer.length);
18.         str = new String( buffer );
19.         System.out.println(str);
20.         s.shutdownInput();              //关闭输入流
21.         s.shutdownOutput();             //关闭输出流
22.         while ((c = bis.read()) != -1)
23.                 System.out.print((char) c);
24.     }
25. }
```

本程序的运行结果如下所示。

```
HTTP/1.1 200 OK
Server: Apache-Coyote/1.1
```

6. 获取 Socket 的地址端口信息

如果需要获得本地或者远程 Socket 的地址和端口信息,可以使用以下方法。

getInetAddress():获得远程服务器的 IP 地址。

getPort():获得远程服务器的端口。

getLocalAddress():获得客户端本地的 IP 地址。

getLocalPort():获得客户端本地的端口。

程序:ch4\TestAddress.java

```
1.  import java.net.Socket;
2.
3.  public class TestAddress {
4.    public static void main(String[] args) throws Exception {
5.      Socket s = new Socket("www.baidu.com", 80);
6.      System.out.println(s.getInetAddress() + ":" + s.getPort());
7.      s.close();
8.    }
9.  }
```

程序的运行结果如图 4.8 所示。

```
www.baidu.com/61.135.169.121:80
```

图 4.8　程序 ch4\TestAddress.java 的运行结果

对比之下,可以测试在建立 Socket 的过程中,本地使用的端口和地址。在下面的程序 ch4\TestLocalAddress.java 中,测试的结果每台计算机都各不相同,地址为本机网卡地址,端口为操作系统随机分配。

在第 7 行,使用了 Socket 的 getRemoteSocketAddress 方法,和程序 ch4\TestAddress.java 中第 6 行使用的 getInetAddress 和 getPort 两个方法获取的信息是一致的。

程序:ch4\TestLocalAddress.java

```
1.  import java.net.Socket;
2.
3.  public class TestLocalAddress {
4.    public static void main(String[] args) throws Exception {
5.      Socket s = new Socket("www.baidu.com", 80);
6.      System.out.print(s.getLocalAddress() + ":" + s.getLocalPort());
7.      System.out.println("连接到" + s.getRemoteSocketAddress());
8.      s.close();
9.    }
10. }
```

7. 关闭 Socket

当客户端与服务器的通信结束时，应该关闭 Socket，以释放 Socket 占用的包括 InputStream 和 OutputStream 在内的各种资源。Socket 的 close 方法负责关闭 Socket，isClosed 用来判断是否处于已经关闭的状态。

程序：ch4\SocketClose.java

```
1.  import java.net.Socket;
2.  import java.io.IOException;
3.
4.  public class SocketClose {
5.    public static void main(String[] args) throws IOException {
6.        Socket s = new Socket("www.baidu.com", 80);
7.        System.out.println(s.isClosed());
8.        if(!s.isClosed())
9.           s.close();
10.       System.out.println(s.isClosed());
11.    }
12. }
```

程序中第 7 行输出 false。

第 9 行 Socket 关闭之后，第 7 行输出 true。

尽管 Java 有自动回收机制，但仍然应该在代码中主动释放资源。

调用 Socket 的 close 方法之后，就不能再通过相关的输入流、输出流进行读写操作了，会报 SocketException 异常。但是如果调用 isInputShutdown 或者 isOutputShutdown 方法判断输入流、输出流是否关闭，仍会返回 false。所以在调用 socket.close 方法之前，最好先调用 shutdownOutput 和 shutdownInput 方法关闭(shutdown)Socket 获得的输出流、输入流，再关闭(close)Socket。无论是关闭了输入流还是输出流，另一个也同时失效。

在实际编程的过程中，如果这些地方没有处理好，程序会报出很多异常，造成困扰。

程序：ch4\IsIOShutdown.java

```
1.  import java.net.*;
2.  import java.io.*;
3.
4.  public class IsIOShutdown {
5.
6.      public static void main(String args[]) throws Exception {
7.
8.          Socket socket = new Socket();
9.          socket.connect(new InetSocketAddress("127.0.0.1", 9999));
```

```
10.
11.        System.out.println("当前状态：" + socket.isInputShutdown());
12.
13.        //socket.shutdownInput();
14.        socket.close();
15.        System.out.println("关闭输入流之后的状态：" + socket.isInput-
                    Shutdown());
16.
17.    }
18. }
```

程序的运行结果如图 4.9 所示。

```
当前状态： false
关闭输入流之后的状态： false
```

图 4.9　程序 ch4\IsIOShutclown.java 的运行结果

如果代码改为第 13 行生效，并注释第 14 行，结果就变为：

```
当前状态:false
关闭输入流之后的状态:true
```

8. Socket 的状态

Socket 类提供了 3 种方法(isBound、isClosed 和 isConnected)来判断 Socket 的状态。

isBound 方法用来判断 Socket 的绑定状态，只要曾经绑定过，即使 Socket 已经关闭，仍然返回 true。可以理解为本地是否曾经建立过到远程主机的 Socket 连接。

isClosed 方法用来判断 Socket 是否已经关闭。

isConnected 方法用来判断 Socket 的连接状态。和 isBound 方法一样，即使 Socket 已经关闭，仍然返回 true，isConnected 的状态并不清除。可以理解为到远程主机的 Socket 是否曾经连接过。

程序:ch4\StatusTest.java

```
1.  import java.net.Socket;
2.
3.  public class StatusTest {
4.    public static void main(String[] args) throws Exception {
5.       Socket s = new Socket("www.baidu.com", 80);
6.
7.       System.out.println("isBound:" + s.isBound());
8.       System.out.println("isConnected:" + s.isConnected());
9.       System.out.println("isClosed:" + s.isClosed());
10.
```

```
11.        s.close();
12.        System.out.println("isBound:" + s.isBound());
13.        System.out.println("isConnected:" + s.isConnected());
14.        System.out.println("isClosed:" + s.isClosed());
15.        System.out.print("本地:" + s.getLocalAddress() + ":" + s.getLocalPort());
16.        System.out.print("远程:" + s.getInetAddress() + ":" + s.getPort());
17.    }
18. }
```

程序的运行结果如图 4.10 所示。

```
isBound:true
isConnected:true
isClosed:false
isBound:true
isConnected:true
isClosed:true
本地: 0.0.0.0/0.0.0.0:49680远程: www.baidu.com/61.135.169.121:80
```

图 4.10　程序 ch4\StatusTest.java 的运行结果

因为 isBound 方法和 isConnected 方法返回的状态并没有在 Socket 关闭之后有所变化，所以若要判断当前 Socket 是否处于连接的状态，应使用组合判断条件 socket.isConnected( ) && ! socket.isClosed( )。

即使 Socket 已经调用了 close 方法，getInetAddress 和 getPort 方法仍然可以获得之前连接的远程主机的地址和端口。

getLocalAddress 方法返回本地的通配地址 0.0.0.0，代表本地的任意一个 IP 地址。getLocalPort 方法返回之前连接的本地端口。

4.2.3　设置 Socket 的选项

TCP 协议是复杂的，有很多选项可以控制。在 Java 的 Socket 类中，定义了若干方法，允许对其中的一些选项进行设置。但是设置这些选项要结合实际业务和应用的上下文，不要依赖某些选项，改善了一些状况，同时又造成一些新问题出现。

1. TCP_NODELAY

TCP_NODELAY 表示不要延迟和缓存。

TCP/IP 协议中，发送的有效数据会有协议头等协议封装。对方接收到数据，也需要发送回 ACK 表示确认，本地主机要等待接收 ACK 确认信息。使用 TCP_NODELAY 选项可以禁止 Nagle 算法，Nagle 算法的主旨在于尽可能避免网络中充斥着很多小块数据，这样会降低网络利用率。但任何一种算法都有副作用，况且不是每种应用都愿意为了提高网络利用率而增加延时。开发者应结合网络和应用的需求，调整适合的网络参数。

设置该选项，采用方法：public void setTcpNoDelay(boolean on) throws SocketException。

设置之前，一般读取该选项的当前设置：public boolean getTcpNoDelay() throws SocketException。

TCP 默认采用 Nagle 算法，即 TCP_NODELAY 默认为 false。为了不受 Nagle 算法的影响，可以参考程序 ch4\SetTCPNoDelay.java 进行控制。

程序：ch4\SetTCPNoDelay.java

```
1.  import java.net.*;
2.
3.  public class SetTCPNoDelay {
4.      public static void main(String args[]) throws Exception {
5.          Socket s = new Socket();
6.          s.connect(new InetSocketAddress("127.0.0.1", 8000));
7.          System.out.println(" TCP_NODELAY 的值为：" + s.getTcpNoDelay());
8.          s.setTcpNoDelay(true);
9.          System.out.println(" TCP_NODELAY 的值为：" + s.getTcpNoDelay());
10.         s.close();
11.     }
12. }
```

程序的运行结果如图 4.11 所示。

```
TCP_NODELAY的值为: false
TCP_NODELAY的值为: true
```

图 4.11　程序 ch4\SetTCPNoDelay.java 的运行结果

2. SO_LINGER

SO_LINGER 表示当执行 Socket 的 close 方法时，是否立即关闭底层的 Socket。

前面提到，使用 netstat 命令可以查看当前的 TCP/IP 网络连接状态，协议分为 TCP 和 UDP。每一个连接后面的状态项可以查看连接的当前状态，包括 LISTENING、ESTABLISHED、TIME_WAIT 和 CLOSE_WAIT 等。

① LISTENING：表示服务启动后处于监听状态，等待客户端进行连接。

② ESTABLISHED：表示连接已经建立，正在进行通信。

③ TIME_WAIT：通信双方建立 TCP 连接后，主动关闭连接的一方就会进入 TIME_WAIT 状态，等待一段时间以保证被重新分配的 Socket 不会受到之前残留的延迟重发报文的影响。处于 TIME_WAIT 状态的连接占用的资源不会被系统释放，一个 TIME_WAIT 状态的连接就占用了一个本地端口。所以有时候查看主机，特别是服务器，会发现大量的处于 TIME_WAIT 状态的会话。由于操作系统能够接收的连接数量是有限的，所以有可能造成服务异常，严重影响服务器的处理能力，甚至耗尽可用的资源造成服务停止。

④ CLOSE_WAIT：远程主机主动关闭连接或者网络异常导致连接中断，这时本地的状态会变成 CLOSE_WAIT。此时应该调用 close 来正确关闭连接。在远程主机连接关闭之

后，程序如果没有关闭连接，资源就一直被程序占着。同 TIME_WAIT 状态一样，服务器应避免出现大量的 CLOSE_WAIT 状态的会话。

大量的 TIME_WAIT 和 CLOSE_WAIT 状态可以通过修改系统内核数、网络设置等来优化。

在 Java 的 Socket 类中，可以设置 Linger 选项如下：public void setSoLinger(boolean on, int linger) throws SocketException。

设置之前，一般读取该选项的当前设置：public int getSoLinger() throws SocketException。

SO_LINGER 选项指定 Socket 关闭时的停留时间，设置当 TCP Socket 关闭时，是否立即返回。当设置为 true，并且 linger 参数为非 0 时，表示 close 方法会阻塞到超时时间，在该时间内尝试发送，或者发送完，或者超时并立即关闭，未发送完的数据丢弃。当设置为 false 时，表示 close 将立刻返回，数据会发送到对端。

SO_LINGER 可以用来减少 TIME_WAIT 套接字的数量。在设置 SO_LINGER 选项时，指定等待时间为 0，此时调用主动关闭时不会发送 FIN 来结束连接，而是直接将连接设置为 CLOSE 状态，清除套接字中的发送和接收缓冲区，直接对对端发送 RST 包。如果 close 立即返回造成的数据丢失影响应用的正常运行，更稳妥的方法是设置 linger 为合适的值。

在使用 NIO 的时候，最好不要配置 SO_LINGER，如果设置了该参数，在 close 的时候如果缓冲区有数据待写出，会抛出 IOException 异常。

getSoLinger 方法的返回值为-1，表示 SO_LINGER 选项设置为 false。

程序：ch4\SOLinger.java

```
1.  import java.net.*;
2.
3.  public class SOLinger {
4.
5.      public static void main(String args[]) throws Exception {
6.          Socket s = new Socket();
7.
8.          s.connect(new InetSocketAddress("127.0.0.1", 8000));
9.          System.out.println("默认 SO_LINGER: " + s.getSoLinger());
10.         s.setSoLinger(true, 0);
11.         System.out.println("设置 SO_LINGER: " + s.getSoLinger());
12.         s.close();
13.     }
14. }
```

程序运行结果如图 4.12 所示。

```
SO_LINGER -1
SO_LINGER 0
```

图 4.12　程序 ch4\SOLinger.java 的运行结果

3. SO_REUSEADDR

SO_REUSEADDR 表示是否允许绑定 Socket，即使之前的连接处于 timeout 状态。

SO(Socket Options)表示与 Socket 相关的控制选项。REUSEADDR 的原意是重新使用地址。前面讲过，会话的状态有时会处于 TIME_WAIT，此时一方已经关闭了会话，端口还被占着，通过设置这个选项为 true，可以重用该端口，就不会占用过多端口资源。对服务器程序尤其有用。如果会话处于 ESTABLISHED 状态，再次绑定该端口，程序会报出错误"java.net.BindException:Address already in use:JVM_Bind"。

设置该选项，使用下列方法：public void setReuseAddress(boolean on) throws SocketException。

设置之前，一般读取该选项的当前设置：public boolean getReuseAddress() throws SocketException。

值得注意的是，socket.setReuseAddress(true)方法必须在 Socket 还没有绑定到一个本地端口之前调用，否则执行 socket.setReuseAddress(true)方法无效。

4. SO_SNDBUF

SO_SNDBUF 表示输出数据的缓冲区的大小。

设置该选项，使用下列方法：public void setSendBufferSize(int size) throws SocketException。size 的值应大于 0。

读取该选项的当前值：public int getSendBufferSize() throws SocketException。

5. SO_RCVBUF

SO_RCVBUF 表示接收数据的缓冲区的大小。

设置该选项，使用下列方法：public void setReceiveBufferSize(int size) throws SocketException。size 的值应大于 0。

读取该选项的当前值：public int getReceiveBufferSize() throws SocketException。

增加接收缓冲区的大小，可以提高网络 I/O 的效率。减少接收缓冲区的大小，有助于减少输入数据的积压。对于大容量的网络连接，可以考虑增加接收缓冲区的大小。

设置接收缓冲区的大小，除了改变 Socket 内部 buffer 的大小，同时也改变 TCP 接收窗口的大小。如果设置值大于 64 KB，应在 Socket 的 connect 方法之前设置。

程序：ch4\SetBuffer.java

```
1.  import java.net.*;
2.
3.  public class SetBuffer {
4.
5.      public static void main(String args[]) throws Exception {
```

```
6.          Socket socket = new Socket();
7.
8.          System.out.println("Send Buffer Size " + socket.getSendBufferSize());
9.          socket.setSendBufferSize(65536);
10.         System.out.println("Send Buffer Size " + socket.getSendBufferSize());
11.
12.         System.out.println("Send Buffer Size " + socket.getReceiveBufferSize());
13.         socket.setReceiveBufferSize(65536);
14.         System.out.println("Send Buffer Size " + socket.getReceiveBufferSize());
15.
16.         //连接 server
17.         socket.connect(new InetSocketAddress("127.0.0.1", 9999));
18.         socket.close();
19.     }
20. }
```

程序中,第 9 行在设置输出缓冲区之前,一般应先获得当前值,如第 8 行代码所示。

同理,第 13 行在设置接收缓冲区之前,一般应先获得当前值,如第 12 行代码所示。

输出缓冲区和接收缓冲区的默认值为 8 192。

第 17 行代码在设置之后,连接服务器 Socket。

代码运行结果如图 4.13 所示。

```
Send Buffer Size 8192
Send Buffer Size 65536
Send Buffer Size 8192
Send Buffer Size 65536
```

图 4.13 程序 ch4\SetBuffer.java 的运行结果

6. SO_KEEPALIVE

SO_KEEPALIVE 用来设置长时间处于空闲状态的 Socket。

如果设置了 SO_KEEPALIVE 选项,并且长时间(2 h,具体实现不同,时间会不同)在任何一个方向上都没有数据通信,TCP 会自动发送探测到对方,要求对方回应,可能的回应如下所示。

① 回应 ACK:一切正常。

② 回应 RST:对方崩溃或重启。

③ 不回应:Socket 会关闭。

设置该选项,使用下列方法:public void setKeepAlive(boolean on) throws SocketException。

读取该选项的当前设置:public int getKeepAlive() throws SocketException。

SO_KEEPALIVE 选项的默认值为 false,表示 TCP 不会探测连接是否有效。

```
if (!socket.getKeepAlive()) {
        socket.setKeepAlive(true);
}
```

7. SO_OOBINLINE

SO_OOBINLINE 表示是否支持发送一字节的 TCP 紧急数据。

OOB 即带外数据(Out-Of-Band),TCP 使用 OOB 来发送一些重要的数据 UrgentData(紧急数据)。如果一方有重要的数据需要传输给另一方时,协议能够将这些数据快速地发送到对方。为了发送这些数据,TCP 协议采用一定的机制来处理,从而使数据不容易被阻塞。

SO_OOBINLINE 选项默认设置为 false,TCP 紧急数据会被丢弃。

当设置 SO_OOBINLINE 为 true 时,TCP 紧急数据通过 Socket 的输入流接收。

使用此选项时,服务器和客户端应同时设置才起作用。

接收紧急数据时,并不能明确地区分哪些是紧急数据,哪些是正常数据。紧急数据只支持一字节,高位会被丢弃,而且总是先于正常数据被接收。

设置该选项,使用下列方法:public void setOOBInline(boolean on) throws SocketException。

读取该选项的当前设置:public int getOOBInline() throws SocketException。

相关的发送紧急数据的方法为:public void sendUrgentData(int data) throws IOException。

data 虽然定义为 int,但是只识别低位的一字节,先于之后发送的所有正常数据被接收。

在程序 ch4\OOBClient.java 中,OOB 客户端发送一行正常数据,再发送紧急数据,在 OOB 服务器接收端,紧急数据先被接收到。

程序:ch4\OOBClient.java

```
1.  import java.io.*;
2.  import java.net.*;
3.
4.  public class OOBClient {
5.
6.      public static void main(String[] args) throws IOException {
7.          Socket socket = new Socket("127.0.0.1", 8000);
8.          socket.setOOBInline(true);
9.
10.          PrintWriter pw = new PrintWriter(new OutputStreamWriter(socket.
                         getOutputStream()));
11.          pw.print("Write a message.\r\n");
12.          socket.sendUrgentData('X');
13.          pw.flush();
14.          socket.close();
15.     }
16. }
```

程序:ch4\OOBServer.java

```
1.  import java.io.*;
2.  import java.net.*;
3.
4.  public class OOBServer {
5.      public static void main(String[] args) throws Exception {
6.
7.          ServerSocket serverSocket = new ServerSocket(8000);
8.          System.out.println("服务器已经启动!");
9.          while (true) {
10.             Socket socket = serverSocket.accept();
11.             socket.setOOBInline(true);
12.
13.             BufferedReader br = new BufferedReader(new InputStreamRead-
                                    er(socket.getInputStream()));
14.             System.out.println(br.readLine());
15.             socket.close();
16.         }
17.     }
18. }
```

值得注意的是,两端都要设置 SO_OOBINLINE 为 true 才可以。

在 Server 端,先接收到紧急数据,才接收正常发送的数据,所以 X 会先于"Write a message."被接收。

客户端的第 13 行代码是必须的,否则数据不会被立即发送出去。当然也可以通过设置 TCP_NODELAY 为 true 来让数据立即被发送到服务器端,这样就不需要 flush 了。

```
Socket socket = new Socket();
socket.connect(new InetSocketAddress("127.0.0.1", 8000));
socket.setTcpNoDelay(true);
socket.setOOBInline(true);
```

服务器端运行结果如图 4.14 所示。

```
服务器已经启动!
XWrite a message.
```

图 4.14　服务器端运行结果

8. SO_TIMEOUT

SO_TIMEOUT 表示 Socket 的输入流等待数据的超时时间。

TIMEOUT设置的是Socket的输入流等待超时的时间，单位为毫秒。如果timeout时间到了，Socket会SocketTimeoutException异常。

设置该选项，使用下列语句：public void setSoTimeout(int milliseconds) throws SocketException。timeout的值应大于0，它的默认值为0，表示会无限等待，永远不会超时。

设置之前，一般读取该选项的当前设置：public int getSoTimeOut() throws SocketException。如果返回0，表示timeout的设置关闭。示例如下：

```
Socket s = new Socket("127.0.0.1", 8000);
s.setSoTimeout(1000);
System.out.println(s.getSoTimeout());
```

9. IP_TOS

IP_TOS表示设置IP数据包头的服务类别TOS(Type-Of-Service)。

按照RFC1349 (Type of Service in the Internet Protocol Suite)的规定，TOS占8 bit。tc的值应在0～255之间，占8 bit，第0～7位中的3、4、5、6位作为TOS值，1000表示最小延迟，0100表示高吞吐量，0010表示高可靠性，0001表示最小成本，0000表示正常的服务。每个值只给这4个比特中的1个比特位设置1。在IPv4中，第8位为0，所以0x02(00010)表示最小成本，0x04(00100)表示高可靠性，0x08(01000)表示高吞吐量，0x10(10000)表示最小延迟。

不同的应用需要的TOS值不同，例如，FTP服务需要最高吞吐量，而游戏需要最小延迟。

Socket类中提供了设置和读取服务类型的方法，设置服务类型：public void setTrafficClass(int tc) throws SocketException。

读取服务类型：public int getTrafficClass() throws SocketException。

例如，下列语句设置TOS为高可靠性和最小延迟传输。

```
socket.setTrafficClass(0x04|0x10);
```

值得注意的是，TOS选项的设置不一定起作用，依赖于操作系统对于TCP/IP协议的设定是怎样的，必要的时候，要通过更改注册表等方式来调整操作系统的设置。

10. 性能偏好

性能偏好包括短的连接时间、低延迟和高带宽，描述为3个整数，较大的值表示较强的偏好。

设置的方法如下，其中3个参数表示3种性能，偏好哪个指标，就把哪个参数的值设为较大，3个参数值会进行比较。

```
public void setPerformancePreferences(int connectionTime, int latency, int bandwidth)
```

其中，connectionTime表示短连接时间，latency表示低延迟，bandwidth表示高带宽。

例如，如果参数为(0,1,2)，即参数connectionTime为0，参数latency为1，而参数bandwidth为2，就表示偏好高带宽，其次是低延迟，最后是短连接时间。

4.3 ServerSocket 类

在 Java 中，用 java.net.ServerSocket 类实现服务器 Socket 的功能，ServerSocket 类包含在 java.net 包中，如图 4.15 所示。ServerSocket 等待来自网络的连接请求，响应网络请求并返回请求的结果。

Class ServerSocket

java.lang.Object
    java.net.ServerSocket

图 4.15 ServerSocket 类的层次关系

4.3.1 构造 ServerSocket

ServerSocket 的构造方法有以下几种形式。

- ServerSocket() throws IOException：创建未绑定的服务器套接字。同 Socket 类的无参构造方法一样，创建的 ServerSocket 对象不与任何服务端口绑定，在进行一系列选项设置后，通过 bind 方法与某个服务端口绑定。一旦服务器与特定端口绑定，有些选项的设置就无效了。

回顾 Socket 类，无参构造方法在进行一系列选项设置后，是通过 connect 方法与特定服务器进行连接的。

- ServerSocket(int port) throws IOException：创建绑定到特定端口的服务器套接字。如果 port 为 0，表示端口由操作系统自动分配，分配的端口取自操作系统事先分配的一个端口范围，叫做短暂端口或临时端口(ephemeral port)。到服务器的连接请求会存在一个队列当中，队列的最大长度是 50。如果队列已经满了再收到连接请求，则连接被拒绝。
- ServerSocket(int port, int backlog) throws IOException：创建绑定到特定端口的服务器套接字，并且连接请求队列的长度由 backlog 来设置。如果队列已经满了再收到连接请求，则连接被拒绝。backlog 的值必须大于 0，如果小于或等于 0，则等于默认值。

程序：ch4\Server.java

```
1.  import java.net.InetSocketAddress;
2.  import java.net.ServerSocket;
```

```
3.
4.  public class Server {
5.    public static void main(String[] args) throws Exception {
6.      ServerSocket serverSocket = new ServerSocket(8000,100);
7.
8.    }
9.  }
```

在上面的程序中，第6行在本地8000端口创建了ServerSocket的对象serverSocket，并且backlog的值设定为100，即连接请求的队列长度为100。

- ServerSocket(int port, int backlog, InetAddress bindAddr) throws IOException：创建绑定到特定端口的服务器套接字，并且连接请求队列的长度由backlog来设置，指定本地要绑定的IP地址bindAddr。一台服务器可能有多个网络接口，如果设置了bindAddr，则服务器只接收到该地址的连接请求。如果bindAddr为null，则服务器可以接收任何一个或所有网络接口地址的连接请求。端口必须在0～65535之间。端口号置为0，则由操作系统自动分配，并可以通过getLocalPort方法来获得端口号值。

程序：ch4\TCPPortScanner.java

```
1.  import java.net.*;
2.  import java.io.*;
3.
4.  public class TCPPortScanner{
5.      public static void main(String[] args){
6.      ServerSocket serverSocket = null;
7.      for(int port = 0;port<1025;port++){
8.          try {
9.              serverSocket = new ServerSocket(port);
10.         }
11.         catch (IOException e) {
12.             System.out.println("服务占用端口：" + port);
13.         }
14.         finally {
15.           try {
16.               if(serverSocket!= null)
17.                   serverSocket.close();
18.           }
19.               catch (IOException e) {
```

```
20.                 e.printStackTrace();
21.             }
22.         }
23.     }
24.     }
25. }
```

使用 ServerSocket 的构造方法可以测试出当前主机的 TCP 开放服务端口。

本例中，只检测 0～1 024 之间的端口哪些已经有服务占用了。第 9 行代码，当试图在某个 port 上建立 ServerSocket 对象时，如果该 port 已经被某个服务占用，会触发 BindException 异常，所以在第 11 行的 catch 语句中捕获异常的端口，就是有服务占用的端口。输出结果如图 4.16 所示，可以用前面提到的 netstat 命令来验证，结果是一样的。

```
服务占用端口: 135
服务占用端口: 139
服务占用端口: 445
```

图 4.16　程序 ch4\TCPPortScanner1. java 的运行结果

实际上，用 Socket 的构造方法也可以做同样的测试。但是程序运行速度将会大大减慢。

在程序 ch4\TCPPortScanner1. java 中，第 9 行利用 Socket 的构造方法逐次尝试连接本地的端口 port，如果能够连接上，说明本地 port 端口有服务。但是如果某个 port 上没有服务在运行，Socket 就要等待超时之后才能确定，因此运行速度会很慢。这种方法适合测试远程主机的开放端口。

程序：ch4\TCPPortScanner1. java

```
1.  import java.net.*;
2.  import java.io.*;
3.
4.  public class TCPPortScanner1{
5.      public static void main(String[] args){
6.     Socket socket = null;
7.      for(int port = 0;port<1025;port++){
8.          try {
9.              socket = new Socket("127.0.0.1", port);
10.             System.out.println("服务占用端口:"+port);
11.         }
12.         catch (IOException e) {
13.         }
14.         finally {
```

```
15.             try {
16.                 if(socket!= null)
17.                     socket.close();
18.             } catch (IOException e) {
19.                 e.printStackTrace();
20.             }
21.         }
22.     }
23.     }
24. }
```

4.3.2 ServerSocket 的常用方法

1. 绑定端口

对于多数服务器,会使用明确的端口构造 ServerSocket 对象,例如:

```
ServerSocket serverSocket = new ServerSocket(8000);
```

ServerSocket 对象创建时,如果使用无参构造方法,通常之后会做一些选项的设置,再来进行端口的绑定,则需要使用 bind 方法。

如果运行时无法绑定到 8000 端口,以上代码会抛出 BindException,BindException 是 IOException 的子类。

修改一下前面的例子 Server.java,在第 9 行,使用 ServerSocket 的 bind 方法来建立 127.0.0.1:8000 端口上的服务。

程序:ch4\ServerBind.java

```
1.  import java.net.InetSocketAddress;
2.  import java.net.ServerSocket;
3.
4.  public class ServerBind {
5.     public static void main(String[] args) throws Exception {
6.
7.         ServerSocket serverSocket = new ServerSocket();
8.         InetSocketAddress s = new InetSocketAddress("127.0.0.1", 8000);
9.         serverSocket.bind(s);
10.     }
11. }
```

2. 设置连接请求队列的长度

ServerSocket 通过构造方法可以设置 backlog 参数,用来设置连接请求队列的长度,它将覆盖操作系统限定的队列的最大长度。

backlog 参数的值应大于或等于 0。具体实现时，backlog 的设置有可能被忽略，将使用默认的 backlog 值作为队列长度。

将上例 ch4\ServerBind.java 稍作修改，设置 backlog 的值为 100。

```
1.  import java.net.InetSocketAddress;
2.  import java.net.ServerSocket;
3.
4.  public class ServerBind {
5.    public static void main(String[] args) throws Exception {
6.
7.        ServerSocket serverSocket = new ServerSocket();
8.        InetSocketAddress s = new InetSocketAddress("127.0.0.1", 8000);
9.        int queue = 100;
10.       serverSocket.bind(s, queue);
11.    }
12. }
```

3. 获取 ServerSocket 的地址端口信息

如果需要获得 ServerSocket 的地址和端口信息，可以使用以下方法。

① getInetAddress()：获得服务器的本地 IP 地址。

② getLocalPort()：获得服务器本地监听端口。

③ getLocalSocketAddress()：获得服务器的本地 IP 地址和监听端口。

例如：

```
1.  ServerSocket ss = new ServerSocket();
2.  ss.bind(new InetSocketAddress("127.0.0.1", 9999));
3.  InetSocketAddress sa = (InetSocketAddress)ss.getLocalSocketAddress();
4.  System.out.println( sa.getAddress().getHostAddress());
5.  System.out.println( sa.getPort());
6.
7.  System.out.println("serversocket:" + ss.getInetAddress() +":" + ss.getLo-
                      calPort());
```

在第 1 行，建立 ServerSocket 对象 ss，并且在第 2 行中绑定 10.1.1.1 的 9999 端口。

在第 3 行，利用 getLocalSocketAddress 方法可以得到服务器的地址端口信息，因为返回类型 SocketAddress 是抽象类，所以强制转换为它的子类 InetSocketAddress。

在第 4 行和第 5 行，利用 InetSocketAddress 类的 getAddress 方法和 getPort 方法分别获得 IP 地址和服务端口。

现在的计算机一般都有多个网络接口，即多个网络地址。如果不使用 bind 方法，而在第 1 行语句中设置端口号参数，那么获得的 IP 地址会是 0.0.0.0。

在第 7 行，利用 ServerSocket 的 getInetAddress 方法和 getLocalPort 方法，可以与上两行代码得到相同的结果。

4. 关闭 ServerSocket

ServerSocket 建立以后，可以显式地关闭它。同 Socket 一样，使用 close 方法关闭。当关闭时，如果队列中有尚未 accept 的客户端请求，则会触发 SocketException。

5. 接收客户端的连接请求

ServerSocket 的 accept 方法监听客户端的连接请求并且接收请求。该方法从连接请求队列中获得请求，然后返回与该请求客户端连接的 Socket 对象。如果没有请求，该方法会一直阻塞，等待连接请求。

ServerSocket 为每一个客户端连接在服务端口上建立一个 Socket。

通过 Socket 对象的输入流和输出流，就可以与客户端进行数据通信。

连接和通信过程中出现的网络中断、通信中断、意外退出等，会触发 IO 异常。

下例中，DateServer 是一个服务程序，它负责向连接的客户端提供当前的日期和时间。服务程序通常处于长久运行状态，只要服务程序不退出，就会随时监听客户端请求，并予以响应。

程序：ch4\DateServer.java

```
1.  import java.io.*;
2.  import java.net.*;
3.  import java.util.Date;
4.
5.  public class DateServer {
6.    public static void main(String[] args) {
7.
8.      try {
9.           ServerSocket server = new ServerSocket(9999);
10.          System.out.println("Date 服务器开始运行……");
11.
12.          while (true) {
13.            Socket sc = server.accept();
14.            DataOutputStream dout = new DataOutputStream(sc.getOutput-
                                      Stream());
15.            dout.writeUTF("现在的日期为:" + (new Date()) + "。");
16.            dout.close();
17.            sc.close();
18.          }
19.      } catch (Exception e) {
20.          e.printStackTrace();
```

```
21.         }
22.     }
23. }
```

在第 12 行,通过永久 while 循环,设置服务永久运行。

在第 13 行,服务器处于监听等待状态,当有客户端连接时,accept 方法返回与客户端建立连接通信的 Socket 对象 sc。

在第 14 行,通过 sc 获得输出流,封装成 DataOutputStream。

在第 15 行,通过 DataOutputStream 的 writeUTF 方法向客户端发送当前日期时间的 UTF-8 字符串形式。

在第 16 行,关闭输出流。

在第 17 行,关闭 Socket 对象 sc,因为不再需要与客户端通信。

与此服务端程序对应的客户端程序如程序 ch4\DateClient. java 所示。

程序:ch4\DateClient . java

```
1.  import java.io.*;
2.  import java.net.*;
3.  import java.util.Date;
4.
5.  public class DateClient {
6.      public static void main(String[] args) {
7.
8.          try {
9.              Socket s = new Socket("127.0.0.1", 9999);
10.             System.out.println("服务器已连接");
11.
12.             DataInputStream din = new DataInputStream(s.getInputStream());
13.             System.out.println(din.readUTF());
14.             din.close();
15.             s.close();
16.
17.         } catch(Exception e) {
18.             e.printStackTrace();
19.         }
20.     }
21. }
```

在第 9 行,尝试与本地 9999 端口的服务程序建立连接。连接成功,返回 Socket 对象 s。

在第 12 行,通过 s 获得输入流,封装成 DataInputStream。因为不需要向服务器输出信息,因此不需要获得输出流。视具体的应用需要,可能需要同时获得输入、输出流,并封装成不同的流类对象用于实际传输。

在第 13 行，通过 DataInputStream 的 readUTF 方法从服务器接收当前日期时间的 UTF-8 字符串形式。

在第 14 行，关闭输入流。

在第 15 行，关闭 Socket 对象 s，因为不再需要与服务器通信。

6. ServerSocket 的状态

ServerSocket 类提供了两种方法(isBound、isClosed)来判断 Socket 的状态。具体可参考 Socket 类的相应方法，此处不再赘述。

4.3.3　ServerSocket 选项

在 Java 的 ServerSocket 类中，同样定义了若干方法，允许对一些选项进行设置。其中有一些定义是相同的，不再赘述。

1. SO_TIMEOUT

SO_TIMEOUT 表示等待客户连接的超时时间。

SO_TIMEOUT 在 Socket 的选项设置中也有，但在 ServerSocket 中的含义是不同的。

当设置 timeout 大于 0 时，accept 方法在没有客户端请求时不会一直等下去，而是阻塞一定的时间，直到 timeout 超时。超时会触发 SocketTimeoutException，但 ServerSocket 仍然有效。当设置 timeout 为 0 时，表示无限等待。

设置该选项，使用下列语句：public void setSoTimeout(int timeout) throws SocketException。

读取该选项的当前设置，使用下列语句：public int getSoTimeout() throws IOException。

timeout 超时的时间以毫秒为单位。

程序：ch4\ServerTimeout.java

```
1.  import java.io.IOException;
2.  import java.net.ServerSocket;
3.  import java.net.Socket;
4.  import java.net.SocketTimeoutException;
5.
6.  public class ServerTimeout extends Thread {
7.    private ServerSocket ss;
8.
9.    public ServerTimeout() throws IOException {
10.       ss = new ServerSocket(8000);
11.       ss.setSoTimeout(10 * 1000);
12.       System.out.println("Timeout:" + ss.getSoTimeout());
13.    }
14.
15.    public void run() {
```

```
16.        while (true) {
17.          try {
18.            System.out.println("Listening on port: " + ss.getLocalPort());
19.            Socket client = ss.accept();
20.            System.out.println("Client is: " + client.getRemoteSocketAddress());
21.            client.close();
22.          } catch (SocketTimeoutException s) {
23.            System.out.println("Socket timed out!");
24.            break;
25.          } catch (IOException ioe) {
26.            ioe.printStackTrace();
27.            break;
28.          }
29.        }
30.      }
31.
32.      public static void main(String[] args) {
33.        try {
34.          Thread t = new ServerTimeout ();
35.          t.start();
36.        } catch (IOException ioe) {
37.          ioe.printStackTrace();
38.        }
39.      }
40.    }
```

本例中,以多线程方式运行服务程序。

在第 10 行,设置服务运行在 8000 端口。

在第 11 行,设置 accept 客户端连接请求的超时时间为 10 s。

在第 19 行,当有客户端在 10 s 内进行连接时,accept 方法返回连接客户端的 Socket 对象 client,若 10 s 内没有客户端请求,触发 SocketTimeoutException 异常,导致服务程序 break,退出当前循环体。

程序运行结果如图 4.17 所示,首先由客户端程序在 10 s 内连接服务程序,显示 client 的具体 IP 地址和端口。之后,没有客户端再进行连接请求,导致触发异常,程序退出。

```
Timeout:10000
Listening on port: 8000
Client is: /127.0.0.1:64985
Listening on port: 8000
Socket timed out!
```

图 4.17 程序 ch4\ServerTimeout.java 的运行结果

2. SO_REUSEADDR

SO_REUSEADDR 表示是否允许重复绑定 Socket 处于 timeout 状态的端口。

设置该选项，使用下列方法：public void setResuseAddress(boolean on) throws SocketException。

读取该选项的当前设置，使用下列语句：public boolean getResuseAddress() throws SocketException。

3. SO_RCVBUF

SO_RCVBUF 设置接收数据的缓冲区的大小。

设置该选项，使用下列方法：public void setReceiveBufferSize(int size) throws SocketException。

读取该选项的当前设置，使用下列语句：public int getReceiveBufferSize() throws SocketException。

服务程序应根据具体的应用来决定使用较大的还是较小的缓冲区，通常服务程序和客户程序是对应的。原则是提高传输数据的效率比较重要还是及时发送接收比较重要。

4. 性能偏好

性能偏好包括连接时间、延迟和带宽。该选项使用下列方法进行设置：public void setPerformancePreferences(int connectionTime, int latency, int bandwidth)。

该方法的作用与 Socket 的 setPerformancePreferences 方法的作用相同，用于设定连接时间、延迟和带宽的优先级。

4.4　多线程服务程序

前面的实例中，大部分的服务端实例程序采用的是在 while 循环中依次从队列中接收客户端请求并与之进行通信的方法。但是，这种处理方式简单，实际的网络应用则复杂得多。大部分应用不会在进行简单的通信之后马上就退出。而当一个客户端与服务器的通信阻塞时，就会影响其他客户端的通信。

回顾前面的内容，发生阻塞的情况有可能是：

① Server 端的 accept 方法发生阻塞，等待客户端的连接请求；

② Socket 输入流的 read 方法发生阻塞，等待直到有数据接收到为止；

③ System.in 标准键盘输入的 read 发生阻塞，直到用户键入内容为止。

下面的实例演示服务器端和客户端通信的时候，发生阻塞对通信的影响。

程序：ch4\UserServer.java

```
1.  import java.util.Scanner;
2.  import java.io. * ;
3.  import java.net. * ;
4.
5.  public class UserServer{
```

```
6.
7.  public static void main(String[] args){
8.
9.     try {
10.         ServerSocket ss = new ServerSocket(9999);
11.         System.out.println("服务器已启动");
12.
13.        while (true) {
14.            Socket s = ss.accept();
15.            DataInputStream din = new DataInputStream(s.getInputStream());
16.            System.out.println(din.readUTF() + "加入!");
17.            din.close();
18.            s.close();
19.     }
20.        } catch (Exception e) {
21.          e.printStackTrace();
22.        }
23.  }
24.  }
```

在程序第 10 行,服务器端程序 UserServer 在 9999 端口监听服务请求。

在第 13 行,通过 while 循环,服务器循环接收客户端的请求,为不同的客户端提供服务。

在第 14 行,ServerSocket 对象的 accept 方法监听客户端的连接请求。当 accept 方法返回,即接收客户端的连接请求时,与客户端建立通信,并创建对应该客户端的 Socket 对象。否则,服务器端代码将会阻塞在这里,直到客户端发来连接请求。

在第 15 行,创建 Socket 对象 s 对应的输入流,用于接收客户端传输的数据,并用处理流 DataInputStream 进行封装。客户端程序事先定义传输的数据为客户端的用户名。所以在第 16 行,读入的内容为该用户名。

在第 17 行和第 18 行,通信结束,关闭输入流和 Socket。关闭的顺序不要颠倒。

下面的实例是客户端的程序。

程序:ch4\UserClient.java

```
1.  import java.util.Scanner;
2.  import java.io.*;
3.  import java.net.*;
4.
5.  public class UserClient{
```

```
6.
7.  public static void main(String[] args){
8.      Scanner in = new Scanner(System.in);
9.      String str;
10.     System.out.println("请输入用户名:");
11.     str = in.next();
12.
13.     try {
14.         Socket s = new Socket("127.0.0.1", 9999);
15.         System.out.println("服务器已连接");
16.
17.         DataOutputStream dout = new DataOutputStream (s.getOutputStream());
18.         dout.writeUTF(str);
19.         dout.close();
20.         s.close();
21.
22.         } catch (Exception e) {
23.           e.printStackTrace();
24.         }
25.  }
26.  }
```

在第 10 行，提示用户从键盘输入用户名。

在第 14 行，服务器端程序 UserClient 连接本地 9999 端口的服务。调用返回时，与服务端的通信已经建立，对应的 Socket 对象为 s。

在第 17 行和第 18 行，创建 s 对应的输出流，并将用户名写入输出流，传输给服务端。

在第 19 行，通信结束，关闭相应的输出流和 Socket。

为了测试，将 UserClient 稍作修改，增加一个会导致阻塞的客户端 UserClient1。本实例让客户端在向服务端传输用户名之前，先暂停 10 s。

程序:ch4\UserClient1.java

```
1.  import java.util.Scanner;
2.  import java.io.*;
3.  import java.net.*;
4.
5.  public class UserClient1{
6.
7.  public static void main(String[] args){
```

```
8.      Scanner in = new Scanner(System.in);
9.      String str;
10.     System.out.println("请输入用户名:");
11.     str = in.next();
12.
13.     try {
14.             Socket s = new Socket("127.0.0.1", 9999);
15.             System.out.println("服务器已连接");
16.
17.             DataOutputStream dout = new DataOutputStream(s.getOutputStream());
18.             Thread.sleep(10 * 1000);
19.             dout.writeUTF(str);
20.             dout.close();
21.             s.close();
22.
23.         } catch (Exception e) {
24.             e.printStackTrace();
25.         }
26.   }
27.   }
```

在程序第 18 行，调用 Thread. sleep 方法，让程序暂停 10 s。

测试时，先运行 UserClient1，并在 10 s 之内运行 UserClient，运行结果如下。

① 先启动服务端程序 UserServer，显示“服务器已启动”，如图 4.18 所示。

② 再启动 UserClient1，输入用户名 user1，此时因为调用 Thread. sleep 方法，服务端并没有收到任何消息。

③ 然后启动 UserClient，输入用户名 user2，此时因为服务端的 read 方法阻塞，虽然 user2向服务端发送了用户名，但服务端并没有收到任何消息，仍然显示如图 4.18 所示的结果。

```
服务器已启动
```

图 4.18　UserServer 启动运行

④ 此时，user2 对应的 Socket 进入 FIN_WAIT_2 状态，如图 4.19 所示。

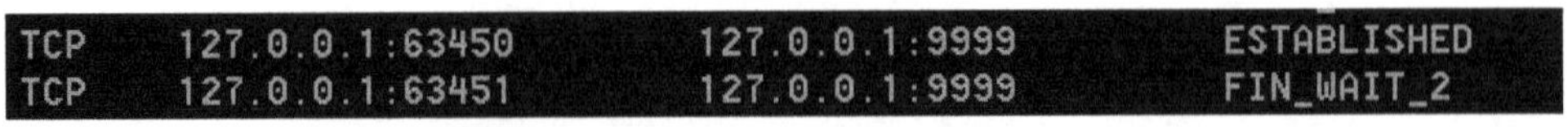

```
TCP    127.0.0.1:63450        127.0.0.1:9999         ESTABLISHED
TCP    127.0.0.1:63451        127.0.0.1:9999         FIN_WAIT_2
```

图 4.19　服务端 user1 和 user2 的状态

⑤ 当 user1 的 10 s 暂停结束之后，服务端收到 user1 的消息后，也收到 user 发送的消

息，如图 4.20 所示。

图 4.20　线程暂停结束后，服务端的显示结果

这并不是期待的结果，通常每个客户端与服务器的通信应该互不干扰，就像一个餐馆的服务员，应该能够同时服务多个餐桌，而且对每个餐桌的服务应该互不干扰。

下面对服务端的程序予以改进，变为多线程服务程序来解决多个客户端连接的问题。

程序：ch4\UserServerThread.java

```
1.  import java.util.Scanner;
2.  import java.io.*;
3.  import java.net.*;
4.
5.  public class UserServerThread {
6.
7.    public static void main(String[] args) throws IOException{
8.      ServerSocket ss = new ServerSocket(9999);
9.      System.out.println("服务器已启动");
10.         while (true) {
11.         try {
12.           new Client(ss.accept()).start();
13.         }catch (IOException ioe) {
14.           ioe.printStackTrace();
15.           break;
16.         }
17.       }
18.  }
19.
20.  }
21.
22.  class Client extends Thread {
23.    private Socket socket;
24.    DataInputStream din;
25.
26.    public Client(Socket socket) {
27.        this.socket = socket;
28.    }
```

```
29.
30.     public void run() {
31.     try{
32.         din = new DataInputStream(socket.getInputStream());
33.         System.out.println(din.readUTF() +"加入!");
34.         din.close();
35.         socket.close();
36.       }catch(IOException ioe){
37.        ioe.printStackTrace();
38.       }
39.     }
40.
41.  }
```

多线程服务端做的修改主要是在第 12 行，为每一个连接的客户端启动一个 Client 对象来处理。

Client 类继承 Thread 类，里面最重要的 run 方法，如第 30 行所示。run 方法对每一个客户端独立运行于一个线程。有几个客户端连接，就有几个 Client 实例，每一个 Client 实例都有一个相应的线程启动，都执行一次 run 方法。

run 方法中创建 Socket 的输入流接收每一个客户端的用户名消息，再关闭输入流和 Socket。

服务端主程序如第 10 行所示，仍然保持 while 循环来监听来自客户端的连接请求。不过，对于每一个客户端启动一个 Client 线程来处理后续的通信。

测试时，仍然用前面的方法，服务端启动后，先运行 UserClient1 作为 user1，user1 暂停期间，运行 UserClient 作为 user2，因为 user2 单独一个线程，并不受 user1 阻塞的影响。服务端先收到 user2 的消息，user1 恢复后，再收到 user1 的消息。运行结果如图 4.21 所示。

图 4.21　程序 ch4\UserServerThread.java 的运行结果

除了服务端启动多线程外，还有一些方法来处理服务端和客户端的多用户通信，在后面做详细的讲解。

第5章　基于UDP的通信

本章重点

本章重点介绍基于UDP的套接字通信的过程和示例。

基于传输层协议UDP的网络通信是不可靠的、无序的、无差错控制的。在Java中，使用java.net包中的DatagramSocket类表示UDP通信节点的套接字。使用DatagramPacket表示节点之间发送和接收的数据报。基于UDP通信的节点之间不需要建立任何连接。

UDP通信也是可以通过设置选项来控制的。

组播也是一种基于UDP的通信。加入组播组的节点，可以接收发送到该组的数据报，而任何UDP通信节点都可以发送数据报到组播组。

UDP(User Datagram Protocol，用户数据报协议)是传输层的另一种常用的协议，它和TCP相比具有完全不同的机制。

通过TCP协议建立通信时，要先建立TCP连接，一旦连接成功，数据从源成功送达到目的是可以保证的，如果出错，也会收到错误通知。

UDP协议中，应用之间传递的数据称为数据报(Datagram)。数据报是独立的，不依赖于任何网络连接。数据报是否能够达到、什么时间达到、有没有错误都是不能保证的。

UDP协议适用于那些对出错不太敏感，但需要及时进行大批量数据传输的应用。例如，视频会议这样的传输视频、图像的应用，即使偶尔出现丢包或者错包，出现图像或者声音停顿一下，也不会妨碍使用。因为少了确认、纠错、重传等机制，数据传输的延迟大大减少。

如图5.1所示，在基于UDP的通信中，主机A和主机B是网络中的两个主机，主机A上的网络应用程序使用UDP端口1234，主机B上的网络应用程序使用UDP端口5678。它们就像每户人家的邮箱，无论谁投递到这个地址的信件，都会被投放到这个邮箱中。

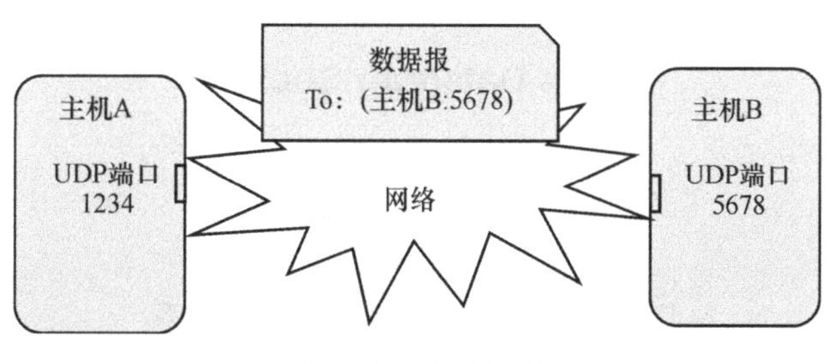

图5.1　UDP通信

一台主机可以有多个邮箱，由 UDP 端口号区分。UDP 端口号的范围是 0～65535。UDP 的数据报套接字 Socket 可以视为：

Datagram Socket＝ IP ＋ UDP 端口

UDP 通信中，主机 A 向主机 B 发送的消息，直接通过网络发送出去就可以了。就像寄信一样，不需要事先建立通信连接，只需要投入邮局的邮箱就可以了。至于信能否到达、是否会出什么差错都不是寄信者、收件人能够控制的。先寄出的信也不一定比后寄出的信先到，也就是信件的递送是没有顺序的。如果信寄丢了，寄信人和收信人往往都得不到通知，不能保证信件一定会送达。UDP 数据报是独立的，就如同信件是独立的一样，不依赖寄信人存在，也不依赖收信人存在，唯一的联系就是信件上有寄信人的地址，也有收信人的地址，这样信件才能通过邮局的长途递送到达收信人手里；收信人也能够知道是谁寄给他的、回信到哪个地址。

在 Java 中，java. net 包提供了 3 个类用于基于 UDP 的网络程序设计，分别是 DatagramSocket 类、DatagramPacket 类和 MulticastSocket 类。其中，DatagramPacket 类用于描述 UDP 数据报，也就是用来表示信件。DatagramSocket 类负责接收和发送 UDP 数据报，就像是邮箱。MulticastSocket 类是 DatagramSocket 类的子类，用于 UDP 通信中基于组播组的通信。

在图 5.1 中，主机 A 在 1234 端口上创建的套接字，以及主机 B 在 5678 端口上创建的套接字，使用 DatagramSocket 类对象表示。传递的 UDP 数据报使用 DatagramPacket 类对象表示。

5.1 DatagramSocket 类

DatagramSocket 类用来表示数据的发送和接收，DatagramSocket 类的层次关系如图 5.2 所示。发送端发送的每一个数据包由网络寻址并传递到接收端，每一个数据包被传递的路径和时间都各不相同，到达的顺序也和发送的顺序无关。UDP 数据报中包含了目的地址的信息，DatagramSocket 根据该信息把数据报发送到目的地。

每个 DatagramSocket 对象会绑定本地 IP 地址和一个 UDP 端口号，它可以和任意其他 DatagramSocket 对象之间有通信行为，但不会建立实时的网络连接。

UDP 端口号和 TCP 端口号是各自独立的两套定义，没有交叉关系。如果 TCP 占用了端口号 80，和 UDP 的 80 端口是没有任何关系的。

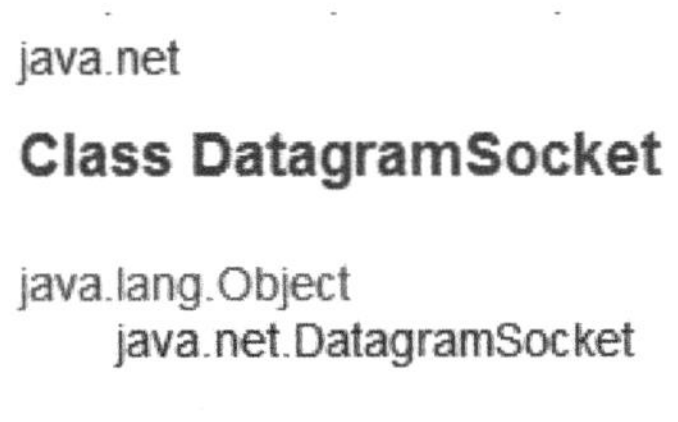

java.net

Class DatagramSocket

java.lang.Object
　　java.net.DatagramSocket

图 5.2　DatagramSocket 类的层次关系

5.1.1 构造 DatagramSocket

DatagramSocket 类的构造方法有以下几种形式。

- DatagramSocket()：创建一个 DatagramSocket 对象，但没有设置绑定的端口号，相当于绑定了本地的任意一个可用的端口。

无参数的构造方法一般有两个用途：其一，意味着绑定本地任意 UDP 端口，同时使用通配地址；其二，在一些参数设定后，再利用 bind 方法绑定 IP 地址和端口。

通配地址 0.0.0.0 是特殊的 IP 地址，通常指任何要绑定的 IP 地址。如果主机有两块网卡都进行了 IP 地址的设置，创建套接字的时候可以选绑定任意一个 IP 地址。如果要绑定两个 IP 地址，就要使用通配地址。

例如，下列语句创建了 DatagramSocket 实例 ds。

```
DatagramSocket ds = new DatagramSocket();
```

- DatagramSocket(int port)：创建一个 DatagramSocket 对象，并绑定本地端口号 port。因为没有设置 IP 地址，仍使用通配地址。

例如，下列语句创建了 DatagramSocket 实例 ds，绑定 1234 端口。

```
int port = 1234;
DatagramSocket ds = new DatagramSocket(port);
```

- DatagramSocket(int port, InetAddress laddr)：创建一个 DatagramSocket 对象，并绑定本地地址 laddr 和端口号 port。IP 地址为网络接口地址，如果设置为 0.0.0.0，就是通配地址。

例如，下列语句创建了 DatagramSocket 实例 ds，绑定地址 ip 和 1234 端口。

```
InetAddress ip = InetAddress.getByName("www.foo.com");
DatagramSocket ds = new DatagramSocket(1234,ip);
```

- DatagramSocket(SocketAddress bindaddr)：创建一个 DatagramSocket 对象，并绑定套接字地址 bindaddr。

例如，下列语句创建了 DatagramSocket 实例 ds，绑定域名 www.foo.com 和端口 1234 组成的套接字地址。

```
DatagramSocket ds = new DatagramSocket(InetSocketAddress.createUnresolved
                    ("www.foo.com", 1234));
```

- void bind(SocketAddress addr)：如果使用无参数构造方法创建了 DatagramSocket 对象，可以进行一些选项的设置，之后使用 bind 方法绑定 IP 地址和端口。

例如：

```
DatagramSocket ds = new DatagramSocket();
ds.bind(InetSocketAddress.createUnresolved("www.foo.com", 1234));
```

程序 ch5\UDPPortScanner.java 使用了 DatagramSocket 的构造方法，扫描本地 1024 之内的端口哪些 UDP 端口被占用了。如果端口上已经有服务占用了，会触发 IOException 异常。

程序：ch5\UDPPortScanner.java

```
1.  import java.net. * ;
2.  import java.io. * ;
3.
4.  public class UDPPortScanner{
5.      public static void main(String[] args){
6.      DatagramSocket ds = null;
7.      for(int port = 0;port<1025;port ++ ){
8.        try {
9.              ds = new DatagramSocket(port);
10.         }
11.         catch (IOException e) {
12.
13.             System.out.println("服务占用端口:" + port);
14.         }
15.         finally {
16.                     if(ds! = null)
17.                         ds.close();
18.             }
19.         }
20.     }
21. }
```

程序的运行结果如图 5.3 所示，和使用 netstat 命令查看到的结果是一样的。

```
服务占用端口: 137
服务占用端口: 138
```

图 5.3　程序 ch5\UDPPortScanner.java 的运行结果

5.1.2 DatagramSocket 类的常用方法

DatagramSocket 类用于与其他节点进行数据通信，最主要的功能就是发送和接收数据。

1. 发送数据

DatagramSocket 的 send 方法负责发送一个数据报，该方法的定义：void send(DatagramPacket p)。其中参数 DatagramPacket 类的对象 p 包含要发送的数据、数据长度、目的 IP 地址和端口等信息。

在 DatagramSocket 对象调用 send 方法之后，数据报被发送出去，之后交由网络底层协议和操作系统来处理，数据是否送达、何时送达、发送方是不被保证的。

例如：

```
1.  DatagramSocket ds = new DatagramSocket(1234);
2.  InetAddress receiver = InetAddress.getLocalHost();
3.  byte[] b = "send a message".getBytes();
4.  DatagramPacket dp = new DatagramPacket( b, b.length, receiver, 5678);
5.  ds.send(dp);
```

在第 1 行，在本地 1234 端口创建发送端 DatagramSocket 对象 ds。

在第 2 行，定义目的地址 receiver，本例中使用本地地址作为目标地址。

在第 3 行，定义要发送的消息，并转换成字节数组，字节数组是创建数据报时参数规定的类型。

在第 4 行，生成数据报对象 dp，其中包含了数据和数据长度、目的 IP 地址和端口号 5678。

在第 5 行，使用 ds 的 send 方法来发送 dp。

2. 接收数据

void receive(DatagramPacket p)：DatagramSocket 类的 receive 方法用于接收消息。消息并不是以该方法的返回值的形式得到的，而是存于 DatagramPacket 类的对象 p 的缓冲区中。像信件一样，p 中还包括发送者的 IP 地址和端口信息。

receive 方法是一个阻塞的方法，调用 receive 的时候，如果没有收到数据报会一直阻塞，直到收到一个数据报。

例如：

```
1.  byte[] b = new byte[100];
2.  DatagramPacket dp = new DatagramPacket(b, 100);
3.  DatagramSocket ds = new DatagramSocket(1234);
4.  ds.receive(dp);
```

在第 1 行，定义用于接收消息的字节数组，长度为 100 字节。数组的长度不能小于接收消息的最大字节数，否则超过这个长度的消息的超长部分会被丢弃。

在第 2 行，定义用于接收消息的数据报对象 dp，指定消息收到后存于 b 中，最长存储 100 字节。

在第 3 行，在本地 1234 端口创建接收端 DatagramSocket 对象 ds。

在第 4 行，使用 ds 的 receive 方法来接收 dp。

3. 建立固定通信关系

基于 TCP 传输层协议的通信，节点之间通信要先建立 Socket 连接，就像打电话之前先要拨通电话一样。

UDP 的节点之间是不建立实时连接的，但是却可以建立这样一种固定连接关系——一个节点的 DatagramSocket，只能同另一个固定的节点（由 IP 地址和端口号确定）进行通信。

void connect(SocketAddress addr)：可以通信的对方节点的 IP 地址和端口号已经明确进行了设置，如果再尝试发送数据报到其他的 DatagramSocket，就会触发异常 IllegalArgumentException。从其他主机或端口接收到的数据包会被丢弃掉。

该缺省情况下，每个 DatagramSocket 并不是处于这样的连接状态的，它可以和任意节点的 DatagramSocket 之间进行通信。

例如：

```
DatagramSocket ds = new DatagramSocket();
ds.connect(InetSocketAddress.createUnresolved("www.foo.com", 1234));
```

4. 解除固定通信关系

void disconnect()：调用 connect 方法后，如果要解除这种固定通信的连接关系，需要调用 disconnect 方法。

例如：

```
DatagramSocket ds = new DatagramSocket(1234);
...
ds.disconnect();
```

5. 关闭 DatagramSocket

void close()：close 方法关闭 DatagramSocket，并释放所有相关的资源。如果关闭的时候 receive 方法正处于阻塞等待状态，会触发 SocketException。

程序 ch5\UDPSender.java 演示了基于 UDP 通信的例子，程序 ch5\UDPSender.java 作为发送程序，程序 ch5\UDPReceiver.java 接收消息，并显示在屏幕上。

程序：ch5\UDPSender.java

```
1.  import java.net.DatagramPacket;
2.  import java.net.DatagramSocket;
3.  import java.net.InetAddress;
4.
```

```
5.  public class UDPSender {
6.
7.    public static void main(String args[]) {
8.      try {
9.
10.         InetAddress ip = InetAddress.getByName("127.0.0.1");
11.         DatagramSocket ds = new DatagramSocket(1234);
12.         byte b[] = "This is a message.".getBytes();
13.
14.         //ds.connect(InetAddress.getByName("127.0.0.1"), 5678);
15.         DatagramPacket dp = new DatagramPacket(b, b.length, ip, 5678);
16.         ds.send(dp);
17.         ds.close();
18.       } catch (Exception e) {
19.         e.printStackTrace();
20.       }
21.     }
22. }
```

在这个程序中,第 15 行创建用于发送的数据报对象 dp。dp 的 4 个参数分别为:字节数组 b 表示的数据、字节数组的长度 b.length、接收方的 IP 地址和接收方的端口号 5678。

其中,接收方的 IP 地址在第 10 行定义,设置为本地环回地址 127.0.0.1。

在第 11 行,定义了本地的 DatagramSocket 对象 ds,使用 1234 端口。

在第 12 行,定义了要发送的消息并转换为字节数组。

之后,在第 16 行,调用 ds 的 send 方法发送数据 dp。

最后,在第 17 行,关闭 ds。

第 14 行的语句将通信对方节点锁定在 UDP 套接字 127.0.0.1:5678。ds 发送给其他 IP 地址或端口会触发异常。本例中,暂时不使用。

同其他涉及 IO、网络的类和方法一样,程序语句要做异常处理,本例使用 try-catch 的结构,进行主动的处理。

程序:ch5\UDPReceiver.java

```
1.  import java.net.DatagramPacket;
2.  import java.net.DatagramSocket;
3.  import java.net.InetAddress;
4.
5.  public class UDPReceiver {
6.
```

```
7.      public static void main(String[] args) throws Exception {
8.
9.          DatagramSocket ds = new DatagramSocket(5678,InetAddress.getByName
                                ("127.0.0.1"));
10.         byte b[] = new byte[100];
11.
12.         DatagramPacket dp = new DatagramPacket(b, b.length);
13.         ds.receive(dp);
14.         String str = new String(dp.getData(),0,dp.getLength());
15.         System.out.println(str);
16.         ds.close();
17.     }
18. }
```

在程序 ch5\UDPReceiver.java 中，第 12 行创建用于接收的数据报对象 dp。dp 的两个参数分别为字节数组 b 表示的数据、字节数组的长度 b.length。dp 只负责接收数据，不管是哪个 IP 地址或端口号发送来的。

其中，第 9 行定义了本地的 DatagramSocket 对象 ds，使用地址 127.0.0.1 和 5678 端口。

第 10 行定义了要接收数据的字节数组，长度为 100 字节。这个数组的长度不能比最长的消息小，否则装不下的数据会被丢弃掉。

之后，在第 13 行，调用 ds 的 receive 方法接收数据 dp，存于数组 b 中。

在第 15 行，打印 dp 的内容到屏幕。dp 使用 getData 方法获得信件的内容。

最后，在第 16 行，关闭 ds。

本例的异常处理采用方法声明中的 throws 异常的结构，进行消极的处理。

程序的运行结果如图 5.4 所示。

```
This is a  message.
```

图 5.4　程序 ch5\UDPReceiver.java 的运行结果

DatagramSocket 类还定义了一些方法，用于检查当前 DatagramSocket 的状态。

- boolean isBound()：判断 DatagramSocket 对象的绑定状态。
- boolean isConnected()：判断 DatagramSocket 对象是否处于固定通信连接状态。这个状态的定义和 TCP 通信中的定义完全不一样。UDP 通信中的已连接状态不是指实时连接，而是之前是否调用 connect 方法与某个套接字建立了固定通信关系。
- boolean isClosed()：判断 DatagramSocket 对象是否关闭。

DatagramSocket 类中还有一些方法是用于获得当前的设置信息的。

- InetAddress getInetAddress()：返回固定通信连接关系中对方节点的 IP 地址。如果 DatagramSocket 对象没有处于固定通信连接状态，返回 null。
- int getPort()：返回固定通信连接关系中对方节点的端口号。如果 DatagramSocket

对象没有处于固定通信连接状态，返回 －1。

- SocketAddress getRemoteSocketAddress()：返回固定通信连接关系中对方节点的套接字地址，包含对方的 IP 地址和端口号信息。如果 DatagramSocket 对象没有处于固定通信连接状态，返回 null。

以上 3 个方法得到的是建立固定通信连接关系的对方节点的套接字信息。

- InetAddress getLocalAddress()：返回本地 DatagramSocket 绑定的 IP 地址。
- int getLocalPort()：返回本地 DatagramSocket 绑定的端口号。
- SocketAddress getLocalSocketAddress()：返回本地 DatagramSocket 绑定的套接字地址，包含 IP 地址和端口号。

以上 3 个方法得到的是本地节点的套接字信息。

如果接收到了数据，想知道是哪个节点发送的信息，需要通过 DatagramPacket 类的相关方法获得，不能通过 DatagramSocket 类的方法获得。就像收到一封信件，只能通过信件上留的地址才可以获知是谁寄的信，邮箱本身没有这个功能。

5.1.3　设置 DatagramSocket 的选项

在 Java 的 DatagramSocket 类中定义了若干方法，允许对其中的一些选项进行设置。

1. SO_BROADCAST

SO_BROADCAST 表示是否允许发送数据报到广播地址 255.255.255.255。发送到广播地址的数据会被同 IP 地址网段的所有的主机接收到，当然接收者的端口号要必须是发送者在信中指定的端口号才可以。

设置和查询方法：

```
void setBroadcast(boolean on) throws SocketException
boolean getBroadcast() throws SocketException
```

例如程序 ch5\UDPBroadcastSender.java 和 ch5\UDPBroadcastReceiver.java，在前面例子的基础上做了修改，用于发送和接收广播的数据。

程序：ch5\UDPBroadcastSender.java

```
1.  import java.net.DatagramPacket;
2.  import java.net.DatagramSocket;
3.  import java.net.InetAddress;
4.
5.  public class UDPBroadcastSender {
6.
7.    public static void main(String args[]) {
8.      try {
```

```
9.
10.         InetAddress ip = InetAddress.getByName("255.255.255.255");
11.         DatagramSocket ds = new DatagramSocket();
12.         byte b[] = "This is a broadcasting message.".getBytes();
13.
14.         ds.setBroadcast(true);
15.         ds.connect(InetAddress.getByName("255.255.255.255"), 5678);
16.         DatagramPacket dp = new DatagramPacket(b, b.length, ip, 5678);
17.         ds.send(dp);
18.         System.out.println(ds.getBroadcast());
19.
20.       } catch (Exception e) {
21.         e.printStackTrace();
22.       }
23.     }
24.   }
```

在这个程序中,第 16 行创建用于发送的数据报对象 dp。dp 有 4 个参数:字节数组 b 表示的数据、字节数组的长度 b.length、接收端的地址(即广播地址)、端口号 5678。

其中,第 10 行定义了目标端 IP 地址 ip。

在第 11 行,定义了本地的 DatagramSocket 对象 ds。

在第 12 行,定义了要发送数据的内容,并转换为字节数组。

之后,在第 14 行,设置 SO_BROADCAST 为 true。

在第 15 行,打印出当前 SO_BROADCAST 的设置。

在第 17 行,调用 ds 的 send 方法发送数据 dp。

程序:ch5\UDPBroadcastReceiver.java

```
1.  import java.net.DatagramPacket;
2.  import java.net.DatagramSocket;
3.  import java.net.InetAddress;
4.
5.  public class UDPBroadcastReceiver {
6.
7.    public static void main(String[] args) throws Exception {
8.
9.         DatagramSocket ds = new DatagramSocket(5678,InetAddress.getByName
                                   ("192.168.1.100"));
10.         byte b[] = new byte[100];
```

```
11.
12.         DatagramPacket dp = new DatagramPacket(b, b.length);
13.         ds.receive(dp);
14.         String str = new String(dp.getData(),0,dp.getLength());
15.         System.out.println(str);
16.
17.     }
18. }
```

在这个程序中,第 12 行创建用于接收的数据报 DatagramPacket 对象 dp。dp 有两个参数:字节数组 b 表示的数据、字节数组的长度 b.length。

其中,第 9 行定义了本地的 DatagramSocket 对象 ds,使用 192 网络的地址和 5678 端口。

第 10 行定义了要接收数据的字节数组,长度为 100 字节。

之后,在第 13 行调用 ds 的 receive 方法接收数据 dp,存于数组 b 中。

最后,打印 dp 的内容到屏幕。

在 192 网段的其他主机上的 5678 端口定义 DatagramSocket,也能接收到发送的广播消息。

程序的运行结果如图 5.5 所示。

```
This is a broadcasting message.
```

图 5.5　程序 ch5\UDPBroadcastReceiver.java 的运行结果

2. SO_TIMEOUT

SO_TIMEOUT 用于设定接收数据报的等待超时时间,单位为毫秒,默认为 0,表示 receive方法会一直阻塞下去,直到收到数据。大于 0 的超时毫秒数,代表 receive 时等待超时的时间,如果超时,会触发 SocketTimeoutException 异常。

设置和查询方法:

```
int getSoTimeout() throws SocketException
void setSoTimeout(int timeout) throws SocketException
```

例如,下列语句表示如果当前没有设置超时时间,就设置为 10 s。

```
if(ds.getTimeout() == 0)
    ds.setTimeout(10000);
```

3. SO_SNDBUF

SO_SNDBUF 表示发送数据缓冲区的大小。

设置和查询方法:

```
void setSendBufferSize(int size) throws SocketException
int getSendBufferSize() throws SocketException
```

SO_SNDBUF 表示发送数据的底层网络 IO 缓冲区的大小。程序员要想清楚最大的数据包有多大,再考虑发送缓冲区的大小。缓冲区越大,发送效率越高,因为可以一次发送多个数据包。但是缓冲区不应该比 DatagramPacket 小。如果发送缓冲区过小,数据是丢弃还是怎么处理要看程序如何设计了。

4. SO_RCVBUF

SO_RCVBUF 表示接收数据缓冲区的大小。

设置和查询方法:

```
void setReceiveBufferSize (int size) throws SocketException
int getReceiveBufferSize() throws SocketException
```

SO_RCVBUF 表示接收缓冲区的大小,应该设置接收数据的缓冲区足够大。当缓冲区满后再到达的数据报是被丢弃还是怎么处理要看程序如何设计了。

5. SO_REUSEADDR

SO_REUSEADDR 表示是否允许重用 DatagramSocket 所绑定的本地地址。

设置和查询方法:

```
void setReuseAddress(boolean on) throws SocketException
boolean getReuseAddress() throws SocketException
```

基于 TCP 的程序和基于 UDP 的程序中,SO_REUSEADDR 的含义是不同的。对于 UDP,同一个套接字地址 SocketAddress 上可能需要绑定多个 DatagramSocket,此时,需要在绑定套接字地址之前设置 SO_REUSEADDR 为 true。

有些操作系统不支持 SO_REUSEADDR,所以必要的话可以调用 getReuseAddress 方法,如果返回 false,就是不支持。

SO_REUSEADDR 的缺省值为 false。

6. IP 服务类型

这个选项用来设置 IP 数据报头部的服务类型 TOS。

设置服务类型:

```
void setTrafficClass(int tc) throws SocketException
```

查询服务类型设置:

```
int getTrafficClass() throws SocketException
```

tc 的值应在 0～255。

在 IPv4 的定义中,使用 tc 的最低 8 位表示 TOS 的值,其中:

- 低成本:0x02(00000010)。

- 高可靠性:0x04(00000100)。
- 高吞吐量:0x08(00001000)。
- 低延迟:0x10(00010000)。

5.2　DatagramPacket 类

Java 的 DatagramPacket 类用来表示数据报,DatagramPacket 类的层次关系如图 5.6 所示。它像信件一样,同网络连接和传输过程无关。网络根据每个数据报中的目的地址信息,将信息路由到目的主机。

java.net

Class DatagramPacket

java.lang.Object
　　java.net.DatagramPacket

图 5.6　DatagramPacket 类的层次关系

5.2.1　DatagramPacket 类的构造方法

DatagramPacket 类的构造方法分为两大类:一类创建用于接收数据的数据报对象;另一类创建用于发送数据的数据报对象。

两类构造方法的主要区别是:用于发送数据的构造方法需要设定数据报到达的目的地址,而用于接收数据的构造方法无须设定地址。

1. 发送数据的 DatagramPacket 对象

- DatagramPacket(byte[] buf, int length, InetAddress address, int port):用于发送的 DatagramPacket 对象,包括目的节点的 IP 地址 address 和端口号 port。就像写信一样,要把对方的收信地址写在信件上。buf 包含数据,length 是数据的长度。length 必须小于或等于 buf.length。
- DatagramPacket(byte[] buf, int offset, int length, InetAddress address, int port):这个构造方法多了 offset 参数,指定了 buf 的起始位置偏移量 offset,即发送数据的起始位置是 data[offset],如果没有设置参数 offset,则起始位置为 data[0]。
- DatagramPacket(byte[] buf, int offset, int length, SocketAddress address):这个构造方法将目的地址和端口号合并在一个 SocketAddress 对象 address 中,并设置 buf 的偏移量 offset。
- DatagramPacket(byte[] buf, int length, SocketAddress address):这个构造方法将目的地址和端口号合并在一个 SocketAddress 对象 address 中。

下面这段程序创建了一个用于发送的数据报,它的目的地址为主机"www.foo.com"的 UDP 端口 5678。

```
1.  InetAddress ip = InetAddress.getByName("www.foo.com");
2.  int port = 5678;
3.  byte[] msg = " This is a letter.".getBytes();
4.  SocketAddress destination = new InetSocketAddress(ip,port);
5.
6.  DatagramPacket dp1 = new DatagramPacket(msg,msg.length, ip,port);
7.  DatagramPacket dp2 = new DatagramPacket(msg,msg.length, destination);
```

第 6 行定义的 DatagramPacket 对象 dp1 同第 7 行定义的对象 dp2 的内容是完全一样的，只是采用了不同的构造方法来定义。

2. 接收数据的 DatagramPacket 对象

- DatagramPacket(byte[] buf,int length)：用于接收数据的 DatagramPacket 对象，只需设置接收缓冲区 buf，并指定读取的字节数 length。
- DatagramPacket(byte[] buf, int offset, int length)：这个构造方法还设置了接收缓冲区 buf 的起始位置偏移值。

下面这段程序创建了一个用于接收的数据报，用于接收数据报的套接字建立在本地的 UDP 端口 5678。

byte 数组 msg 的长度不是随意定义的，一定要大于接收数据的最大长度。发送方和接收方之间的数据交换都是基于一定的网络协议的。这个协议可以是已知的、由 RFC 规范定义的网络协议，也可以是自定义的协议。

自定义的协议一定会事先规定数据交换的格式以及长度、针对这些消息解析出来的数据，以及如何作出响应和后续的处理。

无论是发送方还是接收方，都必须严格按照协议规定来处理。

```
1.  byte[] msg = new byte[100];
2.  DatagramPacket dp = new DatagramPacket(msg,msg.length);
```

5.2.2 DatagramPacket 类的常用方法

1. 查询 DatagramPacket

DatagramPacket 类提供了一系列 get 方法，用于查询各种属性。

- InetAddress getAddress()：对于发送数据报，返回目的节点的主机 IP 地址。对于接收数据报，返回的是数据的来源主机 IP 地址。总之，返回的是远程主机的 IP 地址。
- int getPort()：对于发送数据报，返回目的节点的主机端口号。对于接收数据报，返回的是数据的来源主机端口号。总之，返回的是远程主机的 UDP 端口号。
- byte[] getData()：对于发送数据报，返回的是发送缓冲区从 offset 开始的数据。对于接收数据报，返回的是接收缓冲区的数据。
- int getOffset()：返回的是发送或者接收缓冲区的数据偏移量 offset。
- int getLength()：返回的是发送或者接收缓冲区中数据的长度。

- ScoketAddress getSocketAddress():返回的是远程主机的 IP 地址和 UDP 端口号。

例如,下列语句首先创建了用于接收任一远程主机消息的数据报对象 dp。缓冲区 msg 设置为 100 字节的长度。之后调用 DatagramSocket 的 receive 方法接收数据。

数据的内容是什么?通过 dp 的 getData 方法获得,其中数据的长度通过 dp 的 getLength 方法获得。

数据的来源是什么?通过 dp 的 getAddress 方法和 getPort 方法获得。

```
byte[] msg = new byte[100];
DatagramPacket dp = new DatagramPacket(msg,msg.length);
ds.receive(dp);

String msg = new String(dp.getData(),0,dp.getLength());
System.out.println("来自" + dp.getAddress()  +  ":"  + dp.getPort() + "的消息:" +
                        msg);
```

2. 设置 DatagramPacket

DatagramPacket 类提供了一系列 set 方法,用于设置各种属性。

- void setData(byte[] buf):设置数据报的缓冲区数据。数据从 buf[0]开始,长度为 buf.length。
- void setData(byte[] data, int offset, int length) :设置数据报的缓冲区数据。数据从 buf[offset]开始,长度为 length。
- void setAddress(InetAddress iaddr) :发送数据报时,使用参数 iaddr 设置目的主机的 IP 地址。
- void setPort(int iport):发送数据报时,使用参数 iport 设置目的主机的 UDP 端口号。
- void setSocketAddress(SocketAddress address):发送数据报时,使用参数 iaddr 设置目的主机的套接字地址(通常是 IP 地址和 UDP 端口号)。
- void setLength(int length):设置数据报的长度。

例如,下列语句首先创建了消息字节数组 msg 和本地的 DatagramSocket 对象 ds,ds 的端口号为 1234。之后创建数据报 DatagramPacket 对象 dp。虽然用于发送数据,但 dp 中并没有设置目的主机的 IP 地址和端口号。随后调用 DatagramPacket 的 setData 方法设置发送数据内容,调用 setSocketAddress 方法设置目的主机 www.foo.com 和目的端口号5678。最后使用 ds 的 send 方法发送该数据报 dp。

```
byte[] msg = " This is a letter.".getBytes();
DatagramSocket ds  =  new DatagramSocket(1234);

DatagramPacket dp  =  new DatagramPacket(msg, msg.length);
dp.setData(msg);
dp.setSocketAddress(InetSocketAddress.createUnresolved("www.foo.com", 5678))
ds.send(dp);
```

5.2.3 程序实例

在程序 ch5\UDPService.java 和 ch5\UDPClient.java 分别实现了基于 UDP 的服务程序 UDPService.java 和客户端程序 UDPClient.java。其中服务程序能够接收客户端发来的请求，并做相应的处理，请求消息的判断忽略字母大小写：

① 当请求为"date"时，把服务器的当前日期发送给该客户端；

② 当请求为"time"时，把服务器的当前时间发送给该客户端；

③ 当请求为"bye"时，该客户端退出；

④ 当请求为其他消息时，将同样的消息发回给该客户端。

这个规则可以视为一个简单的自定义的协议。

程序：ch5\UDPService.java

```
1.  import java.net.*;
2.  import java.util.Date;
3.
4.  public class UDPService {
5.     DatagramSocket ds = null;
6.
7.  public UDPService() throws Exception {
8.     ds = new DatagramSocket(5678);
9.        System.out.println("服务启动");
10.  }
11.
12.
13.  public void service() {
14.        new Thread() {
15.              public void run() {
16.                    while (true) {
17.                          try {
18.                                byte[] b = new byte[100];
19.                                DatagramPacket dp = new DatagramPacket(b,b.length);
20.                                ds.receive(dp);
21.
22.                                String msg = new String(b,0,dp.getLength());
23.                                System.out.println("从" + dp.getAddress() + ":" + dp.
                                             getPort() + "收到：" + msg);
24.                                if (msg.equalsIgnoreCase("date")) {
```

```
25.                          SimpleDateFormat sdf = new SimpleDateFormat
                                                      ("yyyy 年 MM 月 dd 日");
26.                           dp.setData(("date:" + sdf.format(new Date())).
                              getBytes());
27.
28.                      }
29.                      else if(msg.equalsIgnoreCase("time")) {
30.                          SimpleDateFormat sdf = new
                                    SimpleDateFormat("HH:mm:ss");
31.                          dp.setData(("time:" + sdf.format(new Date())).
                                                                getBytes());
32.
33.                      }
34.                      ds.send(dp);
35.
36.                  } catch (Exception e) {
37.                      System.err.println(e.getMessage());
38.                  }
39.              }
40.          }
41.      }.start();
42.  }
43.
44.
45.
46.  public static void main(String[] args) throws Exception{
47.             new UDPService().service();
48.  }
49.
50.  }
```

服务端在本地的 5678 端口创建 DatagramSocket 对象 ds。UDPService 自运行起，不间断地在 ds 上接收数据报。

服务端程序通常以无限循环的结构运行。服务端接收到一个客户端的请求之后，根据自定义协议判断消息的类别。

根据消息类别，不区分大小写，如果是“Date”，返回“××××年××月××日”格式的当前日期。如果是“time”，返回“时:分:秒”格式的当前时间。如果是其他消息，原样返回。

程序：ch5\UDPClient.java

```
1.  import java.net.*;
2.  import java.io.*;
3.
4.  public class UDPClient {
5.
6.
7.    public static void main(String args[])throws IOException{
8.          InetAddress server = InetAddress.getByName("localhost");
9.          DatagramSocket ds = new DatagramSocket();
10.         BufferedReader br = new BufferedReader(new InputStreamReader(Sys-
                                tem.in));
11.         String msg = null;
12.
13.         while((msg = br.readLine())!= null){
14.             byte[] b = msg.getBytes();
15.               DatagramPacket dp = new DatagramPacket(b,b.length,server,
                                      5678);
16.             ds.send(dp);
17.
18.             DatagramPacket sp = new DatagramPacket(new byte[100],100);
19.             ds.receive(sp);
20.             msg = new String(sp.getData(),0,sp.getLength());
21.             if(msg.equalsIgnoreCase("bye"))
22.                 break;
23.
24.             System.out.println("服务器:" + msg);
25.
26.         }
27.
28.   }
29.
30. }
```

客户端程序很简单，在本地创建 DatagramSocket，并没有指定端口号，端口号会由操作系统自动分配。

客户端把标准输入的消息以字节数组的形式置于数据报中，同时在数据报中指定服务器的地址和服务端口，然后发送该消息到服务器。

之后，客户端创建准备接收数据的数据报对象 sp，然后调用 receive 方法等待接收消息。一旦接收到消息，将消息内容显示在屏幕上。

如果收到的消息是"bye"，就结束客户端的运行。

服务端程序的运行结果如图 5.7 所示，其中有两个客户端请求了服务，一个是本地的 64663 端口，另一个是本地的 62673 端口。

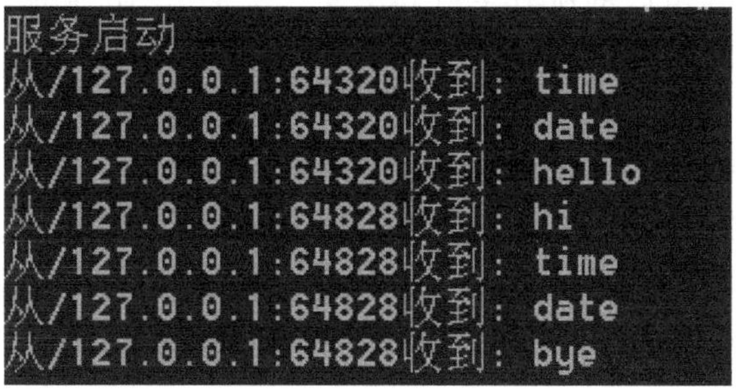
服务启动
从/127.0.0.1:64320收到: time
从/127.0.0.1:64320收到: date
从/127.0.0.1:64320收到: hello
从/127.0.0.1:64828收到: hi
从/127.0.0.1:64828收到: time
从/127.0.0.1:64828收到: date
从/127.0.0.1:64828收到: bye

图 5.7　程序 ch5\UDPService.java 的运行结果

客户端 1 的运行结果如图 5.8 所示。

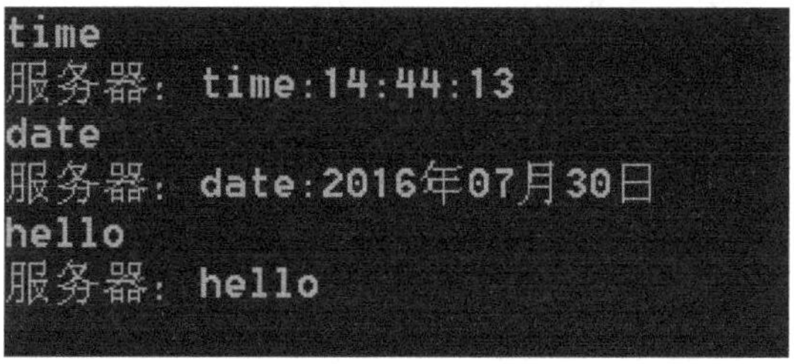
time
服务器: time:14:44:13
date
服务器: date:2016年07月30日
hello
服务器: hello

图 5.8　客户端 1 的运行结果

客户端 2 的运行结果如图 5.9 所示。

hi
服务器: hi
time
服务器: time:14:44:39
date
服务器: date:2016年07月30日
bye

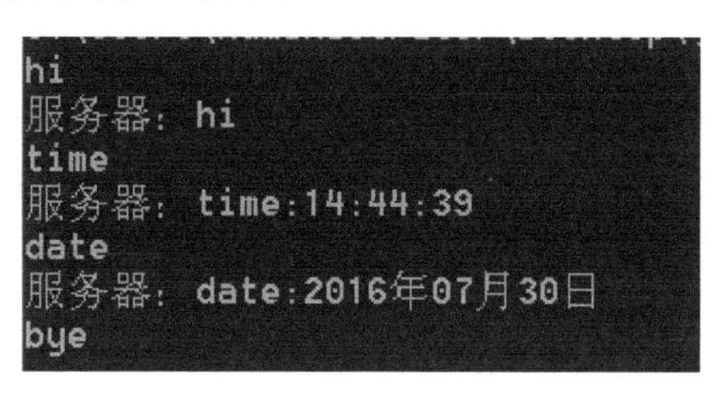

图 5.9　客户端 2 的运行结果

网络程序通常伴随着各种消息的读写操作，所以会用到各种 IO 流。合理地将各种流类与通信类相结合，并对收到的消息按照协议的规定做相应的处理和回复，就是网络程序设计的一般思路。

5.3　组播 Socket

在第 3 章曾经介绍过，网络中数据传播有 3 种方式，分别是单播、广播和组播。

组播也叫多播，组播组内的所有主机共享同一个 D 类 IP 地址，这种地址称为组播地址。一台主机可以自由决定何时加入或离开一个组播组。组播地址是范围在 224.0.0.0～239.255.255.255 之间的 IP 地址。此范围内的所有地址的前 4 个二进制位都是“1110”。其中 224.0.0.0 是保留地址，不能使用。

如果要发送数据报到组播组，发送主机不一定要加入组播组。

如果要接收发送到组播组的数据报，则一定要是组播组的一员才可以。

在 Java 中，使用 MulticastSocket 类处理组播数据的发送和接收。

5.3.1　MulticastSocket 类

MulticastSocket 类的层次关系如图 5.10 所示。

Class MulticastSocket

java.lang.Object
　　java.net.DatagramSocket
　　　　java.net.MulticastSocket

图 5.10　MulticastSocket 类的层次关系

通过 MulticastSocket 类的层次关系可以发现 MulticastSocket 实际上是 DatagramSocket 类的子类。

MulticastSocket 类包含了 DatagramSocket 类所有的域和方法，还定义了与组播有关系的一些方法。

如果要接收组播数据报，只需创建一个 MulticastSocket 对象，并把它加入到组播组就可以了，如果要发送组播数据报到组播组，只需创建一个 MulticastSocket 对象，并调用 send 方法发送到组播地址就可以了。

5.3.2　构造 MulticastSocket

MulticastSocket 有以下构造方法。

- MulticastSocket()：创建 MulticastSocket 对象。
- MulticastSocket(int port)：创建绑定到端口 port 的 MulticastSocket 对象。
- MulticastSocket(SocketAddress bindAddress)：创建绑定到端口套接字地址 bindAddress 的 MulticastSocket 对象。

例如，下列语句创建本地 MulticastSocket 对象 ms。因为没有通过参数设定绑定的端口号，就由操作系统随机分配。

```
MulticastSocket ms = new MulticastSocket();
```

5.3.3 MulticastSocket 的常用方法

MulticastSocket 类除了在 DatagramSocket 类定义的方法外，还定义了与组播组操作有关系的方法。

1. 加入组播组

使用方法：void joinGroup(InetAddress mcastaddr)。

其中，mcastaddr 是 D 类组播 IP 地址。如果要接收发送到组播组的数据，就必须要加入组播组。

或者使用方法：void joinGroup(SocketAddress mcastaddr, NetworkInterface netIf)。

其中，netIf 参数设置了使用哪个网络接口加入到组播组。

2. 离开组播组

使用方法：void leaveGroup(InetAddress mcastaddr)。

其中，mcastaddr 是 D 类组播 IP 地址。调用 leaveGroup 之前，MulticastSocket 对象应该已经加入了某个组播组。

或者使用方法：void leaveGroup (SocketAddress mcastaddr, NetworkInterface netIf)。

其中，netIf 参数设置了哪个网络接口离开组播组。

3. 设置网络接口

使用方法：void setInterface(InetAddress inf)。

假设主机有多个网络接口，通过 setInterface 设置究竟是哪一个接口参与组播操作。

4. 查询网络接口

使用方法：InetAddress getInterface()。

此方法返回用于组播的网络接口地址。

5.3.4 程序实例

组播消息发送程序 ch5\MulticastSender.java 中定义了 MulticastSocket 类对象 ms，用于向组播组发送消息。

第 10 行可以注释掉，对于发送套接字，加入组播组不是必须的。

之后，定义发送的消息 msg。

再创建用于发送的数据报对象 dp，除了设置消息 msg，还指定了接收组播组地址为端口号为 5678。这个步骤和用法与 DatagramSocket 是一样的。

最后，调用 send 方法发送 dp，并关闭 ms。

程序:ch5\MulticastSender.java

```
1.  import java.net.*;
2.  import java.io.*;
3.
4.  public class MulticastSender {
5.    public static void main(String[] args) throws Exception{
6.
7.        InetAddress group = InetAddress.getByName("226.0.0.1");
8.        MulticastSocket ms = new MulticastSocket();
9.
10.       ms.joinGroup(group);
11.
12.       String msg = "Hello,everybody! ";
13.       byte[] b = msg.getBytes();
14.       DatagramPacket dp = new DatagramPacket(b, b.length,group,5678);
15.       ms.send(dp);
16.       System.out.println("发送问候给: " + group + ":" + 5678);
17.
18.       ms.close();
19.
20.   }
21. }
```

在组播消息接收程序 ch5\MulticastReceiver.java 中,定义了 MulticastSocket 类对象 ms,用于接收向组播组发送的消息,并绑定 5678 端口。这是发送方写在数据报中的目的地址。

在第 11 行,ms 必须加入 226.0.0.1 表示的组播组。

之后,创建用于接收的数据报对象 dp,并通过 ms 的 receive 方法接收消息。

从第 18 至第 20 行是接收到消息后的业务逻辑,也就是每个网络程序协议处理的部分。在本例中,处理很简单,就是提取数据报中的地址、端口信息,并将内容输出到屏幕。

最后,设置 ms 离开组播组并关闭 ms。

程序:ch5\MulticastReceiver.java

```
1.  import java.net.*;
2.  import java.io.*;
3.
4.  public class MulticastReceiver {
5.
6.      public static void main(String[] args) throws IOException{
```

```
7.
8.            InetAddress group = InetAddress.getByName("226.0.0.1");
9.
10.           MulticastSocket ms = new MulticastSocket(5678);
11.           ms.joinGroup(group);
12.
13.           byte[] b = new byte[100];
14.
15.           DatagramPacket dp = new DatagramPacket(b, b.length);
16.           ms.receive(dp);
17.
18.           String str = new String(dp.getData(),0,dp.getLength());
19.           System.out.print("从 " + dp.getAddress().toString() +":" + dp.
                              getPort() +"收到消息:");
20.           System.out.println(str);
21.
22.           ms.leaveGroup(group);
23.           ms.close();
24.
25.       }
26.
27.   }
28.
```

发送端程序的运行结果如图 5.11 所示。

```
发送问候给: /226.0.0.1:5678
```

图 5.11　程序 ch5\MulticastSender.java 的运行结果

接收端程序的运行结果如图 5.12 所示。

```
从 /192.168.1.100:60828收到消息: Hello,everybody!
```

图 5.12　程序 ch5\MulticastReceiver.java 的运行结果

第6章　NIO和NIO.2

本章重点

本章重点介绍NIO和NIO.2。

NIO比IO的优势在于，增加了缓冲区Buffer和通道Channel，IO操作更加灵活。

NIO.2比NIO的优势在于，提供了异步IO操作能力，IO操作更加节省资源和高效。

本章重点介绍了NIO和NIO.2中使用的Buffer类、Selector类和Channel类以及具体的使用方法。

本章还介绍了异步通道中的AsynchronousSocketChannel类、AsynchronousServerSocketChannel类和AsynchronousChannelGroup类。

6.1　NIO

Java从1.4版本开始引入了被称作NIO的API开发包。普遍认为NIO是NEW IO的意思，意味着它提供了一种与以前的IO(被称作标准IO)完全不一样的处理IO操作的方式。

标准IO中，以流的方式来处理数据的输入和输出。流按照处理数据的方式，被分为字节流和字符流；按照数据的流向，分为输入流和输出流。同时，还定义了若干过滤流类来封装基本流类，以满足各种流的功能需求。

在NIO中，使用缓冲区buffer和通道channel来传输数据。如图6.1所示，读取数据的时候，程序从channel读入数据到buffer；写出数据的时候，程序把buffer里的数据写入channel。程序从原来的直接操作输入输出流变为读写缓冲区。

因为有了缓冲区，数据在通过通道读写时，比IO更加灵活。

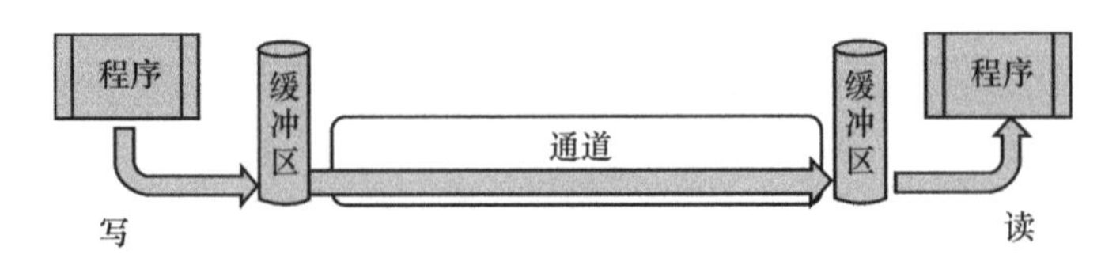

图6.1　NIO的数据传输方式

在前面几章里，多次提到“阻塞”的情境，例如，System.in等待用户键盘输入的时候，输入流的read方法等待数据时，DatagramSocket的receive方法等待接收数据报的时候……

NIO可以实现非阻塞的IO，例如，一个程序线程可以先要求channel把数据读入buffer，channel在读取数据的时候，该线程可以先做别的事情，等到数据读取完毕，再回来继续执行。

NIO的API由java.nio包提供。java.nio包定义了以下几个主要的组成部分，它们是与IO完全不同的概念。

- Buffers：缓冲区Buffers用来装载一定数量的数据。数据既可以写入缓冲区，之后也可以从缓冲区中被读出。Buffers贯穿了几乎所有的NIO的API。
- Charsets：字符集，以及字符编码器、解码器。
- Channels：指各种类型的数据通道。在NIO中，输入通过channel读入缓冲区，输出通过缓冲区写入channel，channel是数据“流”的通道。
- Selectors：提供复用的、非阻塞的IO功能。Selectors允许一个线程监控多个通道。多个通道注册到Selectors，当某个通道准备好IO操作时，就会被选中而进行读写操作。

6.2　缓冲区Buffer

缓冲区本质上是一块连续的内存区域，可以写入数据，之后又可以从中读取数据。这块内存区域被封装成Buffer类，并提供了一系列的方法，用来操作该内存区域。缓冲区的操作方法和数组很像。

6.2.1　Buffer类

Buffer类是一个抽象类，用于存放基本类型的数据。Buffer本身是线性结构的，是内存中的一块空间。它具有一定的容量(capacity)，具有当前位置(position)，还具有限制(limit)属性。这3个属性一起确定了缓冲区当前的状态。

1. 容量

缓冲区的容量是它所能容纳元素的数量。容量是一定的，一般在创建的时候定义，定义后不会再改变。容量不能是负数。

缓冲区如果满了，就不能向里面写数据了。如果写入的数据超过了容量，会触发异常。此时，需要将其清空或者读取之后才能继续写数据。

2. 位置

position即下一个可以读写的元素的位置，它不会超过限制。初始化缓冲区时，position一般为0。当向缓冲区写入一个基本数据类型的值，如byte或者char时，position会向后移动到若干字节，字节数目由数据长度和基本单位计算获得。position的最小值为0，最大值为capacity－1。

在读或者写的过程中，position 会自动移动位置。写转换为读的时候，position 会被重置。

3. 限制

限制划定了缓冲区内的一个位置，从这个位置开始的元素不能被读或者写。限制不能超过容量。

写缓冲区时，limit 决定了能写入的数据的限制，limit 的值等于 capacity 的值。

读缓冲区时，limit 决定了能读出的数据的限制，写缓冲区时的 position 就是能读出数据的 limit，因为缓冲区中的数据只有这么多。

缓冲区可以是只读的。只读的缓冲区不允许改变它的内容，但是 mark、limit 和 position 是可以变化的。

缓冲区并不是线程安全的。如果有多个线程同时访问缓冲区，需要在程序中进行必要的同步锁定控制。

图 6.2 是一个写缓冲区的实例示意图。

字节缓冲区初始化时 position 设置为 0，容量设置为可容纳的最大数值，假设为 8，限制的初始值和容量是一样的，也是 8。

当向字节缓冲区写入“中 ABC”后，缓冲区的位置从 0 移到 5，其中位置 0 和位置 1 存放“中”，位置 2 存放“A”，位置 3 存放“B”，位置 4 存放“C”。字符串所占字节长度和运行主机的字符集有关系。

所以这 3 个属性有以下关系：0 <= position <= limit <= capacity。

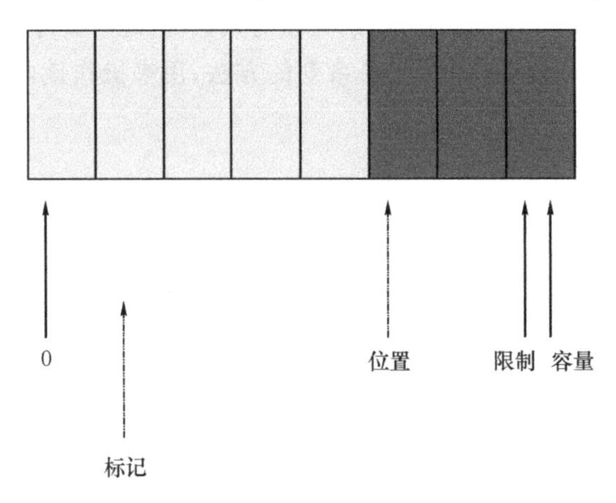

图 6.2　Buffer 写数据示意图

Java 中用 Buffer 类来封装缓冲区，并提供了一系列的操作方法。Buffer 类的层次结构如图 6.3 所示。

java.nio

Class Buffer

java.lang.Object
　　java.nio.Buffer

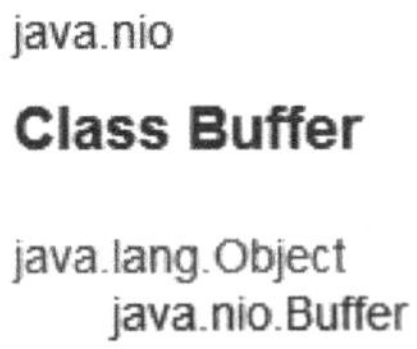

图 6.3　Buffer 类的层次关系

根据缓冲区中存放的基本数据类型的不同，Buffer 类定义了若干子类来针对性地进行定义。除了布尔型，所以其他的基本数据类型都对应一个 Buffer 类的直接子类，它们的对应关系如表 6.1 所示。

表 6.1　基本数据类型与 Buffer 子类的关系

基本数据类型	Buffer 子类
byte	ByteBuffer
short	ShortBuffer
int	IntBuffer
long	LongBuffer
char	CharBuffer
float	FloatBuffer
double	DoubleBuffer
boolean	无

例如，ByteBuffer 类的层次关系如图 6.4 所示。

Class ByteBuffer

java.lang.Object
　　java.nio.Buffer
　　　　java.nio.ByteBuffer

图 6.4　ByteBuffer 类的层次关系

针对图 6.2，编写测试程序如下所示。

程序：ch6\BufferTest. java

```
1.  import java.nio.ByteBuffer;
2.
3.  public class BufferTest {
4.
5.    public static void main(String[] argv) throws Exception {
6.
7.        ByteBuffer b = ByteBuffer.allocate(8);
8.        byte[] by = new byte[10];
9.        by = "中 ABC".getBytes();
10.       b.put(by);
11.       System.out.println(b.toString());
12.       System.out.println((char)b.get(2));
13.       System.out.println(new String(by,0,2));
14.
15.   }
16. }
```

在第 7 行，创建 ByteBuffer 对象 b，初始化容量为 8 字节。

在第 9 行,将"中 ABC"转换为字节数组 by,此时是按本机的字符集来转换的。测试机器使用的字符集是 GBK。

在第 10 行,将 by 写入 b。

第 11 行开始的打印信息如图 6.5 所示。可以看到当前的字节缓冲区的状态是:position=5,limit=8,capacity=8。

在第 12 行,b 的 get 方法返回第 2 个位置的元素为"A"。第 0 和第 1 个位置是中文字符"中"所占的位置,通过 String 的构造方法,得到完整的汉字。

```
java.nio.HeapByteBuffer[pos=5 lim=8 cap=8]
A
中
```

图 6.5　第 11 行开始的打印信息

如果在第 9 行中,字符串的长度超过了 8 个,运行时或触发异常,如图 6.6 所示。

```
Exception in thread "main" java.nio.BufferOverflowException
        at java.nio.HeapByteBuffer.put(Unknown Source)
        at java.nio.ByteBuffer.put(Unknown Source)
        at BufferTest.main(BufferTest.java:8)
```

图 6.6　字符串长度过长触发了异常

6.2.2　Buffer 类的使用方法

1. 分配 Buffer

实例化 Buffer 对象的方法是为它分配一块内存区域。分配 Buffer 使用 allocate 方法或者 allocateDirect 方法。每个 Buffer 子类都有自己的 allocate 方法,例如:

- static ByteBuffer allocate(int capacity):分配一个新的 byte 型缓冲区。

例如,下条语句创建 ByteBuffer 对象 buf,并分配 100 字节的容量。

```
ByteBuffer buf = ByteBuffer.allocate(100);
```

- static IntBuffer allocate(int capacity):分配一个新的 int 型缓冲区。

下条语句创建 IntBuffer 对象 buf,并分配 100 个整型的容量。

```
IntBuffer buf = IntBuffer .allocate(100);
```

- static ByteBuffer allocateDirect(int capacity):分配一个新的直接字节缓冲区。与 allocate 方法不同的是,缓冲区每一个字节都被初始化为 0,使用的时候更为方便。每个新分配的对象,position 置为 0,limit 等于 capacity,mark 没有定义,每个元素初始化为 0。该对象还有一个备份数组,类型与缓冲区一致,如 int 型缓冲区对应的是 int 型数组。数组的 offset 默认为 0。改变缓冲区的内容会造成备份数组内容的改变,反之亦然。

2. Buffer 类的通用操作

Buffer 类有一些通用的方法，能够查询缓冲区当前的状态，或者设置缓冲区的各个属性。

- 查询容量：final int capacity()。
- 查询当前位置：final int position()。
- 查询限制：final int limit()。

通常有两种方法获得当前缓冲区的 3 个属性：一种方法是使用 ByteBuffer 的 toString 方法将属性一起输出；另一种方法是分别调用上面的 3 个方法，返回属性的值。如下列语句所示。

```
1.  ByteBuffer bB = ByteBuffer.allocate(16);
2.  System.out.println(bB.toString());
3.  System.out.println(bB.position() + ":" + bB.limit() + ":" + bB.capacity());
```

程序运行的结果，会输出如图 6.7 所示的内容。

```
java.nio.HeapByteBuffer[pos=14 lim=16 cap=16]
14:16:16
```

图 6.7　上述语句的运行结果

- 设置位置：final Buffer position(int newPosition)。重新设置 Buffer 的位置为 newPosition，newPosition 必须非零，且不能大于 limit。
- 设置限制：final Buffer limit(int newLimit)。重新设置 Buffer 的限制为 newLimit，newLimit 必须非零，且不能大于容量 capacity。
- 设置标记：final Buffer mark()。标记当前位置 position。mark 一般与 reset 联用，用来重置某个位置。mark 的位置不能比 position 大。如果 position 或者 limit 的值改变了，而且比定义的 mark 小，mark 设置就要清除掉。
- 设置重置：final Buffer reset()。重置缓冲区的位置 position 为之前标记的位置。如果调用 reset 的时候，没有标记被设置，就会触发异常 InvalidMarkException。
- 清空缓冲区：final Buffer clear()。清空缓冲区，把位置 position 置为 0，把 limit 置为 capacity，并且清除标记 mark。一般在写缓冲区操作之前调用。
- 反转缓冲区：final Buffer flip()。把 limit 设置为当前位置 position，把 position 置为 0，并且清除标记 mark。flip 能够实现在缓冲区操作之后，通过调用本方法转换为读操作，读的数据恰恰是刚写入的数据。
- 重读功能：final Buffer rewind()。将 position 设置为 0，并丢弃 mark 标记。limit 和 capacity 保持不变。一般用于重新读取缓冲区中的数据。
- 剩余多少元素：final int remaining()，返回当前 position 与 limit 之间还有多少元素；final boolean hasRemaining()，判断 position 与 limit 之间是否还有元素。通常，缓冲区中 position 与 limit 的值是变化的，所以操作数据之前，要进行必要的判断。

```
1.     while (bB.hasRemaining())
2.         System.out.println("#" + bB.position() + ":" + bB.get());
```

3. 向 Buffer 写数据

向 Buffer 中写数据最常用的是 put 方法，以最常用的 ByteBuffer 为例。

- abstract ByteBuffer put(byte b)：把字节 b 写入缓冲区当前的位置 position，然后 position 的位置后移一个位置。
- ByteBuffer put(ByteBuffer src)：把字节缓冲区 src 中写入缓冲区当前剩余的字节写入缓冲区。如果 src 中剩余的字节数目大于当前缓冲区剩余的位置数目，会触发异常 BufferOverflowException。
- ByteBuffer put(byte[] src,int offset,int length)：把字节数组 src 从 offset 开始的 length 字节写入缓冲区当前的位置 position，然后 position 的位置后移 length 个位置。
- final ByteBuffer put(byte[] src)：把字节数组 src 写入缓冲区当前的位置 position，然后 position 的位置后移一个位置。

程序：ch6\BufferPut.java

```
1.  import java.nio.ByteBuffer;
2.  import java.nio.ShortBuffer;
3.
4.  public class BufferPut {
5.
6.    public static void main(String[] args) {
7.
8.        ByteBuffer bB = ByteBuffer.allocate(16);
9.        ByteBuffer bB2 = ByteBuffer.allocate(5);
10.       byte[] by = new byte[]{ 1, 2, 3, 4, 'a', 'b', 'c', 'd' };
11.       bB.put(by);
12.       bB2.put(by,4,4);
13.       bB2.rewind();
14.       bB.put(bB2);
15.       bB.put((byte)65);
16.
17.       System.out.println(bB.toString());
18.       bB.rewind();
19.
20.       while (bB.hasRemaining())
21.         System.out.println("#" + bB.position() + ":" + bB.get());
22.
23.    }
24. }
```

上面的程序 ch6\BufferPut.java，演示了 4 种 put 方法的使用。

在第 11 行，将字节数组 by 的所有元素写入缓冲区，共写入 8 个元素，此时 position 指向 8。

在第 12 行，将从数组 by 的第 4 个元素开始的 4 个元素写入字节缓冲区 bB2 中。bB2 一共分配了 5 字节的容量。值得注意的是写入 4 个元素之后，bB2 的 position 指向 4，即最后一个元素。

在第 14 行，将缓冲区 bB2 中的内容写入缓冲区 bB。因为 position 指向最后一个元素，所以如果想写入 bB2 中所有的元素，之前应该先调用 rewind 方法，将 position 重新设置为 0。这行语句最终会向 bB 中写入 5 个元素，因为它的容量是 5。执行之后，position 指向 13。

在第 15 行，将 65 写入 bB。此时 position 指向 14。

最后，再次将 position 指向 0，并从头开始打印所有元素的位置和内容。

程序的运行结果如图 6.8 所示。

```
#0:1
#1:2
#2:3
#3:4
#4:97
#5:98
#6:99
#7:100
#8:97
#9:98
#10:99
#11:100
#12:0
#13:65
#14:0
#15:0
```

图 6.8　程序 ch6\BufferPut.java 的运行结果

4. 从 Buffer 中读数据

从 Buffer 中读数据最常用的是 get 方法，还是以最常用的 ByteBuffer 为例。

- abstract byte get()：从缓冲区中读取当前位置 position 的字节，然后 position 的位置后移一个位置。
- ByteBuffer get(byte[] dst)：把字节缓冲区中的内容读出，存入字节数组 dst 中。
- ByteBuffer get(byte[] dst,int offset,int length)：把字节缓冲区中的内容读出，存入字节数组 dst 中。如果缓冲区中没有足够的数据满足字节数组 length 的要求，就会触发异常 BufferUnderflowException。
- abstract byte get(int index)：从缓冲区中读取第 index 个位置的内容。

5. 压紧缓冲区

将 position 与 limit 之间的数据复制到缓冲区的开头。如果有 mark 定义，就清除标记。

当对缓冲区进行了读操作，然后有要向缓冲区写入数据的时候，如果此时缓冲区中还有没读的数据，有两种方法处理。第一种方法是调用 clear 方法，把位置 position 置为 0，把 limit 置为 capacity，相当于状态清零到原始状态。第二种方法是调用 compact 方法，把未读的内容压紧到缓冲区的开始部分，随后的位置置为 position，limit 设置为 capacity，这样再把缓冲区的内容写入通道时，原来没写完的数据还在缓冲区中。

6. 两个缓冲区是否相等

如果要判断两个缓冲区对象是否相等，使用 equal 方法：boolean equals(Object ob)。

两个缓冲区相等，必须满足下列条件：

- 相同的元素类型；
- 剩余的元素数量相等；
- 剩余的元素逐个都相等。

7. 两个缓冲区的比较

如果要判断两个缓冲区对象是否相等，使用 equal 方法：boolean equals(Object ob)。

两个缓冲区相等，必须满足下列条件：

- 相同的元素类型；
- 剩余的元素数量相等；
- 剩余的元素逐个都相等。

8. 缓冲区的类型转换

Buffer 的子类都具有一系列的 as 方法，将当前的 Buffer 对象看作其他基本数据类型的视图。以 ByteBuffer 类为例，提供了下列方法，其中第一个 asCharBuffer 方法，将字节缓冲区视作字符缓冲区。其余的方法类似。

```
CharBuffer asCharBuffer()
ShortBuffer asShortBuffer ()
IntBuffer asIntBuffer()
LongBuffer asLongBuffer()
FloatBuffer asFloatBuffer()
DoubleBuffer asDoubleBuffer()
```

在程序 ch6\ByteToShortBuffer.java 中，以 ByteBuffer 和 ShortBuffer 为例演示了它们之间的关系。

程序：ch6\ByteToShortBuffer.java

```
1.  import java.nio.ByteBuffer;
2.  import java.nio.ShortBuffer;
3.
4.  public class ByteToShortBuffer {
5.
6.    public static void main(String[] args) {
7.
8.       ByteBuffer bB = ByteBuffer.allocate(16);
9.       byte[] by = new byte[]{ 1, 2, 3, 4, 'a', 'b', 'c', 'd' };
10.      bB.put(by);
11.      System.out.println(bB.toString());buffer.get buffer.get
12.
13.      bB.rewind();
14.      System.out.println(bB.toString());
15.      while (bB.hasRemaining())
16.         System.out.println("#" + bB.position() + ":" + bB.get());
17.
```

```
18.         bB.rewind();
19.         ShortBuffer sB = bB.asShortBuffer();
20.         System.out.println(sB.toString());
21.
22.         while (sB.hasRemaining())
23.           System.out.println("#" + sB.position() + ":" + sB.get());
24.     }
25.
26. }
```

在第 8 行，定义了 ByteBuffer 的对象 bB，并分配了 16 字节。

在第 10 行，通过 put 方法，将字节数组 by 的内容写入 bB，因为 by 只有 8 个元素，所以 bB 的后面 8 个位置是初始值 0。

在第 11 行，通过打印的信息可以得知，目前 bB 的 position 为 8，limit 和 capacity 的值相等，都是 16。

在第 13 行，通过 bB 的 rewind 方法，将 position 重置为 0，实现重新读取。

之后，通过打印的信息可以得知，bB 的 position 为 0，limit 和 capacity 不变。

在第 15 行，通过 while 循环，依次打印出缓冲区所有元素的位置和对应的值。因为定义为字节缓冲区，所以后 4 个字符按其 ASCII 码值输出。

在第 18 行，重置 bB 的 position 位置为 0。

之后，通过 bB 的 asShortBuffer 方法，将 bB 转换为 ShortBuffer 对象 sB。

转换之后，position 置为当前位置 0。16 字节的位置能够容纳 8 个 short 类型的值，所以转换之后，sB 的容量 capacity 只能为 8，而 limit 的值和 capacity 的值相等。

在第 22 行，再通过 while 循环输出每个元素的位置和值时，会看到结果只有 8 个元素了。

Java 采用大端存储(Big Endian)，即高字节在低地址。所以字节缓冲区的前两个元素 1 和 2，会被认为是短整型缓冲区的第 0 个元素，转换成二进制得到 00000001 与 00000010。再将其转换成整数就是 $2^8+2^1=258$。所以 sB 的第 0 个元素是 258。依次类推，其他的 6 字节转换成短整型，分别得到 77 224 930 和 25 444。剩余的 4 个短整型的元素因为没有写入，仍为 0。

程序的运行结果如图 6.9 所示。

9. 按类型读写数据

在 ByteBuffer 类中，字节序列不只可以看作 byte 类型的数据集合，还可以把连续的字节读作其他数据类型。因为 Java 中每种基本数据类型的长度都是固定的。

其中读数据的方法包括以下几种。

- byte get(int index)：读 index 位置的字节。
- char getChar()或者 char getChar(int index)：读下个 2 字节，或 index 位置开始的 2 字节，并把它们组合成一个 char 类型的值。position 位置加 2。
- short getShort()或者 short getShort(int index)：读下个 2 字节，或 index 位置开始

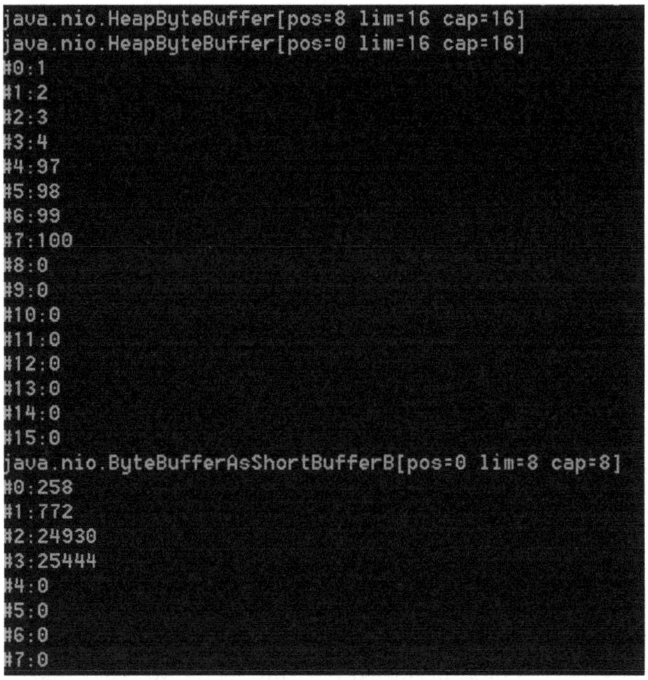

```
java.nio.HeapByteBuffer[pos=8 lim=16 cap=16]
java.nio.HeapByteBuffer[pos=0 lim=16 cap=16]
#0:1
#1:2
#2:3
#3:4
#4:97
#5:98
#6:99
#7:100
#8:0
#9:0
#10:0
#11:0
#12:0
#13:0
#14:0
#15:0
java.nio.ByteBufferAsShortBufferB[pos=0 lim=8 cap=8]
#0:258
#1:772
#2:24930
#3:25444
#4:0
#5:0
#6:0
#7:0
```

图 6.9 程序 ch6\ByteToShortBuffer.java 的运行结果

的 2 字节，并把它们组合成一个 short 类型的值。position 位置加 2。

- int getInt()或者 int geInt(int index)：读下个 4 字节，或 index 位置开始的 4 字节，并把它们组合成一个 int 类型的值。position 位置加 4。
- long getLong()或者 long getLong(int index)：读下个 8 字节，或 index 位置开始的 8 字节，并把它们组合成一个 long 类型的值。position 位置加 8。
- float getFloat()或者 float getFloat(int index)：读下个 4 字节，或 index 位置开始的 4 字节，并把它们组合成一个 float 类型的值。position 位置加 4。
- double getDouble()或者 double getDouble(int index)：读下个 8 字节，或 index 位置开始的 8 字节，并把它们组合成一个 double 类型的值。position 位置加 8。

例如，程序 ch6\BufferPut.java 中，在第 17 行前添加下一条语句，将会输出 258。因为语句将第 0 和第 1 个元素，合并看作第一个 short 类型的值。

```
System.out.println(bB.getShort(0));
```

与之类似，写数据的方法包括各种类型数据，以 Char 为例：

```
ByteBuffer putChar(char value)
```

向缓冲区当前位置写入 value 对应的两字节，并将 position 位置加上 2。

6.3　选择器 Selector

Selector 是 Java NIO 中重要的组成部分，它可以用来监测 Java 的多个通道是否有事件发生，例如，哪个通道有数据需要读操作，哪个要进行写操作，哪个有连接请求被接收等。通过 Selector 可以使用一个线程管理多个通道，因此被称作是 SelectableChannel 的复用器。

SelectableChannel 是一个类。Java 通道中最重要的 ServerSocketChannel 类、SocketChannel 类和 DatagramSocketChannel 类都是它的间接子类。

SelectableChannel 既可以是阻塞模式，也可以是非阻塞模式。阻塞模式下，通道上的 IO 操作在完成之前都是阻塞的。在非阻塞模式下的 IO 操作，即使是传输少于要求的字节数甚至一字节也没有，也不会造成阻塞。是否处于阻塞模式，可以通过 SelectableChannel 类的 isBlocking 方法来判断。

SelectableChannel 类的层次关系如图 6.10 所示。

Class SelectableChannel

```
java.lang.Object
    java.nio.channels.spi.AbstractInterruptibleChannel
        java.nio.channels.SelectableChannel
```

图 6.10　SelectableChannel 类的层次关系

6.3.1　Selector 的作用

在第 4 章曾经讲述过当一个客户端与服务器的通信阻塞，为了其他客户端的通信不受影响，采用多线程的方式处理多个请求的示例。这就好像一个餐馆里，安排很多个服务员，每一个服务员服务一张餐桌，以免顾客需要服务时没有人服务，处于等待的状态。但是这种一对一的服务并不是最高效的方式，当服务员的工作量不大时，会有很多时间处于闲置状态，这是对资源的浪费。

是不是可以让服务员同时服务多张餐桌呢？当然可以。就普通的餐馆而言，就是这么做的。顾客需要的服务是比较固定的：入座、点餐、加菜、加饭、打包、结账。服务员同时服务几桌，处于等叫服务的状态，哪张餐桌需要某种服务，服务员就会被叫到。

Selector 就是如此，如图 6.11 所示，它像一个服务员，随时注意 3 个通道，哪个通道需要 IO 服务，Selector 可以为谁服务，需要 Channel 注册到 Selector，就好像一个服务员为哪 3 张餐桌服务，需要提前将餐桌号指定给服务员，Selector 和 Channel 的关系如图 6.11 所示。

然后 Selector 调用 select 方法，select 方法处于阻塞状态直到对应的 Channel 中有事件发生。一旦 select 方法返回，意味着当前线程可以对事件进行响应和处理。这就好比一旦有某个顾客需要服务，服务员注意到了顾客的召唤并进行服务。

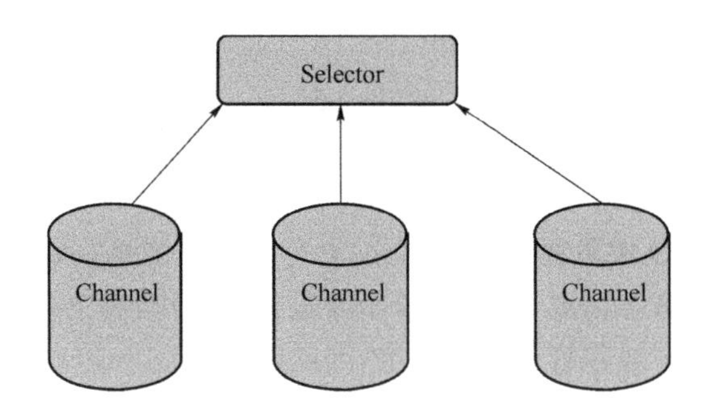

图 6.11　Selector 和 Channel 的关系

6.3.2　Selector 和 Channel

Selector 和 Channel 类的层次关系如图 6.12 所示。

java.nio.channels

Class Selector

java.lang.Object
　　java.nio.channels.Selector

图 6.12　Selector 类的层次关系

SelectableChannel 指一类可以被 Selector 选择的通道。SelectableChannel 和 Selector 配合使用的一般步骤如下所示。

- 创建 SelectableChannel 的一个实例。
- 通过 SelectableChannel 的 register 方法，把 SelectableChannel 对象注册到一个 Selector，从而得到一个选择键 SelectionKey 对象。
- 一旦 SelectableChannel 对象已经注册到一个 Selector，注册状态会一直持续到取消注册。
- SelectableChannel 不能直接取消注册。首先必须先把它注册的 SelectionKey 取消，或者关闭通道才可以。关闭通道意味着所有的 SelectionKey 都被取消。
- 如果 Selector 关闭了，注册到它的所有通道也就取消注册了。

6.3.3　使用 Selector

1. 创建 Selector

一般通过调用 Selector.open 方法创建一个 Selector：static Selector open()。

例如：

```
Selector aSelector = Selector.open();
```

2. 注册

SelectableChannel 对象要注册到 Selector 才可以实现复用。这需要调用 SelectableChannel 的 register 方法来实现：final SelectionKey register(Selector sel, int ops)。

SelectableChannel 注册到 Selector 对象 sel，返回 SelectionKey。ops 是一些选择键的集合。

例如：

```
SelectionKey skey = channel.register(aSelector, SelectionKey.OP_WRITE);
```

或者：

```
SelectionKey skey = channel.register(aSelector, SelectionKey.OP_WRITE | SelectionKey.OP_READ);
```

abstract SelectionKey register(Selector sel, int ops, Object att)：att 如果非空，则 SelectionKey 的附加对象为 att。

SelectableChannel 支持的选择属性 Ops 如下所示。

- SelectionKey . OP_WRITE：写操作。
- SelectionKey . OP_READ：读操作。
- SelectionKey . OP_ACCEPT：接收套接字操作。
- SelectionKey . OP_CONNECT：套接字连接操作。

与 Selector 一起使用时，Channel 必须处于非阻塞模式下。

3. 关闭 Selector

Selector 会一直处于打开的状态，直到调用 Selector. close 方法关闭：abstract void close()。

例如：

```
aSelector.close();
```

Selector 关闭的时候，相关的所有的没取消的选择键都会失效，注册的通道也会取消注册。

4. 选择通道

选择对应通道准备好 IO 操作的那些选择键，使用 select 方法。

一旦向 Selector 注册了通道，就可以调用 select 方法来选择一些选择键，这些选择键对应的通道已经准备好进行 IO 操作。

- abstract int select()：select 方法是阻塞执行的，它会阻塞到至少有一个通道准备好才返回。
- int select(long timeout)：timeout 代表阻塞的超时时间，单位是毫秒。如果是 0 表示一直等待。
- int selectNow()：selectNow 方法是非阻塞的，当前如果没有准备好的通道，就立刻返回。

这些方法返回选择键的个数，可以使用 Iterator 对象来遍历所有选中的选择键，例如：

```
aSelector.select();
Iterator it = selector.selectedKeys().iterator();
```

5. 唤醒

select 方法是阻塞的,通过 wakeup 方法可以让它立刻返回:abstract Selector wakeup()。

如果当前没有线程阻塞在 select 方法中,而另一个线程调用了 wakeup 方法,那下一个调用 select 方法的线程会立即返回。

6.3.4 SelectionKey 类

当使用 SelectableChannel 的 register 方法向 Selector 注册时,创建 SelectionKey 对象。SelectionKey 类的层次关系如图 6.13 所示。

Class SelectionKey

java.lang.Object
    java.nio.channels.SelectionKey

图 6.13 SelectionKey 类的层次关系

SelectionKey 在下列情况下会失效:①调用了 cancel 方法;②关闭了通道;③关闭了 Selector。

SelectionKey 有两个操作集合。

- 兴趣集合(interest set):interest set 指下次选择操作要检测的 Ops 集合。Ops 集合可以通过 interestOps 方法设置。
- 准备好集合(ready set):ready set 指通道已经准备好的 Ops 集合。ready set 只能通过选择操作来更改。

(1) 取消选择键

abstract void cancel():取消该选择键对应的通道到 Selector 的注册。cancel 方法返回后,选择键就失效了,但不会马上被删除。它会被添加到 Selector 的 cancelled-key 取消键集合中,下次进行选择操作的时候才会删除。

(2) 获得选择键的集合

获得 SelectionKey 的 interest set,使用方法:abstract int interestOps()。

例如:

```
int interestSet = skey.interestOps();
```

Ops 的每一个选项都由一个比特位来设定,所以返回的整型值可以通过按位与来判断是哪个选项,也可以通过 SelectionKey 的判断方法 isAcceptable、isConnectable、isReadable 或者 isWritable 来判断。

获得 SelectionKey 的 ready set，使用方法：abstract int readyOps()。

例如：

```
int readySet = skey.readyOps();
```

(3) 设置选择键的集合

任何时候都可以设置选择键的 interest set：abstract SelectionKey interestOps(int ops)。

例如：

```
skey.interestOps(SelectionKey.OP_READ);
```

(4) 选择键对应的通道

返回创建 SelectionKey 的通道：abstract SelectableChannel channel()。

例如：

```
Channel aChannel = skey.channel();
```

(5) 选择键对应的 Selector

返回创建 SelectionKey 时的 Selector：abstract Selector selector()。

例如：

```
Selector aSelector = skey. selector();
```

(6) 附加对象

SelectionKey 可以附加对象，但一次只能附加一个对象，附加了一个对象之后，之前附加的对象就失效了。如果将 ob 设为 null，则之前附加的对象也将失效：final Object attach(Object ob)。

例如：

```
skey.attach(someObject);
```

如果想知道 SelectionKey 上附加了什么对象，可以使用 attchment 方法：final Object attachment()。

例如：

```
Object someObject = skey.attachment();
```

Channel 的 register 方法也可以附件对象作为参数。

(7) 选择了哪些键

在调用了 Selector 的 select 方法返回之后，意味着有一个或更多个通道准备就绪了。调用 Selecor 的 selectedKeys 方法，会得到当前 Selector 对象选择了哪些键：abstract Set <SelectionKey> selectedKeys()。

通过这些键可以知道哪些通道就绪了。

例如：

```
Set selectedKeys = selector.selectedKeys();
```

当 Channel 向 Selector 注册时，Channel 的 register 方法会创建一个 SelectionKey 对象。通过 SelectionKey 的 selectedKeys 方法遍历已经选择的键访问就绪的通道。

例如：

```
1.  selector.select();
2.  Iterator it = selector.selectedKeys().iterator();
3.
4.  while(it.hasNext()){
5.  SelectionKey skey = (SelectionKey)it.next();
6.  if(skey.isAcceptable()){
7.    doaccept(skey);
8.  } else if(skey.isReadable()){
9.    doread(skey);
10.  }
11.  it.remove();
12.  }
```

在循环中遍历已选择键集合中的每一个键，检测每个键所对应的通道的就绪事件是否是希望处理的事件，也就是兴趣集合。

在第 4 行的循环中，针对每一个选择的键判断其对应选项。本例中，处理 OP_ACCEPT 和 OP_READ 选项。

在第 11 行，要调用遍历的 remove 方法删除已经处理过的键。

6.4 Channel 接口

在图 6.1 中，可以看到在 Java NIO 中，程序通过缓冲区将数据写入通道，或从通道中读出数据。

通道和流非常相似，它们之间的区别在于：

- 通道是双向的，流是单向的，流按方向分为输入流和输出流；

- 通道可以以异步的方式进行读写，流以阻塞的方式进行读写；
- 通道和缓冲区相连，流和程序直接相连。

使用通道：程序读数据的时候，把数据从通道读入缓冲区；程序写数据的时候，把数据从缓冲区写入通道。

使用流：程序将数据写入输出流，或将数据从输入流中读出。

Java 的包 java. nio. channels 定义了通道，用来执行各种各样 IO 操作。

Channel 接口的层次关系如图 6.14 所示。

java.nio.channels

Interface Channel

图 6.14　Channel 接口的层次关系

Channel 本身是一个接口，它表示与一个能执行 IO 读写操作的实体之间的连接。实体有可能是硬件设备，也有可能是文件、网络套接字、程序组件等。

Java NIO 中最常用的和网络相关的通道包括 SocketChannel、ServerSocketChannel、DatagramChannel、FileChannel。其中，SocketChannel 和 ServerSocketChannel 是基于 TCP 的套接字通道类，DatagramChannel 是基于 UDP 的套接字通道类。

6.4.1　SocketChannel 类

SocketChannel 类提供了面向流的可选择的套接字连接通道。SocketChannel 在 Java NIO 中的作用与基于 TCP 的 Socket 的作用类似。

SocketChannel 以非阻塞的方式读取 Socket，使用一个线程就可以和多个连接进行通信。通过把多个 SocketChannel 注册到 Selector，之后在循环中使用 Selector 的 select 方法，一旦有事件发生，就会得到通知，进行相应的处理。

SocketChannel 类的层次关系如图 6.15 所示。

java.nio.channels

Class SocketChannel

```
java.lang.Object
    java.nio.channels.spi.AbstractInterruptibleChannel
        java.nio.channels.SelectableChannel
            java.nio.channels.spi.AbstractSelectableChannel
                java.nio.channels.SocketChannel
```

图 6.15　SocketChannel 类的层次关系

1. 创建 SocketChannel

SocketChannel 可以通过 open 方法创建，有以下几种方式。

- static SocketChannel open()：不带参数的 open 方法，用于后续使用 connect 方法连接远程主机。

例如：

```
SocketChannel sc = SocketChannel.open();
sc.connect(new InetSocketAddress("http://www.foo.com", 80));
```

如果使用 open 方法创建 SocketChannel 却没有连接远程主机，进行 IO 操作会触发 NotYetConnectedException 异常。

Socket 和 SocketChannel 是不同的机制。对于一个已经定义了的 Socket 对象，是不能为其建立 SocketChannel 的。

- static SocketChannel open(SocketAddress remote)：创建连接远程 remote 主机的 SocketChannel 对象，并连接到远程主机。例如，下面的语句与上面两条语句的作用是一样的。

```
SocketChannel sc = SocketChannel.open(new InetSocketAddress("http://www.foo.
                    com", 80));
```

- abstract SocketChannel accept( )：SocketChannel 对象还可以通过 ServerSocketChannel 接收来自客户端的连接请求获得。

例如：

```
ServerSocketChannel ssc = (ServerSocketChannel)skey.channel();
SocketChannel sc;
sc = ssc.accept();
```

2. 连接/终止连接 SocketChannel

连接 SocketChannel，使用 connect 方法：abstract boolean connect(SocketAddress remote)。

一旦 SocketChannel 建立了远程连接，就会一直保持连接状态，直到关闭。通过 isConnected 方法可以判断是否已经连接。

终止连接 SocketChannel 过程，使用 finishConnect 方法：abstract boolean finishConnect()。

SocketChannel 的连接过程是非阻塞的。如果连接已经建立，此方法会立刻返回 true。如果连接过程还没有完成，并且通道处于非阻塞状态，就会返回 false。如果通道处于阻塞状态，则该方法会阻塞直到连接完成或连接失败，然后返回状态。

3. 关闭 SocketChannel

已经连接的 SocketChannel 必须使用 close 方法关闭：void close()。

例如：

```
sc.close();
```

4. 读取 SocketChannel

- abstract int read(ByteBuffer dst)：读取 SocketChannel 使用 read 方法，Channel 总是与 Buffer 一起使用。从 SocketChannel 读取的数据要写入 Buffer，之后程序通过读取 Buffer 来获得数据。

例如：

```
ByteBuffer bB = ByteBuffer.allocate(100);
int count = socketChannel.read(bB);
```

read 方法返回实际读取的字节数，如果返回－1，表示通道到达了流的末端。

read 方法不仅牵涉到通道，还牵涉到缓冲区。从通道读出的字节，会放到缓冲区当前位置 position 开始的位置。缓冲区的 limit 不受影响。

- final long read(ByteBuffer[] dsts)：从通道读取字节序列，存到 dsts 给定的一组缓冲区中。
- abstract long read(ByteBuffer[] dsts,int offset,int length)：从通道读取字节序列，存到 dsts 给定的从 dsts 缓冲区数组的 offset 开始的 length 个缓冲区中。通过字节缓冲区数组，可以实现从通道读取数据依次存放到若干字节缓冲区。

例如，下面的语句中，从 channel 读取的数据依次存放到字节缓冲区对象 bB1 和 bB2 中。

```
ByteBuffer bB1 = ByteBuffer.allocateDirect(100);
ByteBuffer bB2 = ByteBuffer.allocateDirect(100);

ByteBuffer[] dsts = { bB1, bB2 };
channel.read(dsts);
```

工作在非阻塞状态下的时候，SocketChannel 读取当前已有的数据，有多少读多少，如没有就立刻返回，所以很有可能不能填满缓冲区。因此，read 方法的返回值非常重要。

5. 写入 SocketChannel

写入 SocketChannel 使用 write 方法。

程序将数据存入 Buffer，再将从 Buffer 中读取的字节写入 SocketChannel。

- abstract int write(ByteBuffer src)：从字节缓冲区 src 中读取一系列字节写入通道中。该方法试图将 src 中剩余的字节都写入通道，实际写入通道的字节数作为方法的返回值返回。src 从缓冲区当前的位置 position 开始读取。src 的 limit 不受影响。

例如，下列代码段中：

```
1.  String s = "Sending a message.";
2.  ByteBuffer bB = ByteBuffer.allocate(100);
3.  bB.put(s.getBytes());
4.
5.  bB.flip();
6.
7.  while(buf.hasRemaining()) {
8.      int count = sc.write(bB);
9.  }
```

在第 1 行,"Sending a message"是要写入通道的消息。首先要把它存入字节缓冲区中。

在第 2、3 行,创建字节缓冲区 bB,并将消息写入缓冲区。

之后,通过 flip 方法反转缓冲区,将 position 重置为 0。bB 从写入的状态重置为从头读的状态。

在第 7 行,通过 while 循环依次读取 bB 的每个元素,写入 socketChannel 对象 sc 中。

之后,扩展程序代码段,可以继续调用 clear 方法或 conpact 方法等,清除缓冲区,重新存入新的数据。

- final long write(ByteBuffer[] srcs):从字节缓冲区数组 srcs 依次读取每个缓冲区,将读取的一系列字节写入通道中。
- abstract long write(ByteBuffer[] srcs,int offset,int length):从字节缓冲区数组 srcs 依次读取每个缓冲区,将读取的一系列字节写入通道中。读取的时候从第 offset个数组开始读取,读取 length 个数组。

通过字节缓冲区数组,可以实现从若干个字节缓冲区中依次读取数据写入通道。

例如,下面的语句中,依次从字节缓冲区对象 bB1 和 bB2 中读取数据写入通道 channel。

```
ByteBuffer bB1 = ByteBuffer.allocateDirect(100);
ByteBuffer bB2 = ByteBuffer.allocateDirect(100);

//此处省略写入数据到 bB1 和 bB2 的语句

ByteBuffer[] srcs = { bB1, bB2 };
channel.write(srcs);
```

6. 设置非阻塞模式

在 SocketChannel 的父类 AbstractSelectableChannel 中,定义了 configureBlocking 方法可以改变当前通道的阻塞模式。

final SelectableChannel configureBlocking(boolean block):如果参数 block 是 true,就将当前通道的非阻塞模式设置为阻塞模式。反之,阻塞模式设置为非阻塞模式。

例如:

```
sc.configureBlocking(false);
```

如果设置 SocketChannel 为非阻塞模式,则套接字通道相关的读操作、写操作等都将工作在异步模式。

6.4.2 ServerSocketChannel 类

ServerSocketChannel 监听 TCP 连接请求,ServerSocketChannel 类的层次关系如图 6.16所示。它是一个可以进行选择的面向流的通道。它的作用与 ServerSocket 相似。

1. 创建 ServerSocketChannel

ServerSocketChannel 通过 open 方法创建。

```
Class ServerSocketChannel

java.lang.Object
    java.nio.channels.spi.AbstractInterruptibleChannel
        java.nio.channels.SelectableChannel
            java.nio.channels.spi.AbstractSelectableChannel
                java.nio.channels.ServerSocketChannel
```

图 6.16　ServerSocketChannel 类的层次关系

static ServerSocketChannel open()：open 方法打开 Server 端 Socket 的通道。打开的通道默认是不绑定的，需要后续使用 bind 方法绑定某个地址。

2. 绑定地址

- final ServerSocketChannel bind(SocketAddress local)：把通道的套接字绑定到本地地址，以便监听连接请求。

例如：

```
ServerSocketChannel ssc = ServerSocketChannel.open();
ssc.bind(new InetSocketAddress(5678));
```

之前的 JDK 版本，不能由 ServerSocketChannel 直接绑定 Socket 地址，需要通过 ServerSocketChannel 的 Socket 来绑定，如下例所示。

```
ServerSocketChannel ssc = ServerSocketChannel.open();
ssc.socket().bind(new InetSocketAddress(5678));
```

- abstract ServerSocketChannel bind(SocketAddress local, int backlog)：同 ServerSocket 类一样，backlog 指定了连接等待队列的最大长度，如果 backlog 是 0 或者负值，将不起作用，采用系统的默认值。

3. 接收请求

同 ServerSocket 一样，ServerSocketChannel 通过 accept 方法监听连接请求，并接收请求，当 accept 方法返回的时候，就得到一个对应某个客户端的 SocketChannel 对象，accept 方法仍然是阻塞的。

abstract SocketChannel accept()：连接过程与 ServerSocket 也没有什么不同，按照常规的做法，将 accept 方法放在循环中，可以让程序一直运行，一直监听连接请求，每次接收一个请求，就做相应的处理。

例如：

```
while(true){
    SocketChannel sc = ssc.accept();
    //to do something…
}
```

4. 设置非阻塞模式

在 ServerSocketChannel 的父类 AbstractSelectableChannel 中，定义的 configureBlocking 方法也同样适用于改变当前 ServerSocketChannel 通道的阻塞模式。

final SelectableChannel configureBlocking(boolean block)：如果参数 block 是 true，就将当前通道的阻塞模式设置为阻塞。反之，阻塞模式设置为非阻塞。

5. 得到 ServerSocket

abstract ServerSocket socket()：得到与通道相关的 ServerSocket。

6. 关闭 ServerSocketChannel

final void close()：关闭 ServerSocketChannel，使用 close 方法。

例如：

```
ssc.close();
```

6.4.3 DatagramChannel 类

DatagramChannel 类支持以非阻塞方式发送和接收 UDP 数据报。它也是 SelectableChannel 的子类。同 DatagramSocket 类似，UDP 不是面向连接的，因此，DatagramChannel 并不是通常的读写数据，而是发送和接收数据。DatagramChannel 既可以工作在阻塞模式，也可以工作在非阻塞模式，通过 DatagramChannel，UDP 服务器就可以实现使用一个线程同时与多个客户端通信。

DatagramChannel 类的层次关系如图 6.17 所示。

Class DatagramChannel

java.lang.Object
    java.nio.channels.spi.AbstractInterruptibleChannel
        java.nio.channels.SelectableChannel
            java.nio.channels.spi.AbstractSelectableChannel
                java.nio.channels.DatagramChannel

图 6.17 DatagramChannel 类的层次关系

1. 创建 DatagramChannel

DatagramChannel 也是通过 open 方法创建的：static DatagramChannel open()。

例如：

```
DatagramChannel dc = DatagramChannel.open();
```

2. 绑定地址

把通道的套接字绑定到本地地址：abstract DatagramChannel bind(SocketAddress local)。

例如：

```
dc.bind(new InetSocketAddress(5678));
```

或者：

```
dc.socket().bind(new InetSocketAddress(5678));
```

3. 接收数据报

DatagramChannel 的 receive 方法实现从通道中读取数据报：abstract SocketAddress receive(ByteBuffer dst)。

从通道中读取的数据存放在参数指定的 ByteBuffer 缓冲区对象 dst 中，并返回该数据报的发送方的地址。

如果 DatagramChannel 工作在阻塞模式，那么 receive 方法会一直等到有可以读取的数据报才返回。

如果 DatagramChannel 工作于非阻塞模式，那么 receive 方法如果没有接收到数据报，会立即返回 null。

缓冲区对象 dst 从当前 position 开始存放数据报，要确保 dst 足够大，否则无法存入的额外的数据会被丢弃。

例如：

```
ByteBuffer bB = ByteBuffer. allocateDirect(100);
dc.receive(buf);
```

4. 发送数据报

DatagramChannel 的 send 方法实现发送数据报的操作：abstract int send(ByteBuffer src,SocketAddress target)。

ByteBuffer 缓冲区对象 src 中的数据是要发送的内容，具体的是指 src 中剩余的数据，SocketAddress 对象 target 是数据报的目的地址。

返回值表示的是发送的字节数。

例如，字符串 msg 的内容存入 ByteBuffer 对象 bB 中，并通过 DatagramChannel 读写 dc 发送出去。

发送的目的地是 www.foo.com 主机的 5678 端口。

```
ByteBuffer bB = ByteBuffer.allocateDirect(100);
buf.put(msg.getBytes());
buf.flip();
int counnt = dc.send(bB, new InetSocketAddress("www.foo.com", 5678));
```

同 UDP 的 DatagramSocket 类似，DatagramChannel 不会接收到关于发送和接收数据报的通知。

ByteBuffer 对象在通过 put 方法存入数据后，要调用 flip 方法重置 position 的位置，以便把刚存入的数据重新读出。需要重复读取 ByteBuffer 时，相应地，可以调用 rewind 方法。

5. 管理固定连接

与 DatagramSocket 一样，DatagramChannel 的 connect 方法使 DatagramChannel 只能

对固定的远程主机接收、发送数据报。DatagramChannel 的 isConnected 方法判断是否有这种固定连接关系。

- abstract DatagramChannel connect(SocketAddress remote):设置 DatagramChannel 对象只与特定的远程主机 remote 接收、发送数据报。一旦建立固定连接，就不再接收或者向其他主机发送数据报了。
- abstract DatagramChannel disconnect():解除固定连接关系，使得 DatagramChannel 可以和任意远程主机收发数据报。
- abstract boolean isConnected():只有当 DatagramChannel 打开并且有固定连接的时候才返回 true。

6. 读写 DatagramChannel

DatagramChannel 也可以通过 read 方法实现从通道中读数据，通过 write 方法向通道中写数据。

read 方法和 receive 方法一样，都能接收数据报。使用 read 方法时，通道必须已经与某个远程主机有固定连接。缓冲区的剩余容量应该大于数据报的长度，否则，多余的数据可能被丢掉。

read 方法有多种重载形式，具体的参数含义和其他 SelectableChannel 类类似。

```
abstract int read(ByteBuffer dst)
final long read(ByteBuffer[] dsts)
abstract long read(ByteBuffer[] dsts, int offset, int length)
```

write 方法和 receive 方法一样，都能将数据报写入通道。但是使用 write 方法时，同 read 方法一样，也只能与建立固定连接关系的远程主机收发数据报。

write 方法也有多种重载形式。

```
abstract int write(ByteBuffer src)
final long write(ByteBuffer[] srcs)
abstract long write(ByteBuffer[] srcs, int offset, int length)
```

6.4.4 FileChannel 类

在 Java NIO 中，FileChannel 类实现读、写、匹配和处理文件的通道，文件通道工作在阻塞模式下。它的层次关系如图 6.18 所示。

1. 打开文件通道

使用 open 方法创建 FileChannel 对象。

static FileChannel open(Path path, OpenOption … options):打开或创建 FileChannel 对象，它可以访问文件。其中 path 是文件的路径，options 指明如何打开文件。

例如，下列语句创建 FileChannel 对象 fc，用于以只读的形式访问文件 FileChannelDemo.java。

Class FileChannel

java.lang.Object
　　java.nio.channels.spi.AbstractInterruptibleChannel
　　　　java.nio.channels.FileChannel

图 6.18　FileChannel 类的层次关系

```
FileChannel fc = FileChannel.open(Paths.get("FileChannelDemo.java"),EnumSet.
of(StandardOpenOption.READ));
```

2. 读取数据

从文件通道中读取数据存入缓冲区，采用 read 方法。

read 方法有多个重载形式，和前面的通道类是一样的。

3. 写入数据

把数据从缓冲区中读取，写入通道中，采用 write 方法。

write 方法也有多个重载形式，和前面的通道类是一样的。

4. 关闭通道

使用 close 方法关闭文件通道。

5. 传输数据

在 FileChannel 类中定义了一个特别的方法，可以实现把数据从一个通道读出，直接写入另一个通道文件中：abstract long transferFrom(ReadableByteChannel src,long position, long count)。其中，src 表示读取的通道，count 表示想要读取的字节数，position 表示写入的通道文件是从 position 开始写入的。

返回值是真正从通道到通道传输的字节数。

FileChannel 还可以实现把数据从一个通道文件中读出，直接写入另一个可写通道中：abstract long transferTo(long position, long count, WritableByteChannel target)。其中，target 表示要写入的通道，count 表示想要读取的字节数，position 表示读通道文件是从 position 开始读出的。

返回值是真正从通道到通道传输的字节数。

```
FileChannel srcChannel = FileChannel.open(Paths.get("foo.file"),
                         EnumSet.of(StandardOpenOption.READ));
FileChannel dstChannel = FileChannel.open(Paths.get("foo_copy.file"),
                         EnumSet.of(StandardOpenOption.WRITE));
long position = 0;
long count = srcChannel.size();

dstChannel.transferFrom(srcChannel, position, count);
//或者
srcChannel.transferTo(position, count, dstChannel);
```

在上面的程序段中,FileChannel 对象 srcChannel 是源文件,是可读的。FileChannel 对象 dstChannel 是目的文件,是可写的。

可以直接通过 transferFrom 方法或者 transferTo 方法实现文件内容的传输。其中,参数 count 是文件的长度。

程序 ch6\FileChannelDemo. java 是一个使用 FileChannel 读取文件的完整示例。

程序:ch6\FileChannelDemo. java

```
1.  import java.io.*;
2.  import java.net.*;
3.  import java.nio.*;
4.  import java.nio.channels.*;
5.  import java.nio.charset.*;
6.  import java.nio.file.*;
7.  import java.util.EnumSet;
8.
9.  public class FileChannelDemo {
10.
11.     public static void main(String args[])throws Exception {
12.
13.     FileChannel fc = FileChannel.open(Paths.get("FileChannelDemo.java"),
            EnumSet.of(StandardOpenOption.READ));
14.
15.     ByteBuffer buffer = ByteBuffer.allocateDirect(100);
16.
17.     while (fc.read(buffer) != -1) {
18.         buffer.flip();
19.         while(buffer.hasRemaining()){
20.         System.out.print((char) buffer.get());
21.         }
22.         buffer.clear();
23.     }
24.
25.   }
26.
27. }
```

在第 13 行,创建 FileChannel 对象 fc,指向当前目录下的 FileChannelDemo. java 文件。
在第 15 行,创建字节缓冲区 buffer,并初始化所有字节为 0。
在第 17 行开始的循环中,每次循环从 fc 中读取数据到 buffer 中,然后调用 flip 方法,重置 position，以便读取刚写入缓冲区的数据。

通过第 19 行的内部循环，将刚写入缓冲区的数据依次读取，并显示在屏幕上。

在第 22 行，在下次读取 fc 前，将缓冲区 buffer 清空。

程序的运行结果如图 6.19 所示，和源程序是一样的。

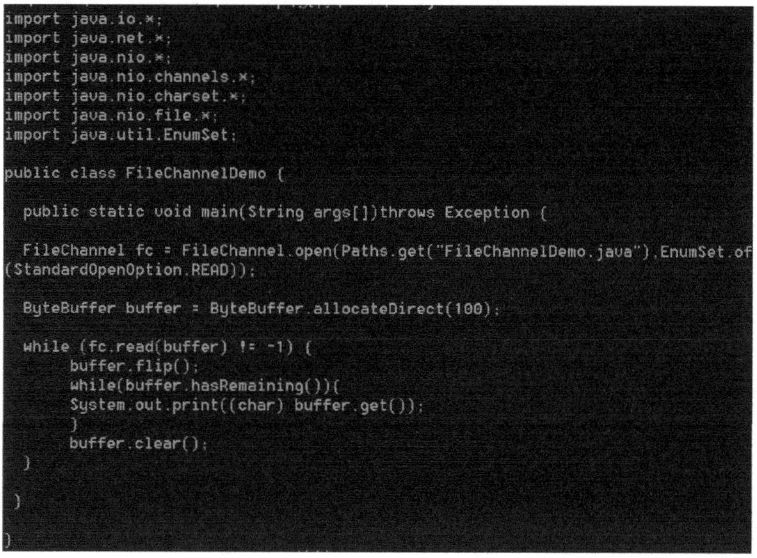

```
import java.io.*;
import java.net.*;
import java.nio.*;
import java.nio.channels.*;
import java.nio.charset.*;
import java.nio.file.*;
import java.util.EnumSet;

public class FileChannelDemo {

  public static void main(String args[])throws Exception {

  FileChannel fc = FileChannel.open(Paths.get("FileChannelDemo.java"),EnumSet.of
(StandardOpenOption.READ));

  ByteBuffer buffer = ByteBuffer.allocateDirect(100);

  while (fc.read(buffer) != -1) {
       buffer.flip();
       while(buffer.hasRemaining()){
       System.out.print((char) buffer.get());
       }
       buffer.clear();
  }

 }

}
```

图 6.19　程序 ch6\FileChannelDemo. java 的运行结果

6.5　示例程序

6.5.1　基于 TCP 的 NIO 通信示例

在第 5 章中，曾经有一个程序示例 ch5\UDPService. java，功能是向客户端提供日期和时间服务。

在本示例中，重新基于 NIO 的设计思路，底层仍然以 TCP 作为传输层协议提供日期和时间的服务。

ch6\NioDateServer. java 是服务端程序，采用单线程的结构来管理多个客户端的连接通道。

程序：ch6\NioDateServer. java

```
1.  import java.io.*;
2.  import java.net.*;
3.  import java.nio.channels.*;
4.  import java.nio.ByteBuffer;
5.  import java.util.Iterator;
```

```
6.  import java.util.Vector;
7.  import java.util.Date;
8.  import java.text.SimpleDateFormat;
9.
10.
11.  public class NioDateServer {
12.
13.     private Selector selector = null;
14.     private ServerSocketChannel ssc = null;
15.     private ServerSocket ss = null;
16.
17.
18.     public void init() throws IOException{
19.
20.         selector = Selector.open();
21.         ssc = ServerSocketChannel.open();
22.         ssc.configureBlocking(false);
23.
24.         InetSocketAddress is = new InetSocketAddress("localhost",5678);
25.         ssc.bind(is);
26.
27.         ssc.register(selector, SelectionKey.OP_ACCEPT);
28.
29.     }
30.
31.     public void service() throws IOException{
32.       System.out.println("服务启动…");
33.
34.         while(true){
35.
36.           selector.select();
37.           Iterator it = selector.selectedKeys().iterator();
38.
39.           while(it.hasNext()){
40.               SelectionKey skey = (SelectionKey)it.next();
41.               if(skey.isAcceptable()){
42.                   doaccept(skey);
43.               } else if(skey.isReadable()){
```

```
44.                     doread(skey);
45.                 }
46.                 it.remove();
47.             }
48.         }
49. 
50.     }
51. 
52.     private void doaccept(SelectionKey skey) throws IOException {
53. 
54.         System.out.println("Accept…");
55.         ServerSocketChannel ssc = (ServerSocketChannel)skey.channel();
56.         SocketChannel sc;
57. 
58.         sc = ssc.accept();
59. 
60.         sc.configureBlocking(false);
61.         sc.register(selector, SelectionKey.OP_READ);
62. 
63. 
64.     }
65. 
66. 
67.     private void doread(SelectionKey skey) throws IOException{
68. 
69.       SocketChannel sc = (SocketChannel)skey.channel();
70.           ByteBuffer buffer = ByteBuffer.allocateDirect(100);
71. 
72.       try{
73.             int count = sc.read(buffer);
74.             System.out.println(sc.toString());
75. 
76.             datetimeservice(buffer,sc);
77.       }catch(IOException e){
78.           sc.close();
79. 
80.     }
81. 
```

```
82.         clearBuffer(buffer);
83.     }
84.
85.     private void datetimeservice(ByteBuffer buffer, SocketChannel sca)
                                    throws IOException {
86.
87.      buffer.flip();
88.
89.      byte[] by = new byte[100];
90.      buffer.get(by,0,buffer.limit());
91.      String msg = new String(by,0,buffer.limit());
92.      System.out.println(msg);
93.      buffer.clear();
94.
95.        if (msg.equalsIgnoreCase("date")) {
96.           SimpleDateFormat sdf = new SimpleDateFormat("yyyy 年 MM 月 dd 日");
97.             buffer.put(("date:" + sdf.format(new Date())).getBytes());
98.
99.                  }
100.       else if(msg.equalsIgnoreCase("time")) {
101.           SimpleDateFormat sdf = new SimpleDateFormat("HH:mm:ss");
102.             buffer.put(("time:" + sdf.format(new Date())).getBytes());
103.
104.       }
105.       else{
106.            buffer.put(msg.getBytes());
107.       }
108.       //System.out.println(buffer.toString());
109.
110.       buffer.flip();
111.       sca.write(buffer);
112.       buffer.rewind();
113.
114.    }
115.
116.    private void clearBuffer(ByteBuffer buffer) {
117.
118.       if(buffer != null){
```

```
119.            buffer.clear();
120.            buffer = null;
121.        }
122.    }
123.
124.
125.    public static void main(String[] args) throws IOException{
126.            NioDateServer ncs = new NioDateServer();
127.            ncs.init();
128.            ncs.service();
129.
130.    }
131. }
```

在第 18 行的 init 方法中，创建 Selector 对象 selector，以及 ServerSocketChannel 对象 ssc。

在第 24 行，将 ssc 绑定到本地 5678 端口。

在第 27 行，将 ssc 注册到 selector，使用 OP_ACCEPT 选项。

至此，初始化完毕，通道和选择器都已经定义和配置完毕。

在第 31 行开始的 service 方法中，使用 while 循环监测所有的注册通道，一旦 select 方法返回，就意味着客户端通道就绪，并且有感兴趣的事件发生。

选中的选择键由 selector.selectedKeys 得到，通过转换为 Iterator，可以依次对每一个触发的选项也就是事件进行处理。如果是 OP_ACCEPT 选项，就意味着有客户端连接请求，调用 doaccept 方法进行下一步处理；如果是 OP_READ 选项，就意味着有通道准备好读取，调用 doread 方法进行下一步处理。

在 init 方法中，注册了 OP_ACCEPT 选项。OP_READ 选项是在 doaccept 方法中注册的。

在第 46 行，删除已经处理过的 iterator 元素，不要忘记加上这行语句。

在第 52 行开始的 doaccept 方法，通过 SelectionKey 对象 skey 的 channel 方法，将当前选中的通道作为 ServerSocketChannel 对象 ssc。

ssc 的 accept 方法一旦返回，就获得了连接客户端对应的 SocketChannel 对象 sc。

sc 定义非阻塞模式，并注册 OP_READ 选项。一旦哪个通道有可读事件准备好，就可以从通道读取数据。

在第 67 行开始的 doread 方法定义了字节缓冲区 buffer，并从 sc 通道读取内容存到 buffer 中，并调用 datetimeservice 进一步处理。

在第 85 行开始的 datetimeservice 方法中，对 buffer 中存储的数据做相应的处理。如果是消息“date”，就表示客户端请求当前日期服务；如果是消息“time”，就表示客户端请求当前时间服务。如果是其他消息，就原消息返回。

在第 95 行和第 100 行，分别对日期请求和时间请求作出响应，将日期和时间以定义的消息格式进行设置。

在第 111 行，将日期、时间、原消息等数据存入 buffer 中，用 SocketChannel 对象 sca 的 write 方法把 buffer 内容写入通道。

在 datetimeservice 中，要注意 buffer 的 clear、flip 和 rewind 方法的调用。

ch6\NioDateClient. java 是客户端程序，采用多线程的结构来向服务端程序发起连接请求，请求日期、时间服务。

程序：ch6\NioDateClient. java

```
1.  import java.io. * ;
2.  import java.net.InetSocketAddress;
3.  import java.nio.ByteBuffer;
4.  import java.nio.channels. * ;
5.  import java.nio.charset. * ;
6.  import java.util.Iterator;
7.
8.  public class NioDateClient {
9.
10.    private Selector selector = null;
11.    private SocketChannel sc = null;
12.
13.    private Charset charset = null;
14.    private CharsetDecoder decoder = null;
15.
16.    public NioDateClient(){
17.      charset = Charset.forName("GBK");
18.      decoder = charset.newDecoder();
19.    }
20.
21.    public void init() throws IOException {
22.
23.        selector = Selector.open();
24.        sc = SocketChannel.open(new InetSocketAddress("localhost",5678));
25.        sc.configureBlocking(false);
26.        sc.register(selector, SelectionKey.OP_READ);
27.
28.    }
29.
30.    public void service() throws IOException {
31.      dowrite();
```

```
32.      doread();
33.    }
34.
35.    private void dowrite() {
36.      Thread t = new NioThread(sc);
37.      t.start();
38.    }
39.
40.    private void doread() throws IOException {
41.      System.out.println("reading…");
42.
43.        while(true){
44.          selector.select();
45.          Iterator it = selector.selectedKeys().iterator();
46.          while(it.hasNext()){
47.            SelectionKey skey = (SelectionKey)it.next();
48.            if(skey.isReadable()){
49.              read(skey);
50.            }
51.
52.            it.remove();
53.          }
54.
55.        }
56.
57.    }
58.    private void read(SelectionKey key) throws IOException{
59.
60.      SocketChannel sc = (SocketChannel)key.channel();
61.      ByteBuffer buffer = ByteBuffer.allocateDirect(100);
62.      int count = 0;
63.      try{
64.        count = sc.read(buffer);
65.    }catch(IOException ioe){
66.      sc.close();
67.      }
68.
69.        buffer.flip();
```

```
70.         System.out.println("Message - " + decoder.decode(buffer).toString());
71.
72.         clearBuffer(buffer);
73.       }
74.
75.         private void clearBuffer(ByteBuffer buffer){
76.           if(buffer != null){
77.             buffer.clear();
78.             buffer = null;
79.           }
80.         }
81.
82.       class NioThread extends Thread{
83.         private SocketChannel sc = null;
84.         public NioThread(SocketChannel sc){
85.           this.sc = sc;
86.         }
87.
88.         public void run() {
89.           ByteBuffer buffer = ByteBuffer.allocateDirect(100);
90.         try{
91.             while(! Thread.currentThread().isInterrupted()){
92.                 buffer.clear();
93.                 BufferedReader in = new BufferedReader(new
                                             InputStreamReader(System.in));
94.
95.                 String message = in.readLine();
96.                 if(message.equals("quit")){
97.                  System.exit(0);
98.                 }
99.
100.                buffer.put(message.getBytes());
101.                buffer.flip();
102.
103.                sc.write(buffer);
104.        }
105.        }catch(IOException ioe){}
106.    finally{
```

```
107.                    clearBuffer(buffer);
108.            }
109.
110.
111.        }
112.    }
113.
114.    public static void main(String[] args) throws IOException {
115.        NioDateClient ncc = new NioDateClient();
116.            ncc.init();
117.            ncc.service();
118.        }
119.
120.    }
```

在第 16 行开始的构造方法中，定义字符集为 GBK，因为服务器返回的日期和时间消息中包含中文字符，并且还定义了字符集的解码器 decoder。

在第 21 行开始的 init 方法中，创建 Selector 对象 selector，并设置服务器为本地的 5678 端口。

之后，将 SocketChannel 对象 sc 设置为非阻塞模式，并向 selector 注册 sc 的 OP_READ 选项。

在第 30 行开始的 service 方法中，首先调用 dowrite 方法启动客户端线程 NioThread。

NioThread 线程处理客户端的功能。客户端从键盘读入一行字符串，如果是“quit”，就退出。如果是其他消息，就存入 buffer 中，并通过 buffer 写入 SocketChannel 对象。如果是“date”消息，或者是“time”消息，服务器会返回日期或时间；如果是其他消息，服务器会返回发送的信息内容，所以客户端要准备读取。

之后，在 32 行中，客户端通过 doread 方法进一步作读取处理。

在第 40 行开始的 doread 方法中，一旦 Selector 对象 selector 返回，就对选中的选择键作相应的处理。因为前面只注册了 OP_READ 选项，因此，如果通道可读，就通过 read 方法作读处理。

在第 58 行开始的 read 方法中，从 SocketChannel 对象 sc 中读取内容到 buffer，然后通过 decoder 的 decode 方法将内容显示到屏幕上。

服务端程序的运行结果如图 6.20 所示，它响应了两个客户端的请求。

第一个客户端的运行结果如图 6.21 所示。如果是 time 请求，就会返回当前的时间。

第二个客户端的运行结果如图 6.22 所示。如果用户键入“quit”，就会退出当前客户端，服务器端没有任何影响。

```
服务启动...
Accept...
java.nio.channels.SocketChannel[connected local=/127.0.0.1:5678 remote=/127.0.0.
1:49486]
time
java.nio.channels.SocketChannel[connected local=/127.0.0.1:5678 remote=/127.0.0.
1:49486]
abc
java.nio.channels.SocketChannel[connected local=/127.0.0.1:5678 remote=/127.0.0.
1:49486]
hello
Accept...
java.nio.channels.SocketChannel[connected local=/127.0.0.1:5678 remote=/127.0.0.
1:49489]
hi
java.nio.channels.SocketChannel[connected local=/127.0.0.1:5678 remote=/127.0.0.
1:49489]
time
java.nio.channels.SocketChannel[connected local=/127.0.0.1:5678 remote=/127.0.0.
1:49486]
thanks
```

图 6.20　程序 ch6\NioDateServer.java 的运行结果

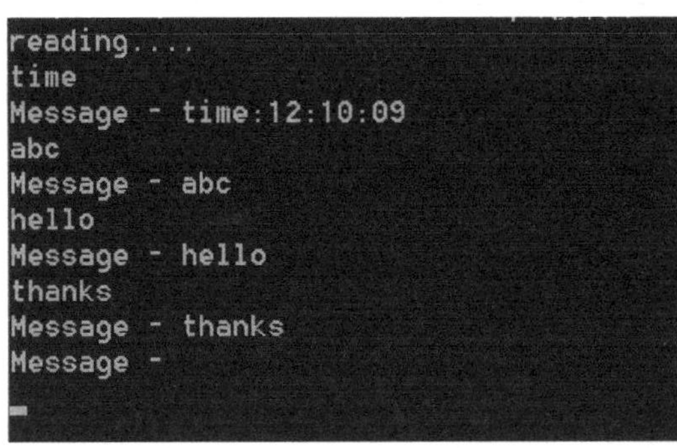

```
reading....
time
Message - time:12:10:09
abc
Message - abc
hello
Message - hello
thanks
Message - thanks
Message -
```

图 6.21　第一个客户端的运行结果

```
reading....
hi
Message - hi
time
Message - time:12:10:58
quit
```

图 6.22　第二个客户端的运行结果

6.5.2　基于 UDP 的 NIO 通信示例

在本示例中，基于 NIO 的设计思路，底层以 UDP 作为传输层协议提供时间服务。因为基于 UDP，双方并没有连接过程。服务器和客户端的运行时机没有什么关系，在服务器端的运行过程中，如果客户端发送了请求服务的数据报，就会得到服务器的响应数据报。

ch6\SendUDPTime.java 是服务端程序，采用了单线程的结构。

程序:ch6\SendUDPTime.java

```
1.  import java.io.*;
2.  import java.net.*;
3.  import java.nio.*;
4.  import java.nio.channels.*;
5.  import java.util.Date;
6.  import java.text.SimpleDateFormat;
7.
8.  public class SendUDPTime {
9.
10.     public static void main(String args[])throws Exception {
11.
12.         DatagramChannel dc = DatagramChannel.open();
13.
14.         SocketAddress local = new InetSocketAddress(InetAddress.getByName("
                                    localhost"),1234);
15.         SocketAddress dst = new InetSocketAddress(InetAddress.getByName("lo-
                                    calhost"),5678);
16.         dc.bind(local);
17.         SimpleDateFormat sdf = new SimpleDateFormat("HH:mm:ss");
18.         String msg;
19.         ByteBuffer bB = ByteBuffer.allocateDirect(100);
20.
21.         while(true){
22.
23.             msg = "time:" + sdf.format(new Date());
24.             bB.put(msg.getBytes());
25.             bB.flip();
26.             int count = dc.send(bB,dst);
27.             bB.clear();
28.             System.out.println("发送:" + msg);
29.             Thread.sleep(1000);
30.         }
31.     }
32. }
```

在第 12 行,创建 DatagramChannel 对象 dc。

之后,将本地套接字地址定义为本地 IP 的 1234 端口,将远程套接字地址定义为本地

IP 的 5678 端口。

在第 16 行，将 dc 绑定到本地套接字地址。

在第 21 行开始的循环中，将本地的时间以定义好的格式，存入字节缓冲区 bB。然后通过 dc 的 send 方法将 bB 的内容发送到通道中。之后每隔 1 s(1 000 ms)再重复发送一次。

ch6\ReceiveUDPTime. java 是客户端程序，采用单线程的结构。它接收已知套接字地址的服务器发送的时间服务消息。

程序：ch6\ReceiveUDPTime. java

```
1.  import java.io.*;
2.  import java.net.*;
3.  import java.nio.*;
4.  import java.nio.channels.*;
5.  import java.nio.charset.*;
6.
7.  public class ReceiveUDPTime {
8.      public static void main(String args[]) throws Exception {
9.
10.         DatagramChannel dc = DatagramChannel.open();
11.         dc.configureBlocking(false);
12.         ByteBuffer bB = ByteBuffer.allocateDirect(100);
13.
14.         SocketAddress local = new InetSocketAddress(InetAddress.getByName("
                                    localhost"),5678);
15.         dc.bind(local);
16.
17.         Charset charset = Charset.forName("GBK");
18.           CharsetDecoder decoder = charset.newDecoder();
19.
20.         while(true){
21.           bB.clear();
22.           SocketAddress src = dc.receive(bB);
23.         if(src!= null){
24.           bB.flip();
25.           System.out.println("接收:" + decoder.decode(bB).toString());
26.
27.           }
28.
```

```
29.         Thread.sleep(1000);
30.     }
31.   }
32. }
```

在第10行，创建DatagramChannel对象dc，并定义字节缓冲区bB。

之后，将本地套接字地址定义为本地IP的5678端口。

在第15行，将dc绑定到本地套接字地址。

在第17行和第18行，分别定义消息的字符集charset和解码器decoder，通过指定GBK字符集，decoder可以用来解析中文消息。

第20行开始的循环中，每隔1 s(1 000 ms)接收dc中的消息存入bB中。

如果读到的消息有内容，将消息解析显示在屏幕上。

服务端和接收端的运行结果分别如6.23和图6.24所示。

```
发送:time:17:25:20
发送:time:17:25:21
发送:time:17:25:22
发送:time:17:25:23
发送:time:17:25:24
发送:time:17:25:25
发送:time:17:25:26
发送:time:17:25:27
发送:time:17:25:28
发送:time:17:25:29
发送:time:17:25:30
发送:time:17:25:31
发送:time:17:25:32
发送:time:17:25:33
发送:time:17:25:34
发送:time:17:25:35
发送:time:17:25:36
发送:time:17:25:37
发送:time:17:25:38
发送:time:17:25:39
发送:time:17:25:40
发送:time:17:25:41
发送:time:17:25:42
发送:time:17:25:43
发送:time:17:25:44
发送:time:17:25:45
发送:time:17:25:46
发送:time:17:25:47
发送:time:17:25:48
发送:time:17:25:49
发送:time:17:25:50
发送:time:17:25:51
发送:time:17:25:52
```

图6.23 服务器端的运行结果

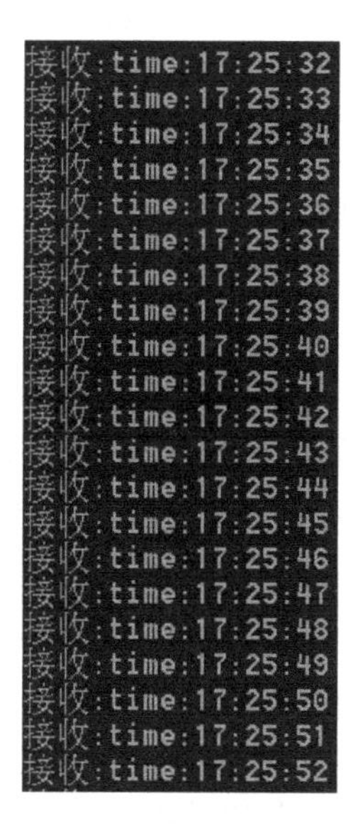

图6.24 客户端的运行结果

6.6 NIO.2

从Java 7开始，Java提供了异步通道技术。异步通道支持网络连接、读取、写入等操作,并提供控制和监测机制。异步通道类的层次关系如图 6.25 所示。

异步通道由 java. nio. channels 包提供,包括 AsynchronousSocketChannel、AsynchronousServerSocketChannel、AsynchronousFileChannel。

java.nio.channels

Interface AsynchronousChannel

All Superinterfaces:

AutoCloseable, Channel, Closeable

All Known Subinterfaces:

AsynchronousByteChannel

All Known Implementing Classes:

AsynchronousFileChannel, AsynchronousServerSocketChannel, AsynchronousSocketChannel

图 6.25　异步通道类的层次关系

AsynchronousChannel 接口支持异步非阻塞 IO 操作。异步,就是在调用 IO 的时候,不必将进程挂起等待数据结果,而是立刻返回去做别的事情,之后进程会收到通知 IO 已经有结果了,就可以处理数据了。

同步和异步就像看病和体检。看病的时候,要等待医生告知病情并开处方,这就是同步。体检完成后,不必等待结果,之后,医生根据各个体检结果综合评估健康情况,会通知到个人,这就是异步。

同步和异步 IO 都有阻塞和非阻塞之分。阻塞指 IO 提交读写请求后,应用程序会一直等待到可以进行读写的操作,而非阻塞指提交读写请求后,应用程序可以去处理别的事情,读写可以进行的时候会有通知。

异步通道的 IO 操作会返回一个 Future<V>对象,V 表示 IO 操作的数据结果类型,Future 是一个接口类型,它用来检查 IO 操作是否已经完成、等待完成、获得结果,还可以取消 IO 执行。

异步通道还可以通过在 IO 操作方法中,设置参数 CompletionHandler 来处理异步 IO。

异步通道对于多线程是线程安全的,允许同时进行读写,视具体的异步通道类型而定。

AsynchronousSocketChannel 类、AsynchronousServerSocketChannel 类和 AsynchronousFileChannel 类实现了 AsynchronousChannel 接口。AsynchronousSocketChannel 类是异步的套接字客户端通道。AsynchronousServerSocketChannel 类是服务器套接字的异步通道。AsynchronousFileChannel 支持文件读写的异步通道。AsynchronousByteChannel 接口是支持 Byte 读写的异步通道。Java 8 中没有定义 AsynchronousDatagramChannel 类。

6.6.1　AsynchronousServerSocketChannel 类

AsynchronousServerSocketChannel 类和 ServerSocketChannel 类似,提供基于 TCP 的面向流的监听套接字,但它提供的是异步通道。AsynchronousServerSocketChannel 类的层次关系如图 6.26 所示。

Class AsynchronousServerSocketChannel

java.lang.Object
　　java.nio.channels.AsynchronousServerSocketChannel

图 6.26　AsynchronousServerSocketChannel 类的层次关系

AsynchronousServerSocketChannel 对象由 open 方法创建，之后需要由 bind 方法绑定套接字地址。

AsynchronousServerSocketChannel 仍然由 accept 方法获得客户端连接请求。它在多线程并发时是线程安全的。

1. 创建 AsynchronousServerSocketChannel 对象

- static AsynchronousServerSocketChannel open()：使用 open 方法，创建该类对象。
- final AsynchronousServerSocketChannel bind(SocketAddress local)：bind 方法将异步通道绑定在本地套接字地址 local。

例如，下列语句在本地的 5678 端口创建异步服务器套接字 AsynchronousServerSocketChannel 对象 server。

```
AsynchronousServerSocketChannel server = AsynchronousServerSocketChannel.
                                         open().bind(new InetSocketAddress(5678));
```

2. 接收连接

接收一个连接使用 accept 方法，accept 有两种方式。

- abstract Future<AsynchronousSocketChannel> accept()：异步通道的 accept 方法的不同之处在于，它不会阻塞等待客户端的连接请求，而是立刻返回。它返回的不是 SocketChannel 对象，而是 Future<AsynchronousSocketChannel>对象。Future 对象使用泛型，依据具体操作而定。Future 是一个接口，表示异步运算的结果。

例如：

```
Future<AsynchronousSocketChannel> acceptFuture = server.accept();
```

- abstract <A> void accept(A attachment, CompletionHandler<AsynchronousSocketChannel, ? super A> handler)：参数 handler 是一个处理器程序，用于在完成客户端连接请求时进行处理，或者在连接失败时进行处理。

例如，下面的程序块，accept 方法接收一个连接。其中定义了 CompletionHandler 对象，并通过 completed 方法设置完成连接之后的操作，通过 failed 方法设置接收连接失败之后的操作。

```
server.accept(null, new CompletionHandler<AsynchronousSocketChannel, Object>() {

    public void completed(AsynchronousSocketChannel result, Object attachment) {
      server.accept(null, this);
```

```
        //to do 连接完成之后的操作);
    }

    public void failed(Throwable exc, Object attachment) {
        exc.printStackTrace();
    }
});
```

CompletionHandler 是一个接口,用来处理异步 IO 操作。其中只声明了两个方法,一个是 completed 方法,另一个是 failed 方法。

- void completed(V result, A attachment):该方法在 IO 操作完成后调用。result 是 IO 操作完成的结果。
- void failed(Throwable exc, A attachment):该方法在 IO 操作失败后调用。exc 是失败的原因。

CompletionHandler 接口的层次关系如图 6.27 所示。

java.nio.channels

Interface CompletionHandler<V, A>

图 6.27 CompletionHandler 接口的层次关系

6.6.2 AsynchronousSocketChannel 类

AsynchronousSocketChannel 类和 SocketChannel 类似,提供基于 TCP 的面向流的连接套接字,但提供的也是异步通道。AsynchronousSocketChannel 类的层次关系如图 6.28 所示。

Class AsynchronousSocketChannel

java.lang.Object
    java.nio.channels.AsynchronousSocketChannel

图 6.28 AsynchronousSocketChannel 类的层次关系

AsynchronousSocketChannel:对象有两种创建的途径。

① 由 open 方法创建。

```
static AsynchronousSocketChannel open()
```

创建之后需要由 connect 方法连接到通道

```
abstract Future<Void> connect(SocketAddress remote)
```

connect 方法返回的是 Future 对象。Future 的 get 方法获得异步运算的结果，它是阻塞的。

例如：

```
AsynchronousSocketChannel client = AsynchronousSocketChannel.open();
client.connect(server.getLocalAddress()).get();
```

② 由 AsynchronousServerSocketChannel 的 accept 方法获得，详见 6.6.1 节。

一旦服务器和客户端建立了连接，就可以通过异步通道进行读写操作。AsynchronousSocketChannel 类定义了多个 read 和 write 方法，比较常用的两个如下所示。

```
abstract Future<Integer> read(ByteBuffer dst)
```

从异步通道中读取字节序列到字节缓冲区 dst 中。

Future 表示操作的结果，由 Future.get 返回读取的字节数，如果返回－1，表示读到通道的结束符。

```
abstract Future<Integer> write(ByteBuffer src)
```

从字节缓冲区 src 中读取字节序列写入异步通道中。仍然由 Future 表示操作的结果。由 Future.get 返回写入的字节数。

例如：

```
client = AsynchronousSocketChannel.open();
ByteBuffer bB = ByteBuffer.wrap("hello".getBytes());
int numberBytes = client.write(bB).get();
```

首先创建异步套接字通道客户端 client，将字符串消息存入字节缓冲区 bB。

之后，通过 client 调用 write 方法发送数据，返回的结果通过 Future 的 get 方法获得。Future 类将在第 7 章介绍。

6.6.3　AsynchronousChannelGroup 类

AsynchronousChannelGroup 表示一组异步通道，目的是进行资源共享。

AsynchronousChannelGroup 有一个相关的线程池来处理 IO 事件，并分配到组内处理异步操作结果的 CompletionHandler。AsynchronousChannelGroup 类的层次关系如图 6.29 所示。

一个 AsynchronousChannelGroup 对象通过调用 withFixedThreadPool 方法或者 withCachedThreadPool 方法定义。线程池属于异步通道组。

- static AsynchronousChannelGroup withCachedThreadPool(ExecutorService executor, int initialSize)：线程池用于生成新的线程，通过给定的 cached 线程池创建 AsynchronousChannelGroup 对象。executor 是一个执行器，在必要的时候生成新

的线程执行处理 IO 时间和分配结果的任务。initialSize 设置初始等待 IO 时间的线程的数量。

- static AsynchronousChannelGroup withFixedThreadPool(int nThreads, ThreadFactory threadFactory):线程池用于生成新的线程,通过给定的 fixed 线程池创建 AsynchronousChannelGroup 对象。nThreads 表示线程池的数量。threadFactory 用于创建新的线程。
- static AsynchronousChannelGroup withThreadPool(ExecutorService executor):线程池用于生成新的线程,通过给定的线程池创建 AsynchronousChannelGroup 对象。

java.nio.channels

Class AsynchronousChannelGroup

java.lang.Object
    java.nio.channels.AsynchronousChannelGroup

图 6.29　AsynchronousChannelGroup 类的层次关系

6.6.4　示例

程序 ch6\AIOServer.java 第三次实现了时间服务器的功能,但是采用了异步通道机制。异步通道的使用多伴随着多线程,多线程的使用在第 7 章中会做详细的介绍。

ch6\AIOServer.java 是服务端程序,如下所示。

程序:ch6\AIOServer.java

```
1.    import java.io.IOException;
2.    import java.net.InetSocketAddress;
3.    import java.nio.ByteBuffer;
4.    import java.nio.channels.AsynchronousChannelGroup;
5.    import java.nio.channels.AsynchronousServerSocketChannel;
6.    import java.nio.channels.AsynchronousSocketChannel;
7.    import java.nio.channels.CompletionHandler;
8.    import java.util.Date;
9.    import java.text.SimpleDateFormat;
10.   import java.util.concurrent.ExecutionException;
11.   import java.util.concurrent.Executors;
12.   import java.util.concurrent.Future;
13.   import java.util.concurrent.TimeUnit;
14.
15.
16.   public class AIOServer {
17.
```

```
18.
19.  public static void main(String[] args) throws Exception {
20.
21.          AsynchronousChannelGroup group = AsynchronousChannelGroup.with-
             ThreadPool (Executors.newFixedThreadPool(10));
22.          final AsynchronousServerSocketChannel server = AsynchronousSer-
             verSocketChannel.open(group).bind(new InetSocketAddress(5678));
23.           server.accept(null, new CompletionHandler<AsynchronousSock-
                         etChannel, Void>() {
24.
25.                  public void completed(AsynchronousSocketChannel result,
                                                 Void attachment) {
26.                     server.accept(null, this);
27.                     try {
28.                         ByteBuffer buffer = ByteBuffer.allocateDirect(100);
29.                         SimpleDateFormat sdf = new SimpleDateFormat("HH:mm:ss");
30.                         String time = "time:" + sdf.format(new Date());
31.                         buffer.put(time.getBytes());
32.                         buffer.flip();
33.
34.
35.                         Future<Integer> f = result.write(buffer);
36.                         f.get();
37.
38.                         System.out.println("发送当前时间：" + time);
39.                         result.close();
40.                     } catch (Exception e) {
41.                                 e.printStackTrace();
42.                       }
43.                }
44.
45.                public void failed(Throwable exc, Void attachment) {
46.                        exc.printStackTrace();
47.                }
48.             });
49.
50.                     group.awaitTermination(Long.MAX_VALUE, TimeUnit.SEC-
                                              ONDS);
51.  }
52.  }
```

在第 19 行开始的 main 方法中，首先创建了 AsynchronousChannelGroup 异步通道组，并设置相关线程池的大小为 10。

在第 22 行，设置异步服务端套接字通道，工作在本地 5678 端口。

在第 23 行，服务器接收到连接请求并成功后，调用 CompletionHandler 的 completed 方法。

completed 方法中，第 31 行，将当前时间按照预定格式存入字节缓冲区 buffer，并通过 AsynchronousSocketChannel 对象 channel 的 write 方法输出 buffer 的内容，返回 Future 对象 f 表示结果。

在第 36 行，Future 的 get 方法等待输出操作结束，并返回结果。

服务端启动后，当有客户端连接请求成功时，就发送当前时间，如图 6.30 所示。

```
发送当前时间: time:11:03:54
发送当前时间: time:11:12:00
发送当前时间: time:11:16:06
发送当前时间: time:11:16:20
发送当前时间: time:11:16:22
```

图 6.30　服务端的运行结果

客户端程序 ch6\AIOClient.java 如下所示。

程序：ch6\AIOClient.java

```
1.    import java.nio.CharBuffer;
2.    import java.nio.ByteBuffer;
3.    import java.nio.channels.AsynchronousChannelGroup;
4.    import java.nio.channels.AsynchronousServerSocketChannel;
5.    import java.nio.channels.AsynchronousSocketChannel;
6.    import java.nio.channels.CompletionHandler;
7.    import java.util.concurrent.ExecutionException;
8.    import java.util.concurrent.Executors;
9.    import java.util.concurrent.Future;
10.   import java.net.InetSocketAddress;
11.   import java.nio.charset.Charset;
12.   import java.nio.charset.CharsetDecoder;
13.
14.   public class AIOClient {
15.       private static Charset charset = null;
16.       private static CharsetDecoder decoder = null;
17.
18.       public static void main(String[] args) throws Exception {
19.
```

```
20.          final AsynchronousSocketChannel client = AsynchronousSocketChan-
                                                     nel.open();
21.          Future<Void> future = client.connect(new InetSocketAddress("
                                                     127.0.0.1", 5678));
22.          future.get();
23.
24.          final ByteBuffer buffer = ByteBuffer.allocate(100);
25.          client.read(buffer, null, new
                      CompletionHandler<Integer, Void>() {
26.
27.          public void completed(Integer result, Void attachment) {
28.
29.            String time = new String(buffer.array());
30.            System.out.println("当前时间：" + time.substring(0,result) );
31.          }
32.
33.
34.          public void failed(Throwable exc, Void attachment) {
35.                exc.printStackTrace();
36.                try {
37.                    client.close();
38.                }
39.                catch (Exception e) {
40.                    e.printStackTrace();
41.                }
42.            }
43.        });
44.
45.        Thread.sleep(1000);
46.    }
47.
48.
49.  }
```

在第 20 行，通过 open 方法创建 AsynchronousSocketChannel 的对象 client。
之后调用 client 的 connect 方法连接服务器，返回 Future 对象 future 表示结果。
在第 22 行，client 调用 read 方法读取服务器消息到 buffer 并返回。
完成读取操作，执行 CompletionHandler 的 completed 方法，显示当前时间。

6.7 选择 IO 还是 NIO

在 Java 程序设计中,无论选择基于 IO 还是 NIO 的模式,都可以完成网络通信的功能。究竟选择哪一种模式,不外乎解决数据的处理和线程的管理,其他就是类和方法的调用了。

IO 和 NIO 的不同在于以下两个方面。

(1) 面向流还是面向缓冲区

IO 是面向流的,通过 read 或 write 方法,从流中直接读取一个或多个自己,或者向流中直接写入一或多字节。读写的字节就是要处理的数据。流是顺序读写的,不能随意移动位置读取。

NIO 是面向缓冲区的,例如,通过 read 方法从通道读取数据到缓冲区,然后通过 get 方法从 buffer 中再读取数据进行处理。在缓冲区中,可以任意移动位置读取。

当然,Buffer 类及其子类提供了若干方法对缓冲区的使用进行控制。

(2) 阻塞还是非阻塞

基于 IO 的所有流都是阻塞的,所以当进行读、写操作时,线程会阻塞直到有数据读到,或者数据写完才会继续运行。

基于 NIO 的操作,线程从通道中读取数据的时候,有多少可读的数据就读多少,之后会做别的操作,不会阻塞到那里。写操作与之类似。

使用选择器 Selector,可以是一个线程管理多个通道。通道向 Selector 注册读、写等事件,当有通道就绪时,可以依据事件进行相应的处理。

NIO.2 或者 AIO 提供异步的 IO 操作,和 NIO 的不同之处在于 NIO 的多线程,多个连接通道共用一个线程,通过轮询判断通道就绪,相比之下 AIO 更节省资源。

第 7 章　多线程和并发

本章重点

本章重点介绍多线程编程和 Java 的并发包。

本章介绍了创建线程的方法，以及操作线程的其他常用方法。

本章还介绍了线程间的互相协调的方法和死锁问题。

本章最后介绍了 java.util.concurrent 包中的 Executor 框架涉及的若干类和接口，并探讨了它们的使用方法。

计算机系统通常有很多活动的进程和线程，进程是具有独立功能的程序针对一个数据集合的运行活动。它是操作系统分配资源的最小单位。

进程通常有自己的运行资源，有自己的内存空间。进程能够并发。

线程是比进程更小的概念。一个进程通常可以包含若干个线程。操作系统通常把线程作为独立运行和独立调度的基本单位。线程比进程需要更少的资源。一个进程的多个线程共享进程资源。线程能够更高效地提高并发性。

尽管有的系统是单内核，即某一时刻只有一个线程被执行，但是通过分时，操作系统能够在不同的应用程序或者进程间切换执行，多个进程仍然能够共享内核。

现在越来越多的计算机系统具有了多个处理器或者多内核，这极大地提高了计算机系统的并发处理能力。

在网络程序设计中，可以为每一个客户端的请求创建单独的线程并进行处理，以提高系统的响应速度，保证每个用户的独立性。

Java 的应用程序至少有一个线程，如 main 方法就是一个线程。多线程能够更好地利用系统资源。

7.1 创建线程

并发程序设计中，有两种基本的程序运行单元：进程和线程。在 Java 中的并发主要是基于线程的。Java 是线程安全的。一个进程的多个线程可以同时运行，共享堆内存空间。所以多线程程序比单线程的程序处理要更复杂。

Java 虚拟机允许一个用户拥有多个并发的线程。每个线程都有一个优先级，高优先级的线程可以优先执行。

线程在 Java 中用 Thread 类表示。Thread 类的层次关系如图 7.1 所示。

Class Thread

java.lang.Object
    java.lang.Thread

图 7.1　Thread 类的层次关系

7.1.1　创建线程的方法

创建线程对象有两种方法。

1. 继承父类法

继承法的一般思路是：

- 声明线程类继承 Thread；
- 如果有必要，编写构造方法；
- 编写 run 方法，其中包含了线程对象要实现的功能；
- 编写调用方法，如 main 方法，创建线程类对象，并调用 start 方法启动线程对象。start 方法启动线程后，会调用 run 方法执行线程。
- 一旦线程执行结束或出现了异常，线程就会结束并被回收。

在程序 ch7\CustomerThread.java 中，演示了一个服务顾客的程序。假设一个服务员可以同时为两个顾客提供服务。如果不采用多线程，一个服务员只为一个顾客提供服务，服务员会经常处于等待服务状态，极大地降低了工作效率。

程序：ch7\CustomerThread.java

```
1.  public class CustomerThread extends Thread {
2.      String customer;
3.
4.      public CustomerThread(String cus){
5.          customer = cus;
6.      }
7.
8.      public static void main(String[] args){
9.           new CustomerThread("顾客 1").start();
10.          new CustomerThread("顾客 2").start();
11.      }
12.
13.      public void run(){
14.          System.out.println("欢迎" + customer);
```

```
15.            for(int i = 0;i<3;i ++ ){
16.            System.out.println(customer + "要求服务。");
17.            }
18.            System.out.println(customer + "离开!");
19.        }
20.    }
```

在第 1 行,CustomerThread 通过继承 Thread 类声明为线程类。

从第 4 行开始的是构造方法,为每个 CustomerThread 对象的 customer 域赋值,参数作为顾客的名称。

从第 13 行开始的是 run 方法,它覆盖了父类 Thread 的 run 方法。在本例中,设置每个顾客有到店、离开、3 次要求服务的功能。

在第 8 行开始的 main 方法中,创建了顾客实例——顾客 1 和顾客 2。每个 CustomerThread 对象调用 start 方法各自启动自己的并发线程。值得注意的是:对象调用的是 start 方法,而不是 run 方法。start 会调用 run 方法。

第 9 行也可以声明对象变量,由对象名调用 start 方法。

例如:

```
CustomerThread c1 = new CustomerThread("顾客 1")
c1.start();
```

程序的运行结果如图 7.2、图 7.3 所示。

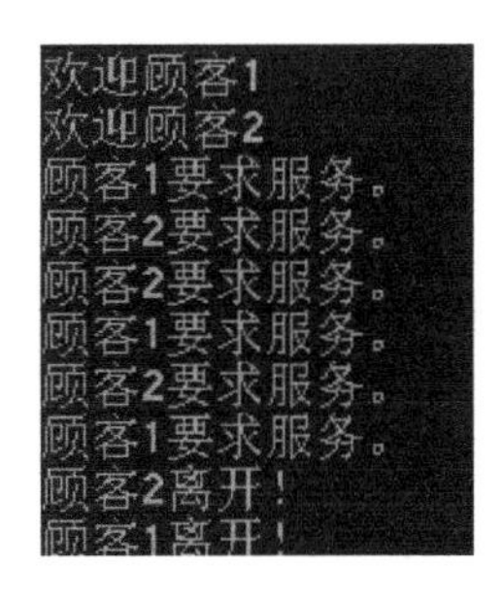

图 7.2　第一次运行的结果

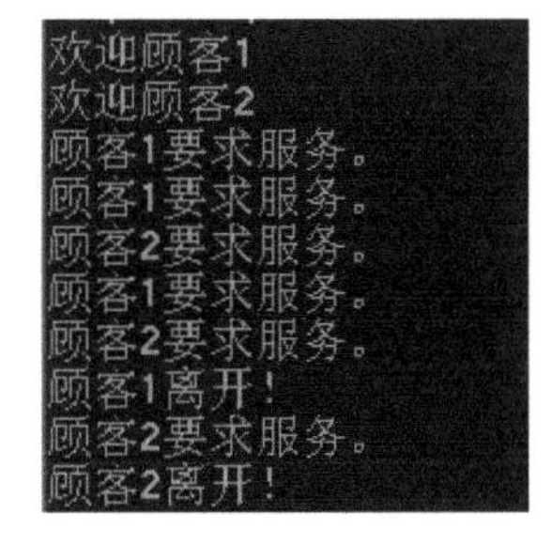

图 7.3　第二次运行的结果

可以看到,由于并发线程由 Java 虚拟机调度执行,run 方法里设定的功能都会执行到,但是每次运行的结果可能各不相同。执行的过程程序员并不能预知。就像一个服务员要照顾两个顾客,顾客的行为各有各自的情况。

2. 实现接口法

实现接口法的一般思路是:

- 声明类实现 Runnable 接口;
- 如果有必要,编写构造方法;
- 编写 run 方法,其中包含了线程对象要实现的功能;
- 编写调用方法,如 main 方法,创建类对象,再将类对象作为 Thread 类的构造方法的参数，生成线程类对象，并由线程类对象调用 start 方法启动线程对象。

Thread 类的声明如图 7.4 所示。

```
public class Thread
extends Object
implements Runnable
```

图 7.4　Thread 类的声明

在下面的例子中，用实现接口的方法重新编写了服务顾客的程序。

程序：ch7\CustomerRunnable.java

```
1.  public class CustomerRunnable implements Runnable {
2.        String customer;
3.
4.        public CustomerRunnable(String cus){
5.            customer = cus;
6.        }
7.
8.        public static void main(String[] args){
9.              new Thread(new CustomerRunnable("顾客 1")).start();
10.             new Thread(new CustomerRunnable("顾客 2")).start();
11.         }
12.
13.        public void run(){
14.               System.out.println("欢迎" + customer);
15.               for(int i = 0;i<3;i ++ ){
16.               System.out.println(customer + "要求服务。");
17.             }
18.             System.out.println(customer + "离开!");
19.         }
20.   }
```

在第 1 行，CustomerRunnable 声明为实现 Runnable 接口。

从第 4 行开始的是构造方法，未做改变。

从第 13 行开始的是 run 方法，它覆盖了接口 Runnable 的 run 方法。在本例中，run 方法未做更改。

在第 8 行开始的 main 方法中，创建了顾客实例——顾客 1 和顾客 2。每个 CustomerRunnable 对象作为参数生成 Thread 对象，通过调用 Thread 对象的 start 方法各自启动自己的并发线程。

第 9 行也可以声明对象变量，再生成 Thread 对象名，并由其调用 start 方法。例如：

```
CustomerRunnable c1 = new CustomerRunnable ("顾客 1")
Thread t1  = new Thread(c1);
t1.start();
```

程序的运行结果如图 7.5、图 7.6 所示。

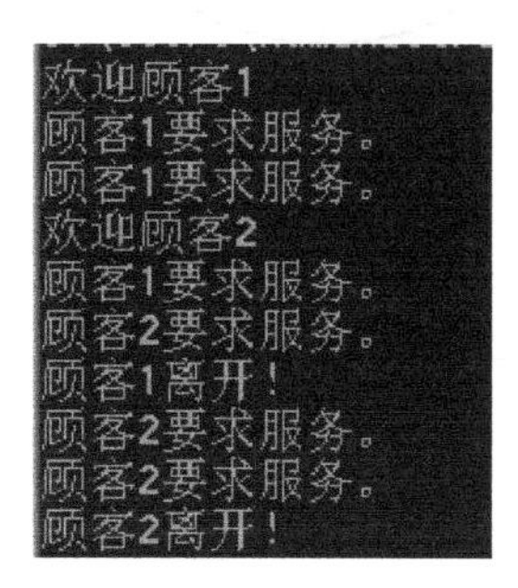

图 7.5　第一次运行的结果

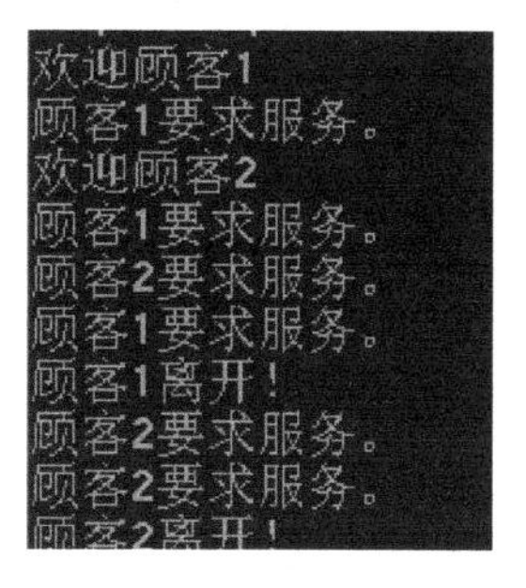

图 7.6　第二次运行的结果

可以看到，实现 Runnable 接口时也需要建立一个 Thread 实例。

因此，无论是通过继承 Thread 类还是实现 Runnable 接口，都要建立 Thread 类或其子类的实例，都要通过 start 方法来启动一个线程。

实现 Runnable 接口的优点在于，如果需要继承某个类，又要实现多线程时，由于 Java 不允许多重继承，所以声明一个父类，再实现其他的接口，可以变相实现多重继承。

从程序 ch7\CustomerThread.java 和 ch7\CustomerRunnable.java 可以看到，run 方法必须进行覆盖，把需要多个线程并发处理的代码放到这个方法中。

虽然 run 方法实现了多个线程的并发处理，但是不能直接调用 run 方法，而是通过调用 start 方法来调用 run 方法。start 方法会先进行与多线程有关的初始化工作，然后再调用 run 方法。

run 方法运行完成后，线程终止。

7.1.2　线程的状态

一个线程有 6 种状态，它们分别如下所示。

- NEW：线程对象已经创建，但尚未调用 start 方法启动时的状态。
- RUNNABLE：线程已经运行的状态。
- BLOCKED：线程被阻塞，等待监控锁的状态。
- WAITING：等待状态，线程等待另一个线程执行某个动作。

例如，wait 方法把正在执行的线程设置为 Waiting 等待状态，等待另一个线程执行某个特定的操作。

notify 方法或者 notifyAll 方法会通知等待状态的线程重新运行。

- TIMED_WAITING：线程等待一段时间，等待另一个线程的执行。
- TERMINATED：线程退出之后的状态。

线程的状态是有生命周期的，线程的状态由 Java 虚拟机调度，程序员也可以通过调用一些方法来控制线程状态的转换。如图 7.7 所示，新创建的线程，通过调用 start 方法，转变为可运行状态;运行中的线程,通过调用 wait 方法或者 sleep 方法进入等待状态;当处于等待状态的线程通过其他线程调用 notify 方法或者 notifyAll 方法唤醒时,会重新进入可运行状态;线程运行结束,会进入终止状态。

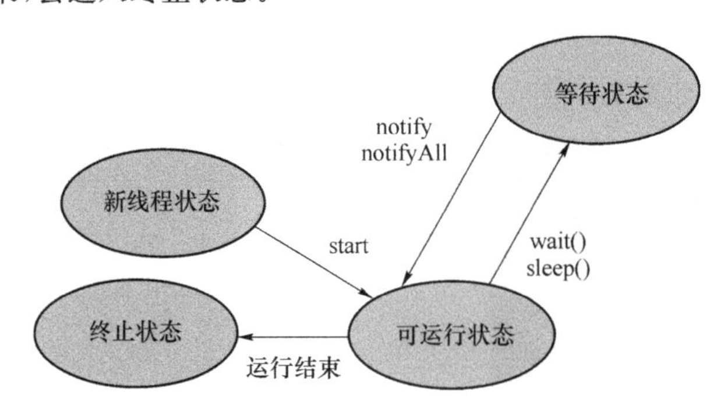

图 7.7　线程的运行和阻塞状态

在图 7.8 中,处于可运行状态的线程,因线程同步或者 IO 阻塞的出现,会进入阻塞状态;当 IO 阻塞解除或者该线程获得锁时,重新进入可运行状态。

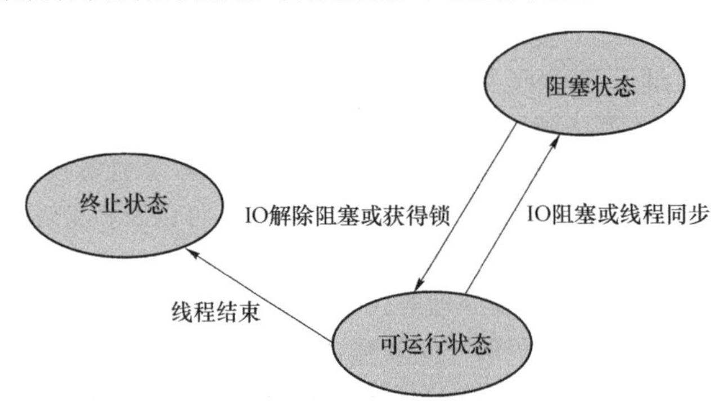

图 7.8　线程的运行和等待状态

7.2　线程类的方法

1. 暂停线程

暂停当前正在执行线程的运行,使用 sleep 方法。

- static void sleep(long millis):millis 是暂停的毫秒数。在此期间,当前线程暂停执行。暂停设置的时间后,线程恢复运行。

因为 sleep 方法是 static 方法,所以通常采用 Thread 类直接调用 sleep 方法,而不是任何线程类对象调用的方式,如下所示。

```
Thread.sleep(1000);
```

- static void sleep(long millis, int nanos):暂停的时间是毫秒数 millis 加上纳秒数 nanos。nanos 的取值范围是 0～999 999。

由于 run 方法是覆盖父类 Thread 的 run 方法,所以值得注意的是,run 方法不能声明

throws 异常，只能在 run 方法内部使用 try-catch 的结构处理异常。

处于暂停状态的线程可以被中断，会触发 InterruptedException 异常。

2. 中断线程

- 中断当前正在执行线程的执行，使用 interrupt 方法：void interrupt()。如果一个线程正阻塞在 wait 方法、join 方法或者 sleep 方法的调用中，会触发 InterruptedException 异常。

例如：

```
t.interrupt();
```

- 判断当前线程是否处于中断状态，使用静态方法：static boolean interrupted()。

例如：

```
if (Thread.interrupted()) {
    throw new InterruptedException();
}
```

值得注意的是，静态方法通常使用类 Thread 直接调用，而不是通过线程对象来调用。

3. 等待线程结束

- final void join()：如果当前线程要等待另一个线程运行完毕，需要调用 join 方法。

例如：

```
t.join();
```

当前主线程调用 t 线程的 join 方法，表示主线程等待线程 t 运行结束，自己才运行。

- final void join(long millis)：主线程等待调用 join 方法的线程 millis 毫秒后再运行。
- final void join(long millis,int nanos)：主线程等待调用 join 方法的线程 millis 毫秒加上 nanos 纳秒后再运行。

例如，程序 ch7\ThreadTest.java 演示了 sleep 和 join 方法的使用。

程序：ch7\ThreadTest.java

```
1.  public class ThreadTest implements Runnable {
2.
3.          public void run() {
4.
5.              try {
6.                  for (int i = 0;i < 5; i++) {
7.                      Thread.sleep(1000);
8.
9.  System.out.println((Thread.currentThread().getName()) + ":" + i);
10.                 }
11.             } catch (InterruptedException e) {
```

```
12.                 System.out.println("InterruptedException!");
13.             }
14.         }
15.
16.
17.     public static void main(String args[]) throws InterruptedException {
18.
19.         System.out.println("Start Thread");
20.
21.         Thread t1 = new Thread(new ThreadTest());
22.         Thread t2 = new Thread(new ThreadTest());
23.
24.         t2.start();
25.         t2.join();
26.         t1.start();
27.
28.         System.out.println("Waiting");
29.
30.         while (t2.isAlive()) {
31.             System.out.println("Still waiting…");
32.
33.              t2.join(1000);
34.
35.         }
36.          System.out.println("End.");
37.     }
38. }
```

在第 24 行，首先启动线程 t2，之后调用 join 方法。

在第 26 行，启动线程 t1，当前主线程会让 t2 线程先运行，再运行 t1 线程。

程序的运行结果如图 7.9 所示，Thread-0 是 t1 线程的名字，Thread-1 是 t2 线程的名字。

t2 线程运行了 5 次 sleep，结束运行之后，再运行 t1。

t1 运行之后，主线程继续独自运行，因为 t2 已经结束，所以第 30 行开始的 while 循环不满足条件，不会运行。

主线程结束之后，显示"End."，t1 会在自己的线程独自运行，这也是多线程的特点。

将程序稍作改动，如下所示，修改了第 24 行到第 26 行，这次换做 t1 先运行。

t2 线程运行了 5 次 sleep，结束运行之后，再运行 t1。

```
Start Thread
Thread-1:0
Thread-1:1
Thread-1:2
Thread-1:3
Thread-1:4
Waiting
End.
Thread-0:0
Thread-0:1
Thread-0:2
Thread-0:3
Thread-0:4
```

图 7.9　程序 ch7\ThreadTest.java 的运行结果

```
1.  public class ThreadTest implements Runnable {
2.
3.          public void run() {
4.
5.              try {
6.                  for (int i = 0;i < 5; i++) {
7.                      Thread.sleep(1000);
8.
9.  System.out.println((Thread.currentThread().getName()) +":" + i);
10.                 }
11.             } catch (InterruptedException e) {
12.                 System.out.println("InterruptedException!");
13.             }
14.         }
15.
16.
17.     public static void main(String args[]) throws InterruptedException {
18.
19.         System.out.println("Start Thread");
20.
21.         Thread t1 = new Thread(new ThreadTest());
22.         Thread t2 = new Thread(new ThreadTest());
23.
24.         t1.start();
25.         t1.join();
26.         t2.start();
27.
```

```
28.            System.out.println("Waiting");
29.
30.            while (t2.isAlive()) {
31.                System.out.println("Still waiting…");
32.
33.                t2.join(1000);
34.
35.            }
36.             System.out.println("End.");
37.        }
38.    }
```

在第 24 行，首先启动线程 t1，之后调用 join 方法。

在第 26 行，启动线程 t2，当前主线程会让 t1 线程先运行，再运行 t2 线程。

程序的运行结果如图 7.10 所示。

```
Start Thread
Thread-0:0
Thread-0:1
Thread-0:2
Thread-0:3
Thread-0:4
Waiting
Still waiting...
Thread-1:0
Still waiting...
Thread-1:1
Still waiting...
Thread-1:2
Still waiting...
Thread-1:3
Still waiting...
Thread-1:4
End.
```

图 7.10　将程序 ch7\ThreadTest.java 稍作修改后的运行结果

t1 线程运行了 5 次 sleep，结束运行之后，再运行 t2。

在第 30 行开始的主线程，判断 t2 仍然在运行，主线程继续独自运行，在 while 循环体内，等待 t2 先运行。

由于 t2 线程的运行早于主线程，所以主线程在 t2 运行完毕后，最后结束。

4. 线程的名字

返回当前线程的名字，使用 getName 方法：final String getName()

例如，程序 ch7\ThreadName.java 设置并返回线程的名字。

程序：ch7\ThreadName.java

```
1.   class SomeThread extends Thread {
2.
3.     public SomeThread (String s) {
4.       super(s);
5.     }
6.
7.     public void run() {
8.       System.out.println("Thread 名字:" + getName());
```

```
9.
10.     }
11.  }
12.
13.
14.  public class ThreadName {
15.     public static void main (String arg[]) {
16.        SomeThread t1, t2;
17.
18.        t1 = new SomeThread ("Thread No.1");
19.        t2 = new SomeThread ("Thread No.2");
20.
21.        t1.start();
22.        t2.start();
23.
24.        System.out.println(Thread.currentThread().getName());
25.     }
26.  }
```

通常在构造方法中，为一个线程设置名字，如第 3 行所示。

在第 8 行，线程的 getName 方法返回线程的名字。

在第 18 行和 19 行，创建线程的时候通过构造方法设置名字。

在第 24 行，通过 Thread.currentThread 得到当前正在运行的线程，因为在 main 方法中，所以当前的线程是 main。它和线程 t1、t2 并发运行。

程序的运行结果分别如图 7.11、图 7.12 所示。由于是并发，所以每次运行的结果不尽相同。

```
main
Thread名字: Thread No.1
Thread名字: Thread No.2
```

图 7.11　程序 ch7\ThreadName.java 的运行结果 1

```
main
Thread名字: Thread No.2
Thread名字: Thread No.1
```

图 7.12　程序 ch7\ThreadName.java 的运行结果 2

7.3　同步 Synchronization

运行在同一个 JVM 中的多个线程共享进程的堆内存，所以多个线程可以访问同一个对象。每个线程都有自己的栈内存，栈内存中的变量是线程安全的。但是堆内存中的变量不是线程安全的，需要进行同步 Synchronization。

Synchronization 使得多个线程能够同时访问的变量或者对象保持一致性，避免错误和互相干扰。

在 Java 中，同步使用 synchronized 关键字。synchronized 将一个方法或者代码块作为同步块。

7.3.1 同步方法

Java 通过监控锁强制对 synchronized 的方法进行互斥的访问。

当一个线程 T 对某个对象调用了 synchronized 方法，线程 T 就获得了对这个对象的监控锁。如果监控锁属于别的线程，线程 T 就会等待直到监控锁可用。

当线程 T 退出了 synchronized 方法，就释放监控锁。

程序：ch7\AdderThread. java

```
1.  class Adder {
2.      int c = 0;
3.
4.      public void increase() {
5.      //public synchronized void increase() {
6.
7.          for(int i = 0; i<5; i ++ ){
8.            c ++ ;
9.            System.out.println(Thread.currentThread().getName() +"加 1:" + c);
10.         }
11.     }
12. }
13.
14. public class AdderThread extends Thread{
15.
16.     Adder adder = null;
17.
18.     public AdderThread(Adder ad){
19.             this.adder = ad;
20.     }
21.
22.     public void run() {
23.
24.             adder.increase();
25.
26.     }
```

```
27.
28.     public static void main(String[] args) throws InterruptedException{
29.        Adder ad = new Adder();
30.
31.        Thread t1 = new AdderThread(ad);
32.        Thread t2 = new AdderThread(ad);
33.        t1.start();
34.        t2.start();
35.
36.     }
37. }
```

在程序 ch7\AdderThread.java 中，在第 28 行开始的 main 方法中，定义了两个线程对象 t1 和 t2。它们操作同一个 Adder 类对象 ad。

Adder 有一个方法 increase，如第 4 行所示，连续递增变量 c 5 次，每次加 1。

线程类 AdderThread 的 run 方法调用了 Adder 的 increase 方法。

程序的运行结果如图 7.13 所示，可以看到 t1 和 t2 是并发运行的，for 循环中的语句由 JVM 调度运行，结果是不能预知的，并没有按照设计的思路逐步加 1，甚至出现了两次“2”。

如果将 Adde 类的 increase 方法增加 synchronized 修饰，如第 5 行所示，那么当一个线程运行 increase 方法时，获得了监控锁，另一个线程将只能等待获得监控锁，即运行的权利。

修改后，程序的运行结果如图 7.14 所示。

```
Thread-0加1:2
Thread-1加1:2
Thread-0加1:3
Thread-1加1:4
Thread-0加1:5
Thread-0加1:7
Thread-0加1:8
Thread-1加1:6
Thread-1加1:9
Thread-1加1:10
```

图 7.13　程序 ch7\AdderThread.java 的运行结果

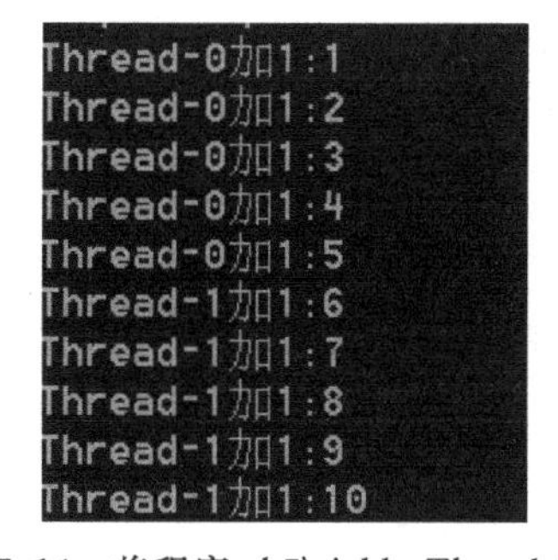

图 7.14　将程序 ch7\AdderThread.java 修改后的运行结果

7.3.2　同步代码块

Java 中同步代码块使用下列方法：

```
synchronized(对象标识符){
          //访问共享变量,或者其他共享资源
          }
```

其中,对象标识符表示代码中与监控锁有关的对象资源。在下例中,对程序 ch7\AdderThread.java 做了些更改,增加了 decrease 方法,用于对成员变量 c 循环减 1。increase 方法和 decrease 方法都是 synchronized 方法。

程序:ch7\AdderMinerThread.java

```
1.  class Adder {
2.      int c = 0;
3.
4.      public synchronized void increase() {
5.          for(int i = 0; i<5; i++){
6.            c++;
7.            System.out.println(Thread.currentThread().getName() + "加 1:" + c);
8.          }
9.      }
10.     public synchronized void decrease() {
11.         for(int i = 0; i<5; i++){
12.           c--;
13.           System.out.println(Thread.currentThread().getName() + "减 1:" + c);
14.         }
15.     }
16. }
17.
18. public class AdderMinerThread extends Thread{
19.
20.     Adder adder = null;
21.
22.     public AdderMinerThread(Adder ad){
23.         this.adder = ad;
24.     }
25.
26.     public void run() {
27.         synchronized(adder){
28.             adder.increase();
29.             System.out.println("changing…");
30.             adder.decrease();
31.         }
32.     }
33.
34.     public static void main(String[] args) throws InterruptedException{
```

```
35.         Adder ad  = new Adder();
36.
37.         Thread t1 = new AdderMinerThread(ad);
38.         Thread t2 = new AdderMinerThread(ad);
39.         t1.start();
40.         t2.start();
41.
42.     }
43. }
```

在第 26 行，AdderMinerThread 线程类的 run 方法中，实现先增后减的功能。

如果没有将第 28 行到第 30 行的语句包含在 synchronized 修饰的语句块中，程序的运行结果如图 7.15 所示。

可以看到，两个线程的 increase 方法和 decrease 方法是交替运行的。先执行了 t1 的 increase 方法，再执行 t2 的 increase 方法，之后执行了 t1 的 decrease 方法和 t2 的 decrease 方法。

如果增加 synchronized 修饰，将 t1 和 t2 共同访问的对象 adder 设置为同步的对象，则程序的运行结果如图 7.16 所示。

可以看到，一旦一个线程获得了共同访问资源的监控锁，就会一直执行同步块内的语句，直到结束释放锁。

```
Thread-0加1:1
Thread-0加1:2
Thread-0加1:3
Thread-0加1:4
Thread-0加1:5
changing...
Thread-1加1:6
Thread-1加1:7
Thread-1加1:8
Thread-1加1:9
Thread-1加1:10
changing...
Thread-0减1:9
Thread-0减1:8
Thread-0减1:7
Thread-0减1:6
Thread-0减1:5
Thread-1减1:4
Thread-1减1:3
Thread-1减1:2
Thread-1减1:1
Thread-1减1:0
```

图 7.15　没有使用 synchronized 的运行结果

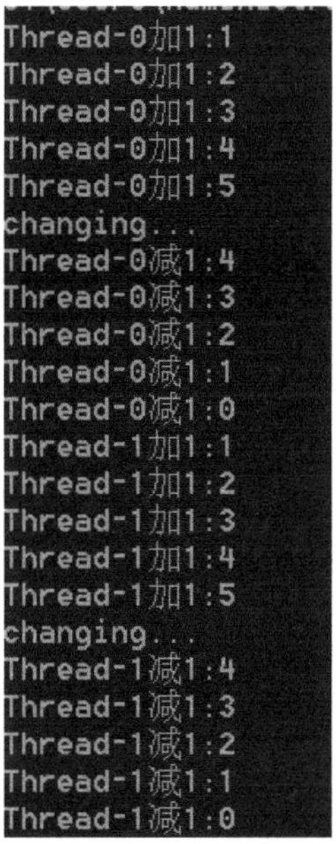

```
Thread-0加1:1
Thread-0加1:2
Thread-0加1:3
Thread-0加1:4
Thread-0加1:5
changing...
Thread-0减1:4
Thread-0减1:3
Thread-0减1:2
Thread-0减1:1
Thread-0减1:0
Thread-1加1:1
Thread-1加1:2
Thread-1加1:3
Thread-1加1:4
Thread-1加1:5
changing...
Thread-1减1:4
Thread-1减1:3
Thread-1减1:2
Thread-1减1:1
Thread-1减1:0
```

图 7.16　使用 synchronized 的运行结果

7.4 线程间的协调

7.4.1 唤醒和等待

当两个线程同时操作一个共享资源时，常常由于一个获得监控锁的进程在运行时由于条件的限制无法顺利完成，而另一个线程因为无法获得监控锁，而不能运行，造成程序阻塞在某处。

为了协调线程之间的运行，需要使用 wait 方法、notify 方法或者 notifyAll 方法。

- final void wait()：让当前线程处于等待状态，直到另一个线程调用 notify 方法或者 notifyAll 方法唤醒它。
- final void notify()：唤醒一个等待共享对象监控锁的线程。该线程调用了 wait 方法等待监控锁的释放。该方法只能由拥有共享对象监控锁的线程执行。
- final void notifyAll()：唤醒所有等待共享对象监控锁的线程。该方法只能由拥有共享对象监控锁的线程执行。

在程序 ch7\PutterGetter.java 中，线程类 Putter 和 Getter 分别实现向一个字符数组写入字符、取出字符。

从 main 方法中，可以看到 PutterGetter 对象 pg 是 Getter 线程对象和 Putter 线程对象的共享资源。

第 7 行开始的 put 方法，如果放入的元素已经达到了数组 buffer 的长度，就不做任何事情，希望 get 方法能够取出一些元素空间。

第 17 行开始的 get 方法，如果元素已经全部取出，就不做任何事情，希望 put 方法能够放入一些元素。

程序：ch7\PutterGetter.java

```
1.  public class PutterGetter
2.  {
3.    private int count = 0;
4.    private char [] buffer = new char[5];
5.
6.
7.        public synchronized void put(char c) {
8.        while(count == buffer.length) {
9.
10.       }
11.       System.out.println("放入 " + c + " ..." + count);
12.       buffer[count % 5] = c;
```

```
13.         count++;
14. 
15.     }
16. 
17.     public synchronized char get() {
18.         while (count == 0) {
19. 
20.         }
21.         count--;
22.         char c = buffer[(count) % 5];
23. 
24.         System.out.println("取出 " + c + " ..."+count);
25. 
26.         return c;
27.     }
28. 
29.     public static void main(String[] args)
30.     {
31.         PutterGetter pg = new PutterGetter();
32. 
33.         Putter p = new Putter(pg);
34.         Getter g = new Getter(pg);
35. 
36.         p.start();
37.         g.start();
38.     }
39. }
40. 
41. 
42. class Putter extends Thread {
43.     private PutterGetter pg;
44. 
45.     Putter(PutterGetter b) {
46.         pg = b;
47.     }
48. 
49.     public void run() {
50.         for(int i = 0; i < 10; i++) {
51. 
```

```
52.             pg.put((char)('A' + i ));
53.
54.         }
55.     }
56. }
57.
58. class Getter extends Thread {
59.     private PutterGetter pg;
60.
61.     Getter(PutterGetter b) {
62.         pg = b;
63.     }
64.
65.     public void run() {
66.         for(int i = 0; i < 10; i++ ) {
67.
68.             pg.get();
69.
70.         }
71.     }
72. }
```

程序的运行结果如图 7.17 所示，当 Putter 线程放满数组空间后，无法继续运行，而 Getter 线程因为无法获得监控锁，也不能运行，程序会阻塞在当前位置，无法继续运行。

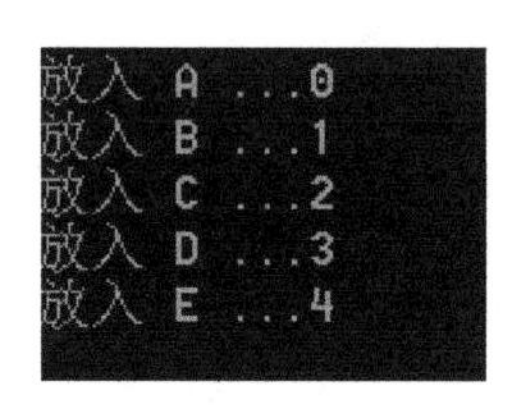

图 7.17　程序 ch7\PutterGetter.java 的运行结果

对程序作修改，添加黑色字体的部分。

在第 9 行，当 Putter 线程的 put 方法已经放满 buffer 时，调用 wait 方法，从而使得 Getter 线程对象能够使用 buffer。

wait 方法必须由 notify 方法或者 notifyAll 方法唤醒。

如第 33 行所示，Getter 线程对象取出 buffer 元素，调用 notify 方法唤醒 Putter 线程，从而能够获得 buffer 的访问权。

```
1.  public class PutterGetter
2.  {
3.     private int count = 0;
4.     private char[] buffer = new char[5];
5.
6.
7.   public synchronized void put(char c) {
8.   while(count == buffer.length) {
9.   try {
10.            wait();
11.       }
12.       catch (InterruptedException e) { }
13.
14.       }
15.       System.out.println("放入 " + c + " ..."+count);
16.       buffer[count % 5] = c;
17.       count++ ;
18.
19.       notify();
20.     }
21.
22.      public synchronized char get() {
23.       while (count == 0) {
24.         try {
25.         wait();
26.         }
27.        catch (InterruptedException e) { }
28.       }
29.       count-- ;
30.       char c = buffer[(count) % 5];
31.
32.       System.out.println("取出 " + c + " ..."+count);
33.       notify();
34.       return c;
35.     }
36.
37.    public static void main(String [] args)
38.    {
```

```
39.         PutterGetter pg = new PutterGetter();
40.
41.         Putter p  =  new Putter(pg);
42.         Getter g  =  new Getter(pg);
43.
44.         p.start();
45.         g.start();
46.     }
47. }
48.
49.
50. class Putter extends Thread {
51.     private PutterGetter pg;
52.
53.     Putter(PutterGetter b) {
54.         pg  =  b;
55.     }
56.
57.     public void run() {
58.       for(int i  =  0; i < 10; i++) {
59.
60.           pg.put((char)('A' + i));
61.
62.       }
63.     }
64. }
65.
66. class Getter extends Thread {
67.     private PutterGetter pg;
68.
69.     Getter(PutterGetter b) {
70.       pg  =  b;
71.     }
72.
73.     public void run() {
74.       for(int i  =  0; i < 10; i++) {
75.
76.           pg.get();
```

```
77.
78.         }
79.     }
80. }
```

程序的运行结果如图 7.18 所示。

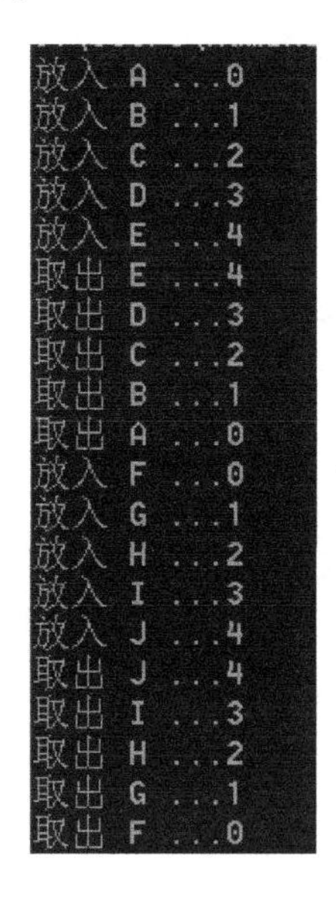

图 7.18　将程序 ch7\PutterGetter. java 修改后的运行结果

7.4.2　死锁

死锁指的是多个线程互相等待引起的永远阻塞的现象。当多个线程以不同的顺序想要获得同一个锁时很容易发生死锁。

例如，程序 ch7\Deadlock. java 中，有两个共享资源对象 object1 和 object2。

线程 t1 先访问 object1，再访问 object2，线程 t2 则先访问 object2，再访问 object1。

在第 10 行，当 t1 运行时马上锁定 object1，然后调用 sleep，目的是让 t2 有机会运行。

在第 18 行，t1 想要获得 object2 的锁以便运行，但是因为 object2 被 t2 锁定，所以会阻塞在这里。

t2 也是同样的道理。t2 由于不能获得 object1 的锁，也不释放 object2 的锁，所以两个线程都不能继续运行，形成死锁。

程序：ch7\Deadlock. java

```
1.  public class Deadlock {
2.    public static void main(String[] args){
3.
4.      final Object object1 = "对象 1";
```

```
5.        final Object object2 = "对象 2";
6.
7.        Thread t1 = new Thread() {
8.          public void run() {
9.
10.             synchronized(object1){
11.                 System.out.println(Thread.currentThread().getName() +" 锁定
                                          对象 1");
12.
13.                 try{
14.                   Thread.sleep(50);
15.                 } catch (InterruptedException e) {}
16.
17.
18.                 synchronized(object2){
19.                   System.out.println(Thread.currentThread().getName() +" 锁
                                            定对象 2");
20.                 }
21.               }
22.           }
23.         };
24.
25.
26.         Thread t2 = new Thread(){
27.           public void run(){
28.
29.             synchronized(object2){
30.                 System.out.println(Thread.currentThread().getName() +" 锁定
                                          对象 2");
31.
32.                 try{
33.                   Thread.sleep(50);
34.                 } catch (InterruptedException e){}
35.
36.
37.                 synchronized(object1){
38.                   System.out.println(Thread.currentThread().getName() +" 锁
                                            定对象 1");
```

```
39.                 }
40.             }
41.         }
42.     };
43.
44.
45.     t1.start();
46.     t2.start();
47. }
48. }
```

程序的运行结果如图 7.19 所示，由于死锁，程序处于阻塞状态，不能正常退出。

```
Thread-0 锁定对象1
Thread-1 锁定对象2
```

图 7.19　程序 ch7\Deadlock.java 的运行结果

本程序中的死锁是由于多个线程访问的资源顺序不一致。本程序如果在两个线程内都采用相同的访问顺序，如 t2 也是先访问 object1，再访问 object2，就不会发生死锁了。

死锁通常并不是显而易见的。由于使用 synchronized 修饰方法或者代码块意味着要求获得锁，所以在设计方法时，需要合理地规划和使用 synchronized。

7.5　并　　发

Java 从 1.5 之后定义了 java.util.concurrent 包、java.util.concurrent.locks 包和 java.util.concurrent.atomic 包，提供设计开发并发程序所需要的工具包。其中，java.util.concurrent.atomic 包是一个支持单个变量原子操作的小工具包，支持无锁的线程安全。java.util.concurrent.locks 包提供了一个与同步 synchronization 机制不同的类和接口的框架。java.util.concurrent 包定义了设计并发程序所需要的工具包。其中主要包括阻塞队列 BlockingDeque＜E＞、任务 Callable＜V＞、执行器 Executor 和 ExecutorService、操作结果 Future＜V＞和其他一些接口以及类。

7.5.1　Lock 接口

在多线程编程中，使用 synchronized 同步控制多个线程对同一个共享资源的访问。synchronized 有一定的局限性，例如，当一个线程获得同步的资源锁时，就完全占用了该资源，并不管具体执行什么操作。再者，如果它不释放或者异常，其他线程就无法获得锁。

从 Java 5 之后，java.util.concurrent.locks 包提供了另外一种方式来实现同步访问，那就是 Lock。Lock 接口的层次关系如图 7.20 所示。

java.util.concurrent.locks

Interface Lock

图 7.20　Lock 接口的层次关系

接口 Lock 提供了一系列锁定资源有关的操作，比 synchronized 修饰方法或代码块更加灵活。Lock 是管理多线程访问共享资源的一种工具，只有获得锁的线程才可以访问共享资源，而且某一个时刻只有一个线程可以获得锁。

特殊情况下，ReadWriteLock 允许对共享资源并发访问。

ReentrantLock 类的层次关系如图 7.21 所示。

Class ReentrantLock

java.lang.Object
　　java.util.concurrent.locks.ReentrantLock

图 7.21　ReentrantLock 类的层次关系

ReentrantLock 重入锁的意思是：当一个线程拥有锁，只要还没有释放，调用 Lock 的线程就可以重新获得该锁。

例如，程序 ch7\LockDemo.java 中，首先定义了 ReentrantLock 锁 lock，如第 7 行所示。之后，创建两个线程，分别对变量 counter 做 add 运算。

在 add 方法中，首先调用 lock 对象的 lock 方法，如第 25 行所示，使得当前线程获得锁。获得锁之后的操作通常放在 try-catch 结构中。

处理完之后，要主动地调用 unlock 方法解除锁。unlock 方法通常放在 finally 中。

程序：ch7\LockDemo.java

```
1.  import java.util.concurrent.locks.ReentrantLock;
2.  import java.util.concurrent.locks.Lock;
3.
4.  public class LockDemo {
5.
6.      private int counter;
7.      private Lock lock = new ReentrantLock();
8.      public static void main(String[] args)  {
9.          final LockDemo ld = new LockDemo();
10.
11.         new Thread(){
12.             public void run() {
13.                 ld.add(Thread.currentThread());
14.             };
15.         }.start();
```

```
16.
17.            new Thread(){
18.                public void run() {
19.                    ld.add(Thread.currentThread());
20.                };
21.            }.start();
22.        }
23.
24.        public void add(Thread thread) {
25.            lock.lock();
26.            try {
27.                System.out.println(thread.getName() +"获得锁");
28.                for(int i = 0;i<5;i ++ ) {
29.                    counter ++ ;
30.                }
31.            } catch (Exception e) {
32.
33.            }finally {
34.                System.out.println(thread.getName() +"释放锁");
35.                lock.unlock();
36.            }
37.        }
38.    }
```

程序的运行结果如图 7.22 所示。

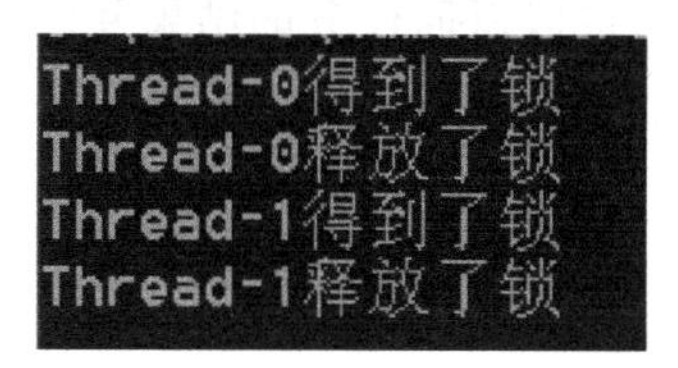

图 7.22　程序 ch7\LockDemo.java 的运行结果

7.5.2　Future 接口和 Callable 接口

Future 接口表示异步操作执行的结果集。Future 定义的方法包括检查操作是否结束、等待操作结束、查询操作结果等。

Future 接口的层次关系如图 7.23 所示。

Future 接口的方法包括以下几种。

java.util.concurrent

Interface Future<V>

图 7.23　Future 接口的层次关系

- V get():等待操作结束,查询结果。Future 查询结果只能通过 get 方法。等待操作结束的过程处于阻塞状态。

例如:

```
Future<String> future
        = executor.submit(new Callable<String>() {
          public String call() {
              return…;
          }});
…
String str = future.get();
```

- V get(long timeout, TimeUnit unit):等待 timeout 时间之内操作结束,查询结果。
- boolean cancel(boolean mayInterruptIfRunning):尝试取消任务的执行。如果任务已经结束、已经被取消或者由于某种原因无法被取消,就会失败。如果取消任务成功时,任务还没有启动,任务就永远不会运行。如果取消任务成功时,任务已经启动,那么参数 mayInterruptIfRunning 决定了当前执行任务的线程是否应当被中断。mayInterruptIfRunning 是 true,表示执行任务的线程应该被中断。反之,处理中的任务允许继续完成。
- boolean isCancelled():判断任务在正常完成之前是否已经被取消。
- boolean isDone():判断任务是否完成,如果完成就返回 true。

Callable 接口表示一个任务,可以返回任务的结果并抛出异常。

Callable 接口和 Runnable 非常相似,都能被线程执行,但是 Runnable 不会返回结果,也不抛出异常。

Callable 接口的层次关系如图 7.24 所示。

java.util.concurrent

Interface Callable<V>

图 7.24　Callable 接口的层次关系

Callable 接口只声明了一个不带参数的方法。

- V call():计算结果并返回结果。如果不能完成,就抛出异常。

7.5.3 Executor 接口和 ExecutorService 接口

java.util.concurrent 包提供了 Executor 接口用来管理线程，执行 Runnable 任务。它替代 Thread 的 start 方法启动执行线程，允许执行异步任务。

Executor 有多种线程池的实现，能够更容易地管理线程，并具有更高的效率和更低的开销。具体可参见 Executors 类。

Executor 执行器接口的层次结构如图 7.25 所示。

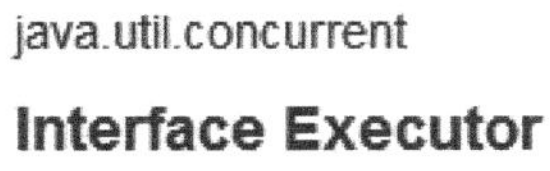

java.util.concurrent

Interface Executor

图 7.25　Executor 接口的层次关系

Executor 只定义了一个方法：void execute(Runnable command)。

例如，下例中的这段代码创建了线程对象并启动了线程。

```
1.  new Thread(){
2.                  public void run() {
3.                      ld.add(Thread.currentThread());
4.                  };
5.          }.start();
```

如果使用 Executor，一般的方式是：

```
final ExecutorService es = Executors.newFixedThreadPool(10);

        Runnable run = new Runnable() {
         public void run() {

           // to do something

          }
        };
        es.submit(run);
    }
```

其中 ExecutorService 是 Executor 接口的子接口。Executor 接口有两个子接口，如图 7.26 所示，ExecutorService 是其中的一个，还有一个是 ScheduleExecutorService。

ExecutorService 增加了对 Executor 的管理，定义了停止任务、提交任务、执行任务并返回结果等方法。

这些方法中涉及 Runnable 接口、Callable 接口和 Future 接口。

Interface Executor

All Known Subinterfaces:

ExecutorService, ScheduledExecutorService

图 7.26 Executor 接口的子接口

ExecutorService 通常使用线程池的工厂方法来创建。

例如,下面的例子首先通过 newFixedThreadPool 方法创建了一个 10 个线程任务的线程池,并返回 ExecutorService。

ExecutorService 的 execute 方法指向一个异步的 Runnable 任务。

```
ExecutorService es = Executors.newFixedThreadPool(10);
    es.execute(new Runnable() {
          public void run() {

                //to do something
          }
    });
es.shutdown();
```

ExecutorService 声明的常用方法包括如下几种。

- void shutdown():对之前提交的任务发起有序的关闭操作,并不再接收新的任务。该方法并不会等待任务执行结束,已经提交的任务仍然会运行。
- List<Runnable> shutdownNow():该方法尝试停止所有正在运行的任务,终止等待的任务的运行并返回等待任务的列表,这是一个强制关闭的方法。
- boolean awaitTermination(long timeout, TimeUnit unit):阻塞等待所有的任务完成执行,或者 timeout 时间到时。如果执行器终止返回 true;如果执行器在终止前 timeout 到时则返回 false。
- Future<? > submit(Runnable task):提交一个 Runnable 任务,并返回 Future 对象表示任务的结果。

例如,下面这段代码和上一段代码的区别在于,submit 提交了任务,并且能够返回结果 Future,并通过 get 方法进一步获得。

```
Future future = executorService.submit(
            new Runnable() {
                  public void run() {
                       //to do something
                  }
            });

System.out.println("结果:" + future.get());
```

• <T> Future<T> submit(Runnable task, T result):提交一个 Runnable 任务,并返回 Future 对象表示任务的结果。T 表示结果的类型。

• <T> Future<T> submit(Callable<T> task):提交 Callable 任务 task,并返回 Future 对象表示任务的结果。如果任务执行成功,Future 的 get 方法会返回结果。

submit 方法的参数可以是 Callable 任务,也可以是 Runnable 任务,它们的区别在于 Callable 的 call 方法可以返回结果,而 Runnable 的 run 方法不可以返回结果。

例如,下面这段代码和上一段代码的区别在于,submit 提交了任务,并且能够返回结果 Future,并通过 get 方法进一步获得。

```
Future future = executorService.submit(
        new Callable(){
        public Object call() throws Exception {
                //to do something
                return someRsault;
                }
        });
System.out.println("结果:" + future.get());
```

• <T> T invokeAny(Collection<? extends Callable<T>> tasks):该方法提交 Callable 任务 tasks 集合,并返回其中一个顺利完成的任务的结果。一旦一个任务运行完成或者有异常抛出,其他没有执行完的任务会被取消。

如果一个任务运行完毕或者抛出异常,方法会取消其他的 Callable 的执行。

例如:

```
ExecutorService es = Executors.newSingleThreadExecutor();

Set<Callable<Object>> tasks = new HashSet<Callable< Object >>();
tasks.add(new Callable< Object >() {
        public String call() throws Exception {
                return object1;
        }
});
...

Object o = es.invokeAny(callables);
executorService.shutdown();
```

• <T> List<Future<T>> invokeAll(Collection<? extends Callable<T>> tasks):该方法提交 Callable 任务 tasks 集合,当所有的任务都完成了,返回 Future 对象的列表表示任务的状态和结果。任务有可能执行成功,也有可能因触发异常而终止。

例如：

```
ExecutorService es = Executors.newSingleThreadExecutor();

Set<Callable<Object>> tasks = new HashSet<Callable< Object >>();
tasks.add(new Callable< Object >() {
        public String call() throws Exception {
              return object1;
        }
});
...

List<Future< Object >> futures = es.invokeAll(callables);

for(Future< Object > future : futures){
    System.out.println("结果:" + future.get());
}
executorService.shutdown();
```

7.5.4 Executors 类

Executors 类是一个为 Executor、ExecutorService 等接口和 Callable 等类定义了各种方法的工厂和工具类，它提供许多方法来创建不同类型的 Executor 对象。

Executors 类的方法可以创建 ExecutorService 或者 ScheduledExecutorService 对象；可以创建线程池，能够更容易地管理线程，并具有更高的效率和更低的开销。Executors 类的层次关系如图 7.27 所示。

java.util.concurrent

Class Executors

图 7.27 Executors 类的层次关系

Executors 类常用的创建线程池的方法包括如下几种。

- static ExecutorService newCachedThreadPool()：创建一个缓存线程池，在必要的时候生成新的线程，并可以重用之前构造的可用线程。缓存线程池适用于含有大量的、短小的异步任务的程序。该方法返回一个 ExecutorService 对象，调用 execute 将重用以前构造的可用线程。如果没有可用的线程，就创建一个新线程并添加到线程池中。如果线程超过 1 min 没有被使用，将被终止并从缓存中删除，所以线程池不会占用系统资源。

- static ExecutorService newCachedThreadPool(ThreadFactory threadFactory)：和上面的方法类似，此方法创建一个缓存线程池，在必要的时候生成新的线程，并可以重用之前构造的可用线程。不同的是可以使用 ThreadFactory 来生成新的线程。ThreadFactory 是一个接口，也属于 java. util. concurrent 包，它用来实现一个 Thread 对象工厂。

例如，下面的程序创建实现 ThreadFactory 接口的线程工厂来生成类 MyThreadFactory 的线程，在 MyThreadFactory 类中，可以添加新的功能。

```
public class MyThreadFactory implements ThreadFactory {

  public Thread newThread(Runnable r) {
      MyThread myThread = new MyThread(r);
      //to do something.
      return myThread;
  }

}
```

- static ExecutorService newFixedThreadPool(int nThreads)：创建一个线程池，以无边界队列的方式重用固定数量的线程，最多 nThreads 个线程是活动的。如果再有额外的任务被提交，就要等待某个任务完成，有线程可用为止。如果某一个线程因为触发异常而终止，那么一个新线程会替代它。
- static ExecutorService newFixedThreadPool(int nThreads, ThreadFactory threadFactory)：创建一个线程池，以无边界队列的方式重用固定数量的线程。和上面的方法不同的是，必要时可以使用 ThreadFactory 来生成新的线程。

例如，程序 ch7\ThreadPoolTest. java 演示了 newFixedThreadPool 方法创建线程池的用法。

程序：ch7\ThreadPoolTest. java

```
1.  import java.util.concurrent.ExecutorService;
2.  import java.util.concurrent.Executors;
3.
4.  public class ThreadPoolTest extends Thread {
5.      private int number;
6.
7.      public ThreadPoolTest(int i){
8.          this.number = i;
9.      }
10.     public void run(){
```

```
11.         try{
12.          System.out.println("启动 "+ this.number);
13.          Thread.sleep(5000);
14.          System.out.println("结束 "+ this.number);
15.         }
16.         catch(Exception e){
17.          e.printStackTrace();
18.         }
19.     }
20.     public static void main(String args[]){
21.         ExecutorService service = Executors.newFixedThreadPool(2);
22.
23.         for(int i = 0;i<10;i++){
24.          service.execute(new ThreadPoolTest(i));
25.         }
26.
27.         service.shutdown();
28.     }
29. }
```

在第 21 行，创建固定活动线程为两个的线程池 ExecutorService 对象 service，它是一个能够最多同时执行两个任务的线程池。

之后，在 main 方法中，启动 10 个 ThreadPoolTest 线程对象。

在第 4 行，定义 ThreadPoolTest 类，继承 Thread 线程类。

在第 10 行开始的 run 方法，显示启动当前编号的线程，休眠 5 s 后，显示结束当前编号的线程。

从图 7.28 的运行结果可以看出，最多只有两个活动进程在执行。例如，0 号和 1 号线程启动后，并不能再运行新的线程，只有当 0 号结束后，2 号才会运行，依次类推。某个时刻，最多只有两个线程在运行。

- static ExecutorService newSingleThreadExecutor()：创建一个使用单工作线程的执行器 Executor，并保证顺序地执行任务。在某个时刻，不会有超过一个的任务是活动的。如果单个线程异常中断，就会补位一个新的线程，相当于 newFixedThreadPool(1)。

图 7.28　程序 ch7\ThreadPoolTest.java 的运行结果

以上这些方法都返回 ExecutorService 对象，它可以看作一个能够执行一个或多个任务的线程池。

7.5.5　CountDownLatch 类

CountDownLatch 是一个同步辅助类，它允许一个或多个线程等待直到其他线程完成一些操作。CountDownLatch 类的层次关系如图 7.29 所示。

Class CountDownLatch

java.lang.Object
　　java.util.concurrent.CountDownLatch

图 7.29　CountDownLatch 类的层次关系

CountDownLatch 类对象初始化的时候，指定一个 count 值，用作倒计数。await 方法会阻塞直到 count 倒计到 0，然后才会返回。倒计数使用 countDown 方法。count 值设置一次，不能被重置。

CountDownLatch 是一个同步工具，就好像一个屋子的门闩，调用 await 的线程都等在门外，直到屋内的线程调用倒计数到 0 后，打开门闩。

count 意味着让线程一直等待，直到 count 个线程都完成一些操作，或者一些操作被完成 count 次。

CountDownLatch 类中最重要的方法是 await 方法和 countDown 方法。

- void await()：调用 await 方法的线程进入等待状态，直到 count 倒计数为 0。
- boolean await(long timeout, TimeUnit unit)：调用 await 方法的线程进入等待状态，直到 count 倒计数为 0，或者设定的等待 timeout 时间到时。如果 count 倒计数为 0，会立刻返回 true。
- void countDown()：countDown 方法将计数减 1，直到为 0，等待中的线程将被释放。

程序 ch7\CountDownLatchDemo.java 演示了 CountDownLatch 的使用。

程序：ch7\CountDownLatchDemo.java

```
1.  import java.util.concurrent.CountDownLatch;
2.  import java.util.concurrent.ExecutorService;
3.  import java.util.concurrent.Executors;
4.
5.  public class CountDownLatchDemo {
6.    public static void main(String[] args) throws InterruptedException {
7.
8.       final CountDownLatch start = new CountDownLatch(1);
9.
10.      final CountDownLatch end = new CountDownLatch(10);
11.
```

```
12.        for (int i = 0; i < 10; ++i) // create and start threads
13.        new Thread(new Worker(start, end, i)).start();
14.
15.        System.out.println("开始");
16.        start.countDown();
17.
18.        end.await();
19.        System.out.println("结束");
20.
21.    }
22.    }
23.
24.    class Worker implements Runnable {
25.
26.        private final CountDownLatch start;
27.        private final CountDownLatch end;
28.        private final int i;
29.
30.        Worker (CountDownLatch startSignal, CountDownLatch doneSignal, int
                    count) {
31.         this.start = startSignal;
32.         this.end = doneSignal;
33.         this.i = count;
34.       }
35.
36.
37.    public void run() {
38.          try {
39.
40.           Thread.sleep(1000);
41.           System.out.println("完成" + i);
42.           end.countDown();
43.          } catch (InterruptedException e) {
44.          }
45.      }
46.
47.    }
```

本程序在第 8 行和第 10 行定义了两个 CountDownLatch 对象 start 和 end。其中，start

设置 count 为 1，end 设置 count 为 10，并在 main 方法中启动了 10 个 Worker 线程。

从第 13 行开始，首先运行当前线程，start 启动倒计数减 1，倒计数为 0 就相当于打开门闩。之后启动 end 倒计数，等待 Worker 的线程运行。

在第 42 行，对于 Worker 的每一个线程运行，end 倒计数减 1，直到所有 Worker 线程运行完毕，end 的计数变为 0，主程序输出“完成”。

程序的运行结果如图 7.30 所示。

图 7.30　程序 ch7\CountDownLatchDemo.java 的运行结果

7.5.6　程序示例

程序 ch7\AsyncEchoServer.java 是一个简单的、异步的 Echo 服务器和 Echo 客户端处理程序。采用了前面提到的一些并发包中的类和接口。

AsyncEchoServer.java 是服务器应用程序。

在第 14 行，创建了 CountDownLatch 倒数门闩类对象 latch，并将 count 设置为 1，意味着只要有一个客户端传来消息“quit”，服务端程序就退出。

第 22 行创建了缓存线程池，并由之创建了 AsynchronousChannelGroup 异步通道组。

在第 24 行，线程池创建 AsynchronousServerSocketChannel 对象 server。

在第 26 行，设置 server 工作在本地 5678 端口。

在第 27 行，服务器接收到连接请求并成功后，调用 CompletionHandler 的 completed 方法。

在 completed 方法中，调用 readConnection 方法，读取客户端消息。如果收到“quit”，服务端程序就关闭。如果是其他消息，就调用 sendEcho 方法发送回声消息。

程序:ch7\AsyncEchoServer.java

```
1.    import java.net.InetSocketAddress;
2.    import java.nio.ByteBuffer;
3.    import java.nio.channels.AsynchronousChannelGroup;
4.    import java.nio.channels.AsynchronousServerSocketChannel;
5.    import java.nio.channels.AsynchronousSocketChannel;
6.    import java.nio.channels.CompletionHandler;
7.    import java.nio.charset.Charset;
8.    importjava.util.concurrent.*;
9.
10.
11.    public class AsyncEchoServer{
12.
13.        private int count = 0;
14.        private CountDownLatch latch = new CountDownLatch(1);
15.
16.        private AsynchronousChannelGroupchannelGroup;
17.        private AsynchronousServerSocketChannel server;
18.
19.
20.        public void startServer() throws Exception {
21.
22.            ExecutorServiceexecutorService = Executors.newCachedThreadPool();
23.            channelGroup = AsynchronousChannelGroup.withThreadPool(executorService);
24.            server = AsynchronousServerSocketChannel.open(channelGroup);
25.
26.            server.bind(new InetSocketAddress("127.0.0.1", 5678));
27.            server.accept(null, new CompletionHandler<AsynchronousSocketChannel,
               Object>() {
28.
29.                public void completed(AsynchronousSocketChannel result,
   Object attachment) {
30.                        server.accept(null, this);
31.                        getConnection(result);
32.                }
33.
34.
```

```
35.             public void failed(Throwableexc, Object attachment) {
36.                 exc.printStackTrace();
37.             }
38.         });
39.
40.         latch.await();
41.         channelGroup.shutdown();
42.         executorService.shutdownNow();
43.         System.out.println("服务器关闭");
44.     }
45.
46.     private void getConnection(AsynchronousSocketChannel client) {
47.         ByteBufferbyteBuffer = ByteBuffer.allocate(100);
48.         Future<Integer>readFuture = client.read(byteBuffer);
49.         try {
50.             inttotalBytes = readFuture.get();
51.
52.             String message = getClientMessage (byteBuffer, totalBytes);
53.             System.out.println("收到客户消息:" + message  );
54.
55.             sendEchoMessage(byteBuffer, client, message);
56.             if (message.equals("quit")) {
57.                 latch.countDown();
58.             }
59.         } catch (InterruptedException | ExecutionException e) {
60.           latch.countDown();
61.           throw new RuntimeException(e);
62.         }
63.     }
64.
65.     private void sendEchoMessage (ByteBufferbyteBuffer, AsynchronousSock-
    etChannel client, String originalMessage) {
66.
67.         StringBuilder builder = new StringBuilder();
68.         builder.append(originalMessage);
69.         byteBuffer.clear();
```

```
70.            byteBuffer.put(builder.toString().getBytes(Charset.forName
               ("GBK")));
71.            byteBuffer.flip();
72.            client.write(byteBuffer);
73.            System.out.println(originalMessage);
74.        }
75.
76.
77.    private String getClientMessage(ByteBufferbyteBuffer, int size) {
78.            byte[] bytes = new byte[size];
79.            byteBuffer.flip();
80.            byteBuffer.get(bytes, 0, size);
81.            return new String(bytes, Charset.forName("GBK"));
82.        }
83.
84.    public static void main(String[] args) throws Exception {
85.            AsyncEchoServer server = new AsyncEchoServer();
86.            System.out.println("服务器启动");
87.            server.startServer();
88.
89.        }
90.
91.    }
```

程序 ch7\AsyncEchoServer.java 的运行结果如图 7.31 所示。

```
服务器启动
收到客户消息：你好！
你好！
```

图 7.31　ch7\AsyncEchoServer.java 的运行结果

ch7\AsyncEchoClient.java 是一个简单的客户端应用程序。

在第 33 行，创建 AsynchronousSocketChannel 对象 client。

在第 34 行，连接服务器，并返回连接结果 future。

在第 36 行开始的 run 方法中，从键盘获取客户端消息，发送给服务器。之后等待接收回声消息。

在第 69 行，通过 client 的 read 方法读取回声消息，并返回 Future 结果对象 readFuture。

在第 72 行，调用 readFuture 的 get 方法获得结果。

客户端收到回声消息后，就退出。

程序：ch7\AsyncEchoClient.java

```
1.    import java.nio.channels.AsynchronousServerSocketChannel;
2.    import java.nio.channels.AsynchronousSocketChannel;
3.    import java.util.concurrent.ExecutionException;
4.    import java.util.concurrent.Future;
5.    import java.util.Scanner;
6.    import java.io.*;
7.    import java.nio.ByteBuffer;
8.    import java.net.InetSocketAddress;
9.    import java.nio.charset.Charset;
10.
11.    public class AsyncEchoClient {
12.
13.        public static void main(String[] args) throws IOException, Inter-
           ruptedException, ExecutionException {
14.            new AsyncEchoClient();
15.        }
16.
17.        public AsyncEchoClient() throws IOException, InterruptedException,
     ExecutionException {
18.
19.            Client client = new Client();
20.            System.out.println("已经连接服务器");
21.
22.            client.start();
23.
24.        }
25.    }
26.
27.    class Client extends Thread {
28.        AsynchronousSocketChannel client;
29.        Future<Void> future;
30.
31.        public Client() throws IOException {
32.
33.            client = AsynchronousSocketChannel.open();
34.            future = client.connect(new InetSocketAddress("127.0.0.1",5678));
35.        }
```

```
36.        public void run() {
37.
38.            if (! future.isDone()) {
39.                future.cancel(true);
40.                return;
41.            }
42.            try {
43.
44.                Scanner sc = new Scanner(System.in);
45.                String str = sc.nextLine();
46.
47.                    ByteBufferbB = ByteBuffer.wrap(str.getBytes());
48.                    System.out.println("发送:" + str);
49.                    intnumberBytes = client.write(bB).get();
50.
51.                    readMessage(client);
52.
53.            } catch (InterruptedException e) {
54.                e.printStackTrace();
55.            } catch (ExecutionException e) {
56.                e.printStackTrace();
57.            }
58.        }
59.
60.          private String getMessageFromBuffer (ByteBufferbyteBuffer, int
      size) {
61.            byte[] bytes = new byte[size];
62.            byteBuffer.flip();
63.            byteBuffer.get(bytes, 0, size);
64.            return new String(bytes, Charset.forName("GBK"));
65.        }
66.
67.        private void readMessage(AsynchronousSocketChannel client) {
68.        ByteBufferbyteBuffer = ByteBuffer.allocate(100);
69.        Future<Integer>readFuture = client.read(byteBuffer);
70.
71.        try {
72.                inttotalBytes = readFuture.get();
```

```
73.                 String message = getMessageFromBuffer(byteBuffer, totalBytes);
74.                 //Thread.sleep(1000);
75.                 System.out.println("收到:" + message );
76.
77.             } catch (InterruptedException | ExecutionException e) {
78.
79.                 throw new RuntimeException(e);
80.             }
81.         }
82.
83.         public void close() throws IOException {
84.             client.close();
85.         }
86.     }
```

程序 ch7\AsyncEchoClient.java 的运行结果如图 7.32 所示。

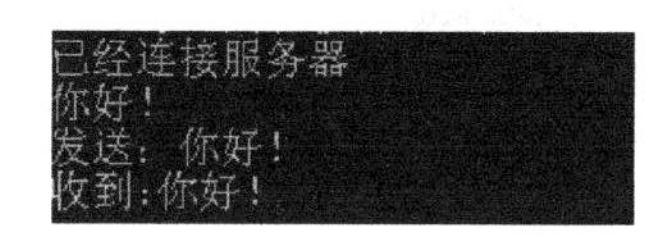

图 7.32　程序 ch7\AsyncEchoClient.java 的运行结果

附录　TCP 端口列表

端口号	协议名称	描　　述
1	tcpmux	TCP Port Service Multiplexer
2	compressnet	Management Utility
3	compressnet	Compression Process
5	rje	Remote Job Entry
7	echo	Echo
9	discard	Discard
11	systat	Active Users
13	daytime	Daytime
17	qotd	Quote of the Day
18	msp	Message Send Protocol
19	chargen	Character Generator
20	ftp-data	File Transfer [Default Data]
21	ftp	File Transfer [Control]
22	ssh	SSH Remote Login Protocol
23	telnet	Telnet
24		any private mail system
25	smtp	Simple Mail Transfer
27	nsw-fe	NSW User System FE
29	msg-icp	MSG ICP
31	msg-auth	MSG Authentication
33	dsp	Display Support Protocol
35		any private printer server
37	time	Time
38	rap	Route Access Protocol
39	rlp	Resource Location Protocol
41	graphics	Graphics
42	name	Host Name Server
42	nameserver	Host Name Server

续 表

端口号	协议名称	描 述
43	nicname	Who Is/WHOIS
44	mpm-flags	MPM FLAGS Protocol
45	mpm	Message Processing Module [recv]
46	mpm-snd	MPM [default send]
47	ni-ftp	NI FTP
48	auditd	Digital Audit Daemon
49	tacacs	Login Host Protocol (TACACS)
50	re-mail-ck	Remote Mail Checking Protocol
51	la-maint	IMP Logical Address Maintenance
52	xns-time	XNS Time Protocol
53	domain	Domain Name Server
54	xns-ch	XNS Clearinghouse
55	isi-gl	ISI Graphics Language
56	xns-auth	XNS Authentication
57		any private terminal access
58	xns-mail	XNS Mail
59		any private file service
60		Unassigned
61	ni-mail	NI MAIL
62	acas	ACA Services
63	whois++	whois++
64	covia	Communications Integrator (CI)
65	tacacs-ds	TACACS-Database Service
66	sql * net	Oracle SQL * NET
67	bootps	Bootstrap Protocol Server
68	bootpc	Bootstrap Protocol Client
69	tftp	Trivial File Transfer
70	gopher	Gopher
71	netrjs-1	Remote Job Service
72	netrjs-2	Remote Job Service
73	netrjs-3	Remote Job Service
74	netrjs-4	Remote Job Service
75		any private dial out service
76	deos	Distributed External Object Store
77		any private RJE service
78	vettcp	vettcp

续 表

端口号	协议名称	描　　述
79	finger	Finger
80	http	World Wide Web HTTP
80	www	World Wide Web HTTP
80	www-http	World Wide Web HTTP
81	hosts2-ns	HOSTS2 Name Server
82	xfer	XFER Utility
83	mit-ml-dev	MIT ML Device
84	ctf	Common Trace Facility
85	mit-ml-dev	MIT ML Device
86	mfcobol	Micro Focus Cobol
87		any private terminal link
88	kerberos	Kerberos
89	su-mit-tg	SU/MIT Telnet Gateway
90	dnsix	DNSIX Securit Attribute Token Map
91	mit-dov	MIT Dover Spooler
92	npp	Network Printing Protocol
93	dcp	Device Control Protocol
94	objcall	Tivoli Object Dispatcher
95	supdup	SUPDUP
96	dixie	DIXIE Protocol Specification
97	swift-rvf	Swift Remote Virtural File Protocol
98	tacnews	TAC News
99	metagram	Metagram Relay
101	hostname	NIC Host Name Server
102	iso-tsap	ISO-TSAP Class 0
103	gppitnp	Genesis Point-to-Point Trans Net
104	acr-nema	ACR-NEMA Digital Imag. & Comm.
105	cso	CCSO name server protocol
105	csnet-ns	Mailbox Name Nameserver
106	3com-tsmux	3COM-TSMUX
107	rtelnet	Remote Telnet Service
108	snagas	SNA Gateway Access Server
109	pop2	Post Office Protocol-Version
110	pop3	Post Office Protocol-Version
111	sunrpc	SUN Remote Procedure Call
112	mcidas	McIDAS Data Transmission Protocol

续表

端口号	协议名称	描　　述
113	auth	Authentication Service
114	audionews	Audio News Multicast
115	sftp	Simple File Transfer Protocol
116	ansanotify	ANSA REX Notify
117	uucp-path	UUCP Path Service
118	sqlserv	SQL Services
119	nntp	Network News Transfer Protocol
120	cfdptkt	CFDPTKT
121	erpc	Encore Expedited Remote Pro. Call
122	smakynet	SMAKYNET
123	ntp	Network Time Protocol
124	ansatrader	ANSA REX Trader
125	locus-map	Locus PC-Interface Net Map Ser
126	nxedit	NXEdit
127	locus-con	Locus PC-Interface Conn Server
128	gss-xlicen	GSS X License Verification
129	pwdgen	Password Generator Protocol
130	cisco-fna	cisco FNATIVE
131	cisco-tna	cisco TNATIVE
132	cisco-sys	cisco SYSMAINT
133	statsrv	Statistics Service
134	ingres-net	INGRES-NET Service
135	epmap	DCE endpoint resolution
136	profile	PROFILE Naming System
137	netbios-ns	NETBIOS Name Service
138	netbios-dgm	NETBIOS Datagram Service
139	netbios-ssn	NETBIOS Session Service
140	emfis-data	EMFIS Data Service
141	emfis-cntl	EMFIS Control Service
142	bl-idm	Britton-Lee IDM
143	imap	Internet Message Access Protocol
144	uma	Universal Management Architecture
145	uaac	UAAC Protocol
146	iso-tp0	ISO-IP0
147	iso-ip	ISO-IP
148	jargon	Jargon

续 表

端口号	协议名称	描　述
149	aed-512	AED
150	sql-net	SQL-NET
151	hems	HEMS
152	bftp	Background File Transfer Program
153	sgmp	SGMP
154	netsc-prod	NETSC
155	netsc-dev	NETSC
156	sqlsrv	SQL Service
157	knet-cmp	KNET/VM Command/Message Protocol
158	pcmail-srv	PCMail Server
159	nss-routing	NSS-Routing
160	sgmp-traps	SGMP-TRAPS
161	snmp	SNMP
162	snmptrap	SNMPTRAP
163	cmip-man	CMIP
164	cmip-agent	CMIP
165	xns-courier	Xerox
166	s-net	Sirius Systems
167	namp	NAMP
168	rsvd	RSVD
169	send	SEND
170	print-srv	Network PostScript
171	multiplex	Network Innovations Multiplex
172	cl/1	Network Innovations CL/1
173	xyplex-mux	Xyplex
174	mailq	MAILQ
176	genrad-mux	GENRAD-MUX
177	xdmcp	X Display Manager Control Protocol
178	nextstep	NextStep Window Server
179	bgp	Border Gateway Protocol
180	ris	Intergraph
181	unify	Unify
182	audit	Unisys Audit SITP
183	ocbinder	OCBinder
184	ocserver	OCServer
185	remote-kis	Remote-KIS

续表

端口号	协议名称	描述
186	kis	KIS Protocol
187	aci	Application Communication Interface
188	mumps	Plus Five's MUMPS
189	qft	Queued File Transport
190	gacp	Gateway Access Control Protocol
191	prospero	Prospero Directory Service
192	osu-nms	OSU Network Monitoring System
193	srmp	Spider Remote Monitoring Protocol
194	irc	Internet Relay Chat Protocol
195	dn6-nlm-aud	DNSIX Network Level Module Audit
196	dn6-smm-red	DNSIX Session Mgt Module Audit Redir
197	dls	Directory Location Service
198	dls-mon	Directory Location Service Monitor
199	smux	SMUX
200	src	IBM System Resource Controller
201	at-rtmp	AppleTalk Routing Maintenance
202	at-nbp	AppleTalk Name Binding
203	at-3	AppleTalk Unused
204	at-echo	AppleTalk Echo
205	at-5	AppleTalk Unused
206	at-zis	AppleTalk Zone Information
207	at-7	AppleTalk Unused
208	at-8	AppleTalk Unused
209	qmtp	The Quick Mail Transfer Protocol
210	z39.50	ANSI Z39.50
211	914c/g	Texas Instruments
212	anet	ATEXSSTR
214	vmpwscs	VM PWSCS
215	softpc	Insignia Solutions
216	CAIlic	Computer Associates Int'l License Server
217	dbase	dBASE Unix
218	mpp	Netix Message Posting Protocol
219	uarps	Unisys ARPs
220	imap3	Interactive Mail Access Protocol v3
221	fln-spx	Berkeley rlogind with SPX auth
222	rsh-spx	Berkeley rshd with SPX auth

续 表

端口号	协议名称	描　　述
223	cdc	Certificate Distribution Center
224	masqdialer	masqdialer
242	direct	Direct
243	sur-meas	Survey Measurement
244	inbusiness	inbusiness
245	link	LINK
246	dsp3270	Display Systems Protocol
247	subntbcst_tftp	SUBNTBCST_TFTP
248	bhfhs	bhfhs
256	rap	RAP
257	set	Secure Electronic Transaction
258	yak-chat	Yak Winsock Personal Chat
259	esro-gen	Efficient Short Remote Operations
260	openport	Openport
261	nsiiops	IIOP Name Service over TLS/SSL
262	arcisdms	Arcisdms
263	hdap	HDAP
264	bgmp	BGMP
265	x-bone-ctl	X-Bone CTL
266	sst	SCSI on ST
267	td-service	Tobit David Service Layer
268	td-replica	Tobit David Replica
280	http-mgmt	http-mgmt
281	personal-link	Personal Link
282	cableport-ax	Cable Port A/X
283	rescap	rescap
284	corerjd	corerjd
286	fxp	FXP Communication
287	k-block	K-BLOCK
308	novastorbakcup	Novastor Backup
309	entrusttime	EntrustTime
310	bhmds	bhmds
311	asip-webadmin	AppleShare IP WebAdmin
312	vslmp	VSLMP
313	magenta-logic	Magenta Logic
314	opalis-robot	Opalis Robot

续表

端口号	协议名称	描 述
315	dpsi	DPSI
316	decauth	decAuth
317	zannet	Zannet
318	pkix-timestamp	PKIX TimeStamp
319	ptp-event	PTP Event
320	ptp-general	PTP General
321	pip	PIP
322	rtsps	RTSPS
333	texar	Texar Security Port
344	pdap	Prospero Data Access Protocol
345	pawserv	Perf Analysis Workbench
346	zserv	Zebra server
347	fatserv	Fatmen Server
348	csi-sgwp	Cabletron Management Protocol
349	mftp	mftp
350	matip-type-a	MATIP Type A
351	matip-type-b	MATIP Type B
353	ndsauth	NDSAUTH
354	bh611	bh611
355	datex-asn	DATEX-ASN
356	cloanto-net-1	Cloanto Net
357	bhevent	bhevent
358	shrinkwrap	Shrinkwrap
359	nsrmp	Network Security Risk Management Protocol
360	scoi2odialog	scoi2odialog
361	semantix	Semantix
362	srssend	SRS Send
363	rsvp_tunnel	RSVP Tunnel
364	aurora-cmgr	Aurora CMGR
365	dtk	DTK
366	odmr	ODMR
367	mortgageware	MortgageWare
368	qbikgdp	QbikGDP
370	codaauth2	codaauth2
371	clearcase	Clearcase
372	ulistproc	ListProcessor

续表

端口号	协议名称	描　　述
373	legent-1	Legent Corporation
374	legent-2	Legent Corporation
375	hassle	Hassle
377	tnETOS	NEC Corporation
378	dsETOS	NEC Corporation
379	is99c	TIA/EIA/IS-99 modem client
380	is99s	TIA/EIA/IS-99 modem server
381	hp-collector	hp performance data collector
382	hp-managed-node	hp performance data managed node
383	hp-alarm-mgr	hp performance data alarm manager
384	arns	A Remote Network Server System
385	ibm-app	IBM Application
386	asa	ASA Message Router Object Def.
387	aurp	Appletalk Update-Based Routing Pro.
389	ldap	Lightweight Directory Access Protocol
390	uis	UIS
391	synotics-relay	SynOptics SNMP Relay Port
392	synotics-broker	SynOptics Port Broker Port
393	meta5	Meta5
394	embl-ndt	EMBL Nucleic Data Transfer
395	netcp	NETscout Control Protocol
396	netware-ip	Novell Netware over IP
397	mptn	Multi Protocol Trans. Net.
398	kryptolan	Kryptolan
399	iso-tsap-c2	ISO Transport Class
400	work-sol	Workstation Solutions
401	ups	Uninterruptible Power Supply
402	genie	Genie Protocol
403	decap	decap
404	nced	nced
405	ncld	ncld
406	imsp	Interactive Mail Support Protocol
407	timbuktu	Timbuktu
408	prm-sm	Prospero Resource Manager Sys. Man.
409	prm-nm	Prospero Resource Manager Node Man.
410	decladebug	DECLadebug Remote Debug Protocol

续 表

端口号	协议名称	描　　述
411	rmt	Remote MT Protocol
412	synoptics-trap	Trap Convention Port
413	smsp	Storage Management Services Protocol
414	infoseek	InfoSeek
415	bnet	BNet
416	silverplatter	Silverplatter
417	onmux	Onmux
418	hyper-g	Hyper-G
419	ariel1	Ariel
420	smpte	SMPTE
421	ariel2	Ariel
422	ariel3	Ariel
423	opc-job-start	IBM Operations Planning and Control Start
424	opc-job-track	IBM Operations Planning and Control Track
425	icad-el	ICAD
426	smartsdp	smartsdp
427	svrloc	Server Location
428	ocs_cmu	OCS_CMU
429	ocs_amu	OCS_AMU
430	utmpsd	UTMPSD
431	utmpcd	UTMPCD
432	iasd	IASD
433	nnsp	NNSP
434	mobileip-agent	MobileIP-Agent
435	mobilip-mn	MobilIP-MN
436	dna-cml	DNA-CML
437	comscm	comscm
438	dsfgw	dsfgw
440	sgcp	sgcp
441	decvms-sysmgt	decvms-sysmgt
442	cvc_hostd	cvc_hostd
443	https	http protocol over TLS/SSL
444	snpp	Simple Network Paging Protocol
445	microsoft-ds	Microsoft-DS
446	ddm-rdb	DDM-Remote Relational Database Access
447	ddm-dfm	DDM-Distributed File Management

续 表

端口号	协议名称	描　述
448	ddm-ssl	DDM-Remote DB Access Using Secure Sockets
449	as-servermap	AS Server Mapper
450	tserver	Computer Supported Telecomunication Applications
451	sfs-smp-net	Cray Network Semaphore server
452	sfs-config	Cray SFS config server
453	creativeserver	CreativeServer
454	contentserver	ContentServer
455	creativepartnr	CreativePartnr
457	scohelp	scohelp
458	appleqtc	apple quick time
459	ampr-rcmd	ampr-rcmd
460	skronk	skronk
461	datasurfsrv	DataRampSrv
462	datasurfsrvsec	DataRampSrvSec
463	alpes	alpes
464	kpasswd	kpasswd
466	digital-vrc	digital-vrc
467	mylex-mapd	mylex-mapd
468	photuris	proturis
469	rcp	Radio Control Protocol
470	scx-proxy	scx-proxy
471	mondex	Mondex
472	ljk-login	ljk-login
473	hybrid-pop	hybrid-pop
475	tcpnethaspsrv	tcpnethaspsrv
476	tn-tl-fd1	tn-tl-fd1
477	ss7ns	ss7ns
478	spsc	spsc
479	iafserver	iafserver
480	iafdbase	iafdbase
481	ph	Ph service
482	bgs-nsi	bgs-nsi
483	ulpnet	ulpnet
484	integra-sme	Integra Software Management Environment
485	powerburst	Air Soft Power Burst
486	avian	avian

续 表

端口号	协议名称	描　　述
487	saft	saft Simple Asynchronous File Transfer
488	gss-http	gss-http
489	nest-protocol	nest-protocol
490	micom-pfs	micom-pfs
491	go-login	go-login
492	ticf-1	Transport Independent Convergence for FNA
493	ticf-2	Transport Independent Convergence for FNA
494	pov-ray	POV-Ray
495	intecourier	intecourier
496	pim-rp-disc	PIM-RP-DISC
497	dantz	dantz
498	siam	siam
499	iso-ill	ISO ILL Protocol
500	isakmp	isakmp
501	stmf	STMF
502	asa-appl-proto	asa-appl-proto
503	intrinsa	Intrinsa
504	citadel	citadel
505	mailbox-lm	mailbox-lm
506	ohimsrv	ohimsrv
507	crs	crs
508	xvttp	xvttp
509	snare	snare
510	fcp	FirstClass Protocol
511	passgo	PassGo
515	printer	spooler
516	videotex	videotex
517	talk	
518	ntalk	
519	utime	unixtime
521	ripng	ripng
522	ulp	ULP
523	ibm-db2	IBM-DB2
525	timed	timeserver
526	tempo	newdate
527	stx	Stock IXChange

续 表

端口号	协议名称	描　述
528	custix	Customer IXChange
529	irc-serv	IRC-SERV
530	courier	rpc
531	conference	chat
532	netnews	readnews
533	netwall	for emergency broadcasts
534	mm-admin	MegaMedia Admin
535	iiop	iiop
536	opalis-rdv	opalis-rdv
537	nmsp	Networked Media Streaming Protocol
538	gdomap	gdomap
539	apertus-ldp	Apertus Technologies Load Determination
540	uucp	uucpd
542	commerce	commerce
543	klogin	
544	kshell	krcmd
545	appleqtcsrvr	appleqtcsrvr
546	dhcpv6-client	DHCPv6 Client
547	dhcpv6-server	DHCPv6 Server
548	afpovertcp	AFP over TCP
549	idfp	IDFP
550	new-rwho	new-who
551	cybercash	cybercash
552	devshr-nts	DeviceShare
553	pirp	pirp
554	rtsp	Real Time Stream Control Protocol
555	dsf	
556	remotefs	rfs server
557	openvms-sysipc	openvms-sysipc
558	sdnskmp	SDNSKMP
559	teedtap	TEEDTAP
560	rmonitor	rmonitord
561	monitor	
562	chshell	chcmd
563	nntps	nntp protocol over TLS/SSL (was snntp)
564	9pfs	plan

续 表

端口号	协议名称	描　　述
565	whoami	whoami
566	streettalk	streettalk
567	banyan-rpc	banyan-rpc
568	ms-shuttle	microsoft shuttle
569	ms-rome	microsoft rome
570	meter	demon
571	meter	udemon
572	sonar	sonar
573	banyan-vip	banyan-vip
574	ftp-agent	FTP Software Agent System
575	vemmi	VEMMI
576	ipcd	ipcd
577	vnas	vnas
578	ipdd	ipdd
579	decbsrv	decbsrv
580	sntp-heartbeat	SNTP HEARTBEAT
581	bdp	Bundle Discovery Protocol
582	scc-security	SCC Security
583	philips-vc	Philips Video-Conferencing
584	keyserver	Key Server
585	imap4-ssl	IMAP4＋SSL (use)
586	password-chg	Password Change
587	submission	Submission
588	cal	CAL
589	eyelink	EyeLink
590	tns-cml	TNS CML
591	http-alt	FileMaker，Inc. - HTTP Alternate (see Port)
592	eudora-set	Eudora Set
593	http-rpc-epmap	HTTP RPC Ep Map
594	tpip	TPIP
595	cab-protocol	CAB Protocol
596	smsd	SMSD
597	ptcnameservice	PTC Name Service
598	sco-websrvrmg3	SCO Web Server Manager
599	acp	Aeolon Core Protocol
600	ipcserver	Sun IPC server

续 表

端口号	协议名称	描　述
601	syslog-conn	Reliable Syslog Service
602	xmlrpc-beep	XML-RPC over BEEP
603	idxp	IDXP
604	tunnel	TUNNEL
605	soap-beep	SOAP over BEEP
606	urm	Cray Unified Resource Manager
607	nqs	nqs
609	npmp-trap	npmp-trap
610	npmp-local	npmp-local
611	npmp-gui	npmp-gui
612	hmmp-ind	HMMP Indication
613	hmmp-op	HMMP Operation
614	sshell	SSLshell
615	sco-inetmgr	Internet Configuration Manager
616	sco-sysmgr	SCO System Administration Server
617	sco-dtmgr	SCO Desktop Administration Server
618	dei-icda	DEI-ICDA
619	compaq-evm	Compaq EVM
620	sco-websrvrmgr	SCO WebServer Manager
621	escp-ip	ESCP
622	collaborator	Collaborator
623	asf-rmcp	ASF Remote Management and Control Protocol
624	cryptoadmin	Crypto Admin
625	dec_dlm	DEC DLM
626	asia	ASIA
627	passgo-tivoli	PassGo Tivoli
628	qmqp	QMQP
629	3com-amp3	3Com AMP3
630	rda	RDA
631	ipp	IPP (Internet Printing Protocol)
632	bmpp	bmpp
633	servstat	Service Status update (Sterling Software)
634	ginad	ginad
635	rlzdbase	RLZ DBase
636	ldaps	ldap protocol over TLS/SSL (was sldap)
637	lanserver	lanserver

续表

端口号	协议名称	描 述
638	mcns-sec	mcns-sec
639	msdp	MSDP
640	entrust-sps	entrust-sps
641	repcmd	repcmd
642	esro-emsdp	ESRO-EMSDP V1. 3
643	sanity	SANity
644	dwr	dwr
645	pssc	PSSC
646	ldp	LDP
647	dhcp-failover	DHCP Failover
648	rrp	Registry Registrar Protocol (RRP)
649	cadview-3d	Cadview-3d - streaming
650	obex	OBEX
651	ieee-mms	IEEE MMS
652	hello-port	HELLO_PORT
653	repscmd	RepCmd
654	aodv	AODV
655	tinc	TINC
656	spmp	SPMP
657	rmc	RMC
658	tenfold	TenFold
660	mac-srvr-admin	MacOS Server Admin
661	hap	HAP
662	pftp	PFTP
663	purenoise	PureNoise
664	asf-secure-rmcp	ASF Secure Remote Management and Control Protocol
665	sun-dr	Sun DR
666	mdqs	
666	doom	doom Id Software
667	disclose	campaign contribution disclosures - SDR Technologies
668	mecomm	MeComm
669	meregister	MeRegister
670	vacdsm-sws	VACDSM-SWS
671	vacdsm-app	VACDSM-APP
672	vpps-qua	VPPS-QUA
673	cimplex	CIMPLEX

续 表

端口号	协议名称	描　述
674	acap	ACAP
675	dctp	DCTP
676	vpps-via	VPPS Via
677	vpp	Virtual Presence Protocol
678	ggf-ncp	GNU Generation Foundation NCP
679	mrm	MRM
680	entrust-aaas	entrust-aaas
681	entrust-aams	entrust-aams
682	xfr	XFR
683	corba-iiop	CORBA IIOP
684	corba-iiop-ssl	CORBA IIOP SSL
685	mdc-portmapper	MDC Port Mapper
686	hcp-wismar	Hardware Control Protocol Wismar
687	asipregistry	asipregistry
688	realm-rusd	REALM-RUSD
689	nmap	NMAP
690	vatp	VATP
691	msexch-routing	MS Exchange Routing
692	hyperwave-isp	Hyperwave-ISP
693	connendp	connendp
694	ha-cluster	ha-cluster
695	ieee-mms-ssl	IEEE-MMS-SSL
696	rushd	RUSHD
697	uuidgen	UUIDGEN
698	olsr	OLSR
699	accessnetwork	Access Network
700	epp	Extensible Provisioning Protocol
704	elcsd	errlog copy/server daemon
705	agentx	AgentX
706	silc	SILC
707	borland-dsj	Borland DSJ
709	entrust-kmsh	Entrust Key Management Service Handler
710	entrust-ash	Entrust Administration Service Handler
711	cisco-tdp	Cisco TDP
712	tbrpf	TBRPF
729	netviewdm1	IBM NetView DM/6000 Server/Client

续 表

端口号	协议名称	描　　述
730	netviewdm2	IBM NetView DM/6000 send
731	netviewdm3	IBM NetView DM/6000 receive
741	netgw	netGW
742	netrcs	Network based Rev. Cont. Sys.
744	flexlm	Flexible License Manager
747	fujitsu-dev	Fujitsu Device Control
748	ris-cm	Russell Info Sci Calendar Manager
749	kerberos-adm	kerberos administration
750	rfile	
751	pump	
752	qrh	
753	rrh	
754	tell	send
758	nlogin	
759	con	
760	ns	
761	rxe	
762	quotad	
763	cycleserv	
764	omserv	
765	webster	
767	phonebook	phone
769	vid	
770	cadlock	
771	rtip	
772	cycleserv2	
773	submit	
774	rpasswd	
775	entomb	
776	wpages	
777	multiling-http	Multiling HTTP
780	wpgs	
800	mdbs_daemon	
801	device	
828	itm-mcell-s	itm-mcell-s
829	pkix-3-ca-ra	PKIX-3 CA/RA

续 表

端口号	协议名称	描　　述
847	dhcp-failover2	dhcp-failover
848	gdoi	GDOI
860	iscsi	iSCSI
873	rsync	rsync
886	iclcnet-locate	ICL coNETion locate server
887	iclcnet_svinfo	ICL coNETion server info
888	accessbuilder	AccessBuilder
900	omginitialrefs	OMG Initial Refs
901	smpnameres	SMPNAMERES
902	ideafarm-chat	IDEAFARM-CHAT
903	ideafarm-catch	IDEAFARM-CATCH
911	xact-backup	xact-backup
912	apex-mesh	APEX relay-relay service
989	ftps-data	ftp protocol，data，over TLS/SSL
990	ftps	ftp protocol，control，over TLS/SSL
991	nas	Netnews Administration System
992	telnets	telnet protocol over TLS/SSL
993	imaps	imap4 protocol over TLS/SSL
994	ircs	irc protocol over TLS/SSL
995	pop3s	pop3 protocol over TLS/SSL (was spop3)
996	vsinet	vsinet
997	maitrd	
998	busboy	
999	puprouter	
1000	cadlock2	
1010	surf	surf
1023		Reserved